高等学校土木工程专业"十四五"系列教材

工程结构荷载与可靠性设计原理

郝圣旺　徐　珊　王　鼎　主编

U0291661

中国建筑工业出版社

图书在版编目（CIP）数据

工程结构荷载与可靠性设计原理/郝圣旺，徐珊，
王鼎主编. —北京：中国建筑工业出版社，2021.12（2023.3 重印）
高等学校土木工程专业"十四五"系列教材
ISBN 978-7-112-26638-8

Ⅰ. ①工… Ⅱ. ①郝… ②徐… ③王… Ⅲ. ①工程结
构-结构载荷-高等学校-教材②工程结构-结构可靠性
-高等学校-教材 Ⅳ.①TU312

中国版本图书馆 CIP 数据核字（2021）第 193455 号

本书主要阐述工程结构荷载与可靠性设计基本原理和方法。依据新版《普通高等学校本科专业类教学质量国家标准》与行业最新标准和规范（2015～2021 年），如《建筑结构可靠性设计统一标准》GB 50068—2018，对建筑结构、公路桥梁等工程结构上各种作用特性、作用的组合方法、可靠性设计等进行了系统叙述，阐明了重力作用、水作用、撞击作用、风作用、变形作用、温度作用、冲击作用、爆炸作用等各种作用的特点、取值和计算方法，详细说明了荷载组合的基本原理与实用设计方法，系统阐述了结构可靠性设计内容、原理、现行标准和规范给出的设计方法。本书纳入了可持续发展、整体稳固性设计等工程设计新要求和理念，每章配有思考题和练习题，引导读者自主思考与训练。同时，本书最后辅以项目式教学说明，训练学生实际工程问题分析能力。

本书可作为土木工程专业本科生教材，也可供从事各类工程结构设计与施工的工程技术人员参考。

为方便课程教学，本书配备教学课件。请选用此教材的教师通过以下方式索取课件：1. 邮箱：jckj@cabp.com.cn 或 jiangongkejian@163.com；2. 电话：(010) 58337285；3. 建工书院：http://edu.cabplink.com。

责任编辑：赵　莉
责任校对：芦欣甜

高等学校土木工程专业"十四五"系列教材
工程结构荷载与可靠性设计原理
郝圣旺　徐　珊　王　鼎　主编
*
中国建筑工业出版社出版、发行（北京海淀三里河路 9 号）
各地新华书店、建筑书店经销
霸州市顺浩图文科技发展有限公司制版
北京圣夫亚美印刷有限公司印刷
*
开本：787 毫米×1092 毫米　1/16　印张：13¼　字数：329 千字
2021 年 12 月第一版　2023 年 3 月第二次印刷
定价：**38.00** 元（赠教师课件）
ISBN 978-7-112-26638-8
(38503)

版权所有　翻印必究
如有印装质量问题，可寄本社图书出版中心退换
（邮政编码　100037）

前　言

　　土木工程专业结构建设的基本原则，是满足结构可靠性要求，能够满足确保人们生命和财产安全的要求，符合国家技术经济政策要求，使结构符合可持续发展的要求，符合安全可靠、经济合理、技术先进、确保质量的要求。了解和掌握工程结构荷载与可靠性设计相关原理、内容和分析方法，是一名合格土木工程师的基本要求。2012 年以来，尤其是2015～2021 年，各类工程结构设计的众多标准和规范都进行了更新。本书编写依据最新《普通高等学校本科专业类教学质量国家标准》和《建筑结构可靠性设计统一标准》GB 50068—2018 等现行最新标准和规范，融入了可持续发展、结构整体稳固性等工程结构设计的新要求与理念。

　　土木工程专业涵盖了房屋建筑工程、地下建筑工程、道路桥梁工程、岩土工程、铁道工程等专业。可持续发展、针对偶然作用的整体稳固性设计等越来越成为工程结构发展的主题，是土木工程服务于社会高质量发展的实际需求。为实施深基础、宽口径的土木工程人才培养模式，土木类教学质量国家标准将"工程荷载与可靠性设计原理"建议为核心课程。

　　土木工程是建筑、桥梁、道路、岩土工程、地下工程、隧道、铁道工程、矿山设施、港口工程等工程的统称。这些工程结构的一个最重要的功能，就是要能承受其在建造和使用过程中由人们的活动或环境引起的各种作用和影响。一个成功的结构设计，第一步就是要确定结构上的荷载与作用，明确其可靠性设计内容与方法，以最合理的方式保证结构在其生命全过程中具有足够的抵抗这些作用和环境影响的能力，并将结构变形、裂缝和振动等控制在不影响正常使用的范围之内，满足耐久性要求，符合可持续发展要求。

　　结构上作用种类较多，认识和了解需要考虑的作用种类及其背景特点和设计方法，是一名土木工程师应具备的基本专业素养和能力。影响荷载取值、作用效应组合及结构抵抗能力的因素十分复杂，导致了结构可靠性的不确定性。作为一个土木工程师，应了解影响结构可靠性的各种因素，掌握工程结构的可靠性设计原理与分析方法，从而对现行结构规范的设计方法有一个更为深刻的理解。

　　本书内容反映了土木类教学质量国家标准和高等学校土木工程学科专业指导委员会编写的《高等学校土木工程本科指导性专业规范》中，对工程荷载与可靠性设计原理的核心知识点要求，参考了各专业领域相关的最新规范和标准。

　　由于编者学问和认识有限，书中难免存在不妥或错误之处，敬请读者批评指正。

编　者

2021 年 7 月

目　　录

第1章

荷载与代表值

1.1　荷载的概念

工程结构建设的根本目的就是为人类和社会服务，比如房屋结构就是为人类遮风避雨，道路桥梁服务于人类的交通出行等。作为工程结构，一项最根本性的功能是承受正常施工和使用过程中可能出现的各种作用。如房屋结构要承受自重、人群和家具重量以及风和地震作用等；桥梁结构要承受车辆重力、车辆制动力与冲击力、水流压力和土压力等；隧道结构要承受水土压力、爆炸作用等。

工程结构设计的目的就是要保证结构具有足够的抵抗自然界各种作用的承载能力，并能保证结构的变形、振动等能满足其正常使用的要求。为了达到该目的，首先要了解引起结构产生内力、变形等效应的各种作用。

工程结构上的作用指的是使结构或构件产生内力、应力、位移、应变、裂缝、振动等效应的各种原因的总称。就作用形态的不同，其包括两个方面的内容：一是直接作用于结构上的如重力、车辆制动力等集中力或分布力；另一种是指那些不是直接以力的形式出现的作用，如地基变形、混凝土收缩和徐变、焊接变形、地震、温度变化等引起的作用等。根据通行做法，一般将可归结为作用在结构上的力的因素，即施加在结构上的集中力或分布力称为直接作用；将不是直接以力的形式但同样引起结构效应的作用称为间接作用。严格意义上，只有直接作用才可称为荷载。但是，在习惯上人们常将间接作用也称为荷载，此时可理解广义意义上的荷载。也就是说，广义的荷载与作用是等价的，包括直接作用和间接作用。

结构设计的第一个任务就是要清楚结构上的荷载种类及其特性，清楚这些荷载对结构的作用特点及其引起结构响应的特征。

1.2　荷载分类特征

各种作用本身的特性及其对结构的影响不尽相同，在实际设计中其取值方法也存在着差异。为便于工程结构设计中确定荷载的取值，且利于考虑不同作用所产生的效应的性质和重要性不同，结构上的荷载可按随时间和空间的变异分类，还可按结构的反应性质分类。

1. 按随时间的变异分类

（1）永久作用：也称永久荷载，指在结构使用期间，其值不随时间变化，或其变化与平均值相比可以忽略不计，或其变化是单调的并能趋于限值的荷载。例如，结构自重、土压力、静水压力、预加力、基础沉降、混凝土收缩和徐变、焊接应力和焊接变形、引起结构外加变形或约束变形的各种施工因素等。土压力和预加力作为永久荷载是因为它们都是随时间单调变化而能趋于限值的荷载，其标准值都是依据其可能出现的最大值来确定。房屋建筑结构的永久荷载应包括结构构件、维护构件、面层及装饰、固定设备、长期储物的自重。特别是随着社会的发展，民用建筑二次装修很普遍，而且增加的荷载较大，在计算面层及装饰自重时必须考虑二次装修的自重。固定设备主要包括：电梯及自动扶梯，采暖、空调及给水排水设备，电气设备，管道、电缆及其支架等。

（2）可变作用：也称可变荷载，指在结构使用期间内，其值随时间变化，且其变化量值与平均值相比不可忽略的荷载。例如，车辆重力、楼面和屋面活荷载、积灰荷载、风荷载、雪荷载、温度变化、流水压力、人群荷载、吊车荷载、冰荷载、多遇地震、正常撞击、水位变化的水压力、扬压力、波浪力等。

（3）偶然作用：是指在结构设计使用年限内不一定出现，而一旦出现其量值很大，且持续时间很短的荷载。例如，罕遇地震、爆炸、撞击、龙卷风、火灾、极严重的侵蚀、洪水作用等。

作用的取值一般与作用出现的持续时间长短有关。由于可变作用的变异性比永久作用的变异性大，可变作用的相对取值（与平均值相比）应比永久作用的相对取值大。另外，由于偶然作用的出现概率较小，结构抵抗偶然作用的可靠性比抵抗永久作用和可变作用的可靠性低。

这里所说的永久荷载和可变荷载，类同于工程人员常说的所谓恒荷载和活荷载。在建筑结构设计中，有时也会遇到有水压力作用的情况，对水位不变的水压力可按永久荷载考虑，而水位变化的水压力应按可变荷载考虑。

2. 按随空间位置的变异性分类

（1）固定作用：在结构空间位置上具有固定的分布，但其量值可能具有时间上的随机性。例如，结构自重、结构上的固定设备荷载等。

（2）可动作用：在结构空间位置上的一定范围内可以任意分布，出现的位置和量值都可能具有随机性。例如，房屋中的人员、家具荷载、桥梁上的车辆荷载等。

由于可动作用可以任意分布，结构设计时应考虑它在结构上引起最不利效应的分布情况。

3. 按结构的反应分类

（1）静态作用：这种作用是逐渐地、缓慢地施加在结构上，作用过程中对结构或结构构件不产生加速度或其加速度可以忽略不计，例如，结构自重、土压力、温度变化等。

（2）动态作用：这种作用会对结构或结构构件产生不可忽略的加速度。例如地震、风的脉动、设备振动、冲击和爆炸作用等。

在结构分析中，对于动态作用必须考虑结构的动力效应，按动力学方法进行结构分析，或将动态作用转换成等效静态作用，再按静力学方法进行结构分析。

1.3 荷载标准值

在工程结构设计中，首先应根据结构的功能要求和环境条件来确定作用在结构上的荷载，采用何种荷载代表值将直接影响到荷载的取值和大小，关系结构设计的安全。对于由约束变形和外加变形引起的间接作用，可根据结构约束条件、材料性能、动力特征、外部环境等因素，通过计算确定。在工程结构的使用过程中，直接作用也就是荷载都具有不同性质的变异性，但在设计中，不可能直接引用反映荷载变异性的各种统计参数，通过复杂概率运算进行具体设计。因此，在设计时，为了便于取值，通常根据荷载的统计特征赋予其一个规定的量值，称为荷载代表值。

工程结构设计时，不同的荷载可以根据不同设计要求，规定不同的代表值，使之能更确切地反映其在设计中的特点。对于永久荷载，应采用标准值作为代表值。可变荷载的代表值有四种，分别是标准值、组合值、频遇值和准永久值。其中，荷载标准值是荷载的最基本代表值。

荷载标准值是结构使用期间荷载可能出现的最大值。由于荷载本身的随机性，结构使用期间的最大荷载量值也是一个随机变量，原则上也可用它的统计分布来描述，通过对每种荷载的长期观察和实际调查，经过数理统计分析，在概率统计含义基础上确定。目前，并非对所有荷载都能取得充分的资料，为此，不得不从实际出发，根据既有工程实践经验，通过分析判断后，协议一个公称值作为标准值。

思　考　题

1-1　工程结构上作用的含义是什么？

1-2　直接作用与间接作用有什么区别？

1-3　为什么要进行荷载分类？

1-4　作用有哪几种分类情况？

1-5　荷载最基本的代表值是什么？

第 2 章

重力作用

2.1　结　构　自　重

结构的自重是由地球引力产生的组成结构的材料重力，可按结构构件的尺寸与材料单位体积的自重（也就是重度）来计算确定。

$$G_b = \gamma V \qquad (2-1)$$

式中　G_b——构件的自重（kN）；

γ——构件材料的重度（kN/m^3）；

V——构件的体积，一般按设计尺寸确定（m^3）。

由于实际工程中结构各构件的材料重度可能不同，在计算结构自重时，可人为地将结构划分为许多容易计算的基本构件，先计算基本构件的重量，然后叠加即得到结构总自重。计算公式为：

$$G = \sum_{i=1}^{n} \gamma_i V_i \qquad (2-2)$$

式中　G——结构总自重（kN）；

n——组成结构的基本构件数；

γ_i——第 i 个基本构件的重度（kN/m^3）；

V_i——第 i 个基本构件的体积（m^3）。

一般材料和构件的单位自重可取其平均值，对于自重变异较大的材料和构件，自重的标准值应根据对结构的不利或有利状态，分别取上限值或下限值。固定位置的隔墙自重可按永久荷载考虑，位置灵活的隔墙自重应按可变荷载考虑。

2.2　土的自重作用

2.2.1　土的自重压力

土是由土颗粒、水和气所组成的三相非连续介质。若把土体简化为连续体，而应用连续介质力学（例如弹性力学）来研究土中应力的分布时，应注意到土中任意截面上都包括有骨架和孔隙的面积，所以在地基应力计算时都只考虑土中某单位面积上的平均应力。需要注意的是，只有通过土粒接触点传递的粒间应力才能使土粒彼此挤紧，从而引起土体的变形，而且粒间应力又是影响土体强度的一个重要因素，所以粒间应力又称为有效应力。因此，土的自重应力即为土自身有效重力在土体中所引起的应力。

在计算土中自重应力时，假设天然地面是一个无限大的水平面，因此在任意竖直面和水平面上均无剪应力存在。如果地面下土质均匀，土层的天然重度为 γ，则在天然地面下任意深度 z 处 a-a 水平面上的竖直自重应力 σ_{cz}，可取作用于该水平面上任一单位面积的土柱体自重 $\gamma z \times 1$ 计算，即：

$$\sigma_{cz} = \gamma z \qquad (2-3)$$

σ_{cz} 沿水平面均匀分布，且与 z 成正比，即随深度按直线规律分布。如图 2-1 所示。

一般情况下，地基土是由不同重度的土层所组成。天然地面下深度 z 范围内各层土的厚度自上而下分别为 h_1、h_2、$\cdots$、h_i、$\cdots$、h_n，则成层土深度 z 处的竖直有效自重应力的计算公式为：

$$\sigma_{cz} = \gamma_1 h_1 + \gamma_2 h_2 + \cdots + \gamma_n h_n = \sum_{i=1}^{n} \gamma_i h_i \qquad (2\text{-}4)$$

式中　n——从天然地面起到深度 z 处的土层数；

　　　h_i——第 i 层土的厚度（m）；

　　　γ_i——第 i 层土的天然重度，若土层位于地下水位以下，由于受到水的浮力作用，单位体积中，土颗粒所受的重力扣除浮力后的重度称为土的有效重度 γ_i'，是土的有效密度与重力加速度的乘积，这时计算土的自重应力应取土的有效重度 γ_i' 代替天然重度 γ_i。对一般土，常见变化范围为 $8.0 \sim 13.0 \text{kN/m}^3$。

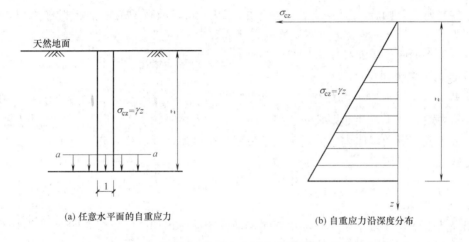

(a) 任意水平面的自重应力　　　　　　　(b) 自重应力沿深度分布

图 2-1　均质土中竖向自重应力

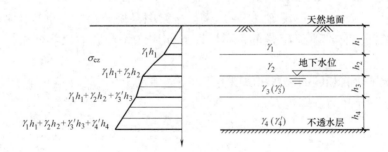

图 2-2　成层土中竖向自重应力沿深度的分布

　　计算土中竖向自重应力在划分土层时，一般以每层土为原则，但需考虑地下水位。若地下水位位于某一层土体中，则需将该层土划分为二层土。计算位于地下水位以下土的自重应力时，应以土的有效重度代替天然重度。图 2-2 为一典型成层土中竖向自重应力沿深度变化的分布。

　　地下水位以下，若埋藏有不透水的岩层或不透水的坚硬黏土层，由于不透水层中不存在水的浮力，所以不透水层界面以下的自重应力应按上覆土层的水土总重计算。在上覆土层与不透水层界面处自重应力有突变。

2.2.2 土侧压力

2.2.2.1 土侧压力的基本概念与类别

土的侧向压力是指挡土墙后的填土因自重或外荷载作用对墙背产生的土压力。由于土压力是挡土墙的主要外荷载，因此，设计挡土墙时首先要确定土压力的性质、大小、方向和作用点。土压力的计算是一个比较复杂的问题。土压力的大小及分布规律受到墙体可能的移动方向、墙后填土的性质、填土面的形式、墙的截面刚度和地基的变形等一系列因素的影响。根据挡土墙的位移情况和墙后土体所处的应力状态，土压力可分为静止土压力、主动土压力和被动土压力。

1. 静止土压力

如果挡土墙在土压力作用下，不产生任何方向的位移或转动而保持原有位置，如图 2-3（a）所示，则墙后土体处于弹性平衡状态，此时墙背所受的土压力称为静止土压力，一般用 E_0 表示。例如地下室结构的外侧墙，由于内部楼面或梁的支撑作用，几乎没有位移发生，因此作用在外墙上的回填土侧压力可按静止土压力计算。

2. 主动土压力

如果挡土墙在土压力的作用下，背离墙背方向移动或转动时，如图 2-3（b）所示，墙后土压力逐渐减小，当达到某一位移值时，墙后土体开始下滑，作用在挡土墙上的土压力达到最小值，滑动楔体内应力处于主动极限平衡状态，此时作用在墙背上的土压力称为主动土压力，一般用 E_a 表示。例如基础开挖中的围护结构，由于土体开挖的卸载，围护墙体向坑内产生一定的位移，这时作用在墙体外侧的土压力可按主动土压力计算。

3. 被动土压力

如果挡土墙在外力作用下向墙背方向移动或转动时，如图 2-3（c）所示，墙体挤压土体，墙后土压力逐渐增大，当达到某一位移时，墙后土体开始上隆，作用在挡土墙上的土压力达到最大值，滑动楔体内应力处于被动极限平衡状态，此时作用在墙背上的土压力称为被动土压力，一般用 E_p 表示。例如桥梁中拱桥桥台，在拱体传递的水平推力作用下，将挤压土体产生一定量的位移，因此作用在桥台背后的侧向土压力可按被动土压力计算。

一般情况下，在相同的墙高和回填土条件下，主动土压力小于静止土压力，而静止土压力又小于被动土压力，即：

$$E_a < E_0 < E_p \tag{2-5}$$

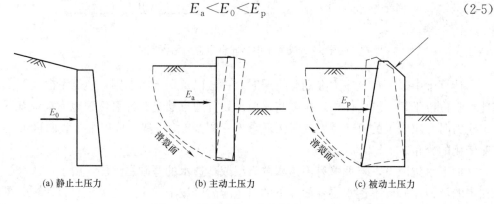

(a) 静止土压力   (b) 主动土压力   (c) 被动土压力

图 2-3 挡土墙的 3 种土压力

2.2.2.2 土压力基本原理

一般土的侧向压力计算采用朗肯土压力理论或库仑土压力理论，这里以较为普遍的朗肯土压力理论为例，介绍土体侧向压力的基本原理及计算公式。

朗肯通过研究弹性半空间土体，在自重作用下，由于某种原因而处于极限平衡状态时提出了土压力计算方法。朗肯土压力理论的基本假设如下：

（1）对象为弹性半空间土体；

（2）不考虑挡土墙及回填土的施工因素；

（3）挡土墙墙背竖直、光滑，填土面水平，无超载。

根据这些假设，墙背与填土之间无摩擦力，因而无剪切力，即墙背为主应力面。

1. 弹性静止土压力状态

当挡土墙无位移，墙后土体处于弹性静止状态，如图 2-4（a）所示，则作用在墙背上的应力状态与弹性半空间土体应力状态相同，即在离填土面深度 z 处各应力状态为：

竖向应力： $$\sigma_z = \sigma_1 = \gamma z \tag{2-6}$$

水平应力： $$\sigma_x = \sigma_3 = K_0 \gamma z \tag{2-7}$$

式中 K_0 为土体侧压力系数，后面予以介绍。水平向和竖向的剪应力均为零。由 σ_1 与 σ_3 组成的莫尔应力圆与土的抗剪强度曲线不相切，如图 2-4（d）中的圆 I 所示。

2. 主动土压力状态

当挡土墙离开土体向远离墙背方向移动时，墙后土体有伸张趋势，如图 2-4（b）所示，此时墙后竖向应力 σ_z 不变，法向应力 σ_x 逐渐减小，随着挡土墙位移减小到土体达到塑性极限平衡状态，σ_x 达最小值，为主动土压力强度 σ_a，此时应力状态为：

竖向应力： $$\sigma_z = \sigma_1 = 常数 \tag{2-8}$$

水平应力： $$\sigma_x = \sigma_3 = \sigma_a \tag{2-9}$$

此时 σ_1 和 σ_3 的莫尔应力圆与抗剪强度包络线相切，如图 2-4（d）中的圆 II 所示。土体形成一系列剪裂面，面上各点都处于极限平衡状态，为主动朗肯状态，此时滑裂面的方向与大主应力的作用面（即水平面）呈 $\alpha = 45° + \dfrac{\varphi}{2}$（$\varphi$ 为土的内摩擦角）。

3. 被动土压力状态

当挡土墙在外力作用下挤压土体，如图 2-4（c）所示，σ_z 仍不变，而 σ_x 随墙体位移增加而逐渐增大，当挡土墙位移挤压土体使 σ_x 增大到土体达到塑性极限平衡状态，σ_x 达最大值，为被动土压力强度 σ_p，此时应力状态为：

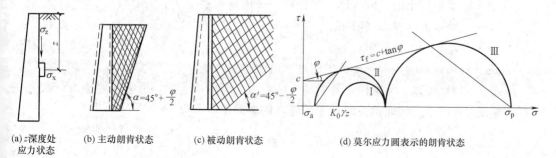

(a) z 深度处应力状态 (b) 主动朗肯状态 (c) 被动朗肯状态 (d) 莫尔应力圆表示的朗肯状态

图 2-4　半空间土体的极限平衡状态

竖向应力： $\qquad\qquad\sigma_z = \sigma_3 = $ 常数 $\qquad\qquad$ (2-10)

水平应力： $\qquad\qquad\sigma_x = \sigma_1 = \sigma_p$ $\qquad\qquad$ (2-11)

此时 σ_3 和 σ_1 的莫尔应力圆与抗剪强度包络线相切，如图 2-4（d）中的圆Ⅲ所示。土体形成一系列剪裂面，这种状态为被动朗肯状态。此时滑裂面的方向与小主应力的作用面（即水平面）呈 $\alpha = 45° - \dfrac{\varphi}{2}$。

2.2.2.3 土侧向压力计算

1. 静止土压力

静止土压力可按下述方法计算。在填土表面下任意深度 z 处取一微小单元体，其上作用着竖向的土体自重应力 γz，则该处的静止土压力强度可按照下式计算：

$$\sigma_0 = K_0 \gamma z \qquad\qquad (2-12)$$

式中 K_0——土的侧压力系数或称为静止土压力系数，可近似按 $K_0 = 1 - \sin\varphi'$（φ' 为土的有效内摩擦角）计算；

γ——墙后填土的重度，地下水位以下采用有效重度（kN/m³）。

由上式可以知道，静止土压力沿墙高为三角形分布。如图 2-5 所示，如果取单位墙长度，则作用在墙上的静止土压力为：

$$E_0 = \frac{1}{2}\gamma H^2 K_0 \qquad (2-13)$$

式中 H——挡土墙高度（m）；

其余符号同前。

E_0 作用在距墙底 $H/3$ 处。

2. 主动土压力

土体达到主动状态，土体某点处于极限平衡状态时，根据基本原理及强度理论得到主动土压力强度 σ_a 为：

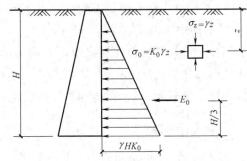

图 2-5 静止土压力分布

无黏性土： $\qquad\qquad\sigma_a = \gamma z K_a$ $\qquad\qquad$ (2-14)

黏性土： $\qquad\qquad\sigma_a = \gamma z K_a - 2c\sqrt{K_a}$ $\qquad\qquad$ (2-15)

式中 K_a——主动土压力系数：

$$K_a = \tan^2\left(45° - \frac{\varphi}{2}\right) \qquad\qquad (2-16)$$

γ——墙后填土的重度，地下水位以下采用有效重度（kN/m³）；

c——填土的黏聚力（kPa）；

φ——填土的内摩擦角；

z——所计算的点离填土面的深度（m）。

由式（2-14）可知，无黏性土的主动土压力强度与 z 成正比，沿墙高的压力分布为三角形，如图 2-6 所示。如取单位墙长度计算，则主动土压力为：

$$E_a = \frac{1}{2}\gamma H^2 K_a \qquad\qquad (2-17)$$

E_a 通过三角形的形心，即作用在离墙底 $H/3$ 处。

由式（2-15）可知，黏性土的主动土压力包括两部分：一部分是由土自重引起的土压力 $\gamma z K_a$，另一部分是由黏聚力 c 引起的负侧压力 $2c\sqrt{K_a}$。这两部分土压力叠加的结果如图 2-6（c）所示，其中 ade 部分对墙体是拉力，计算时可略去不计，因此黏性土的土压力的分布仅是 abc 部分。

a 点离填土面的深度 z_0 常称为临界深度，可以表达为：

$$z_0 = \frac{2c}{\gamma\sqrt{K_a}} \tag{2-18}$$

如取单位墙长度计算，则主动土压力 E_a 为：

$$E_a = \frac{1}{2}\gamma H^2 K_a - 2cH\sqrt{K_a} + \frac{2c^2}{\gamma} \tag{2-19}$$

E_a 通过三角形压力分布图 abc 的形心，即作用在离墙底 $(H-z_0)/3$ 处。

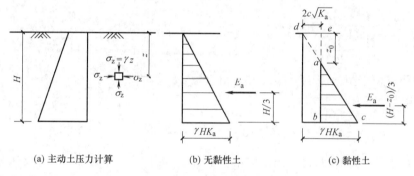

图 2-6　主动土压力强度分布

3. 被动土压力

土体达到被动状态时，土体某点处于极限平衡状态，根据基本原理可得到被动土压力强度 σ_p 为：

无黏性土：

$$\sigma_p = \gamma z K_p \tag{2-20}$$

黏性土：

$$\sigma_p = \gamma z K_p + 2c\sqrt{K_p} \tag{2-21}$$

式中　K_p——被动土压力系数：

$$K_p = \tan^2\left(45° + \frac{\varphi}{2}\right) \tag{2-22}$$

由式（2-20）、式（2-21）可知，无黏性土的被动土压力强度呈三角形分布，黏性土的被动土压力强度呈梯形分布（图 2-7）。如取单位墙长度计算，则被动土压力为：

无黏性土：

$$E_p = \frac{1}{2}\gamma H^2 K_p \tag{2-23}$$

黏性土：

$$E_p = \frac{1}{2}\gamma H^2 K_p + 2cH\sqrt{K_p} \tag{2-24}$$

被动土压力 E_p 通过三角形或梯形压力分布图的形心。

【例 2-1】已知某挡土墙高度 $H = 8.0\mathrm{m}$，墙背竖直、光滑，填土表面水平。墙后填土为无黏性土中砂，重度 $\gamma = 18.0\mathrm{kN/m^3}$，内摩擦角 $\varphi = 30°$。试计算作用在挡土墙上的静止土压力 E_0 和主动土压力 E_a。

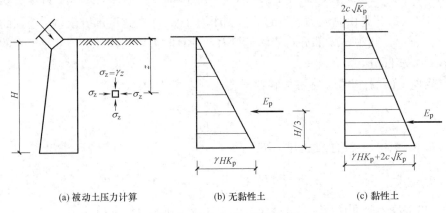

(a) 被动土压力计算 (b) 无黏性土 (c) 黏性土

图 2-7 被动土压力强度分布

【解】 (1) 静止土压力

$$E_0 = \frac{1}{2}\gamma H^2 K_0 = \frac{1}{2}\times 18.0\times 8^2 \times (1-\sin 30°) = 288 \text{kN/m}$$

E_0 作用点位于距墙底 $H/3 = 2.67\text{m}$ 处。

(2) 主动土压力

$$E_a = \frac{1}{2}\gamma H^2 K_a = \frac{1}{2}\times 18.0\times 8^2 \times \tan^2\left(45°-\frac{30°}{2}\right) = 192 \text{kN/m}$$

E_a 作用点位于距墙底 $H/3 = 2.67\text{m}$ 处。

2.3 楼面与屋面活荷载

2.3.1 楼面活荷载

2.3.1.1 民用建筑楼面活荷载

(一) 楼面活荷载代表值

1. 民用建筑楼面活荷载标准值

楼面活荷载指房屋建筑中生活或工作的人群、家具、用品、设施等产生的重力荷载。由于这些荷载的量值随时间而变化，位置也是可移动的，因此国际上通常用活荷载（Live Load）这一名词表示房屋中的可变荷载。

考虑到楼面活荷载在楼面位置上的任意性，为工程设计应用上方便，一般将楼面活荷载处理为楼面均布荷载。均布活荷载的量值与建筑物的功能有关，如公共建筑（如商店、展览馆、车站、电影院等）的均布活荷载值一般比住宅、办公楼的均布活荷载值大。

各个国家的生活、工作设施有差异，且设计的安全度水准也不一样，因此，即使同一功能的建筑物，不同国家关于楼面均布活荷载取值也不尽相同。

虽然《建筑结构荷载规范》GB 50009—2012（以下简称《荷载规范》）对一般民用建筑和某些类别的工业建筑有明确的楼面活荷载取值规定，但设计中有时会遇到要求确定某种规范中未明确的楼面活荷载情况，此时可按以下方法确定其标准值。

（1）对该种楼面活荷载的观测值进行统计，当有足够资料并能对其统计分布作出合理估计时，则在房屋设计基准期最大值的分布上，根据协定的百分位取其某分位值作为该种楼面活荷载的标准值。

所谓协定的某分位值，原则上可取荷载最大值分布上能表征其集中趋势的统计特征值，例如均值、中值或众值（概率密度最大值），当认为数据的代表性不够充分或统计方法不够完善而没有把握时，也可取更安全的高分位值。

（2）对不能取得充分资料进行统计的楼面活荷载，可根据已有的工程实践经验，通过分析判断后，协定一个可能出现的最大值作为该类楼面活荷载的标准值。

对民用建筑楼面可根据在楼面上活动的人和设备的不同分类状况，参考表 2-1 取值。

楼面活荷载标准值取值参考   表 2-1

项次	分类状况	楼面活荷载标准值(kN/m^2)
1	活动的人较少	2.0
2	活动的人较多且有设备	2.5
3	活动的人很多且有较重的设备	3.0
4	活动的人很集中、有时很挤或有较重的设备	3.5
5	活动的性质比较剧烈	4.0
6	储存物品的仓库	5.0
7	有大型的机械设备	6~7.5

（3）对房屋内部设施比较固定的情况，设计时可直接按给定布置图式或按对结构安全产生最不利效应的荷载布置图式，对结构进行计算。

（4）对使用性质类同的房屋，如内部配置的设施大致相同，一般可对其进行合理分类，在同一类别的房屋中，选取各种可能的荷载布置图式，经分析研究后选出最不利的布置作为该类房屋楼面活荷载标准值的确定依据，采用等效均布荷载方法求出楼面活荷载标准值。

2. 楼面活荷载准永久值

对《荷载规范》未明确的楼面活荷载准永久值可按下列原则确定：

（1）按可变荷载准永久值的定义，由荷载任意时点分布上的中值确定。

（2）当有可能将可变荷载划分为持久性和临时性两类荷载时，可直接引用持久性荷载分布中的规定分位值为该活荷载的准永久值。

（3）当缺乏系统的观测资料时，可根据楼面使用性质的类同性，参照《荷载规范》中给出的楼面活荷载准永久值系数经分析比较后确定。

3. 楼面活荷载频遇值

对《荷载规范》未明确的楼面活荷载频遇值可按下列原则确定：

（1）按可变荷载频遇值的定义，可近似在荷载任意时点分布上取其超越概率为较小值的荷载值，该超越概率建议不大于 10%。

（2）当缺乏系统的观测资料时，可根据楼面使用性质的类同性，参照《荷载规范》中给出的楼面活荷载频遇值系数经分析比较后确定。

4. 楼面活荷载组合值

可变荷载的组合值按其定义是由该荷载与主导荷载组合后取值的超越概率与该荷载单

独出现时取值的超越概率相一致的原则确定。

在大量数据分析的基础上，我国规范对楼面活荷载的组合值一般可取 0.7，此外为偏于保守又规定其取值同时不得小于频遇值系数。

5. 楼面活荷载的动力系数

楼面在荷载作用下的动力响应来源于其作用的活动状态，大致可分为两大类：一种是在正常活动下发生的楼面稳态振动，例如机械设备的运行、车辆的行驶、竞技运动场上观众的持续欢腾、跳舞和走步等；另一种是偶尔发生的楼面瞬态振动，例如重物坠落、人自高处跳下等。前一种作用在结构上可以是周期性的，也可以是非周期性的，后一种是冲击荷载，引起的振动都将因结构阻尼而消逝。

楼面设计时，对一般结构的荷载效应，在有充分依据时，可不经过结构的动力分析，而直接可将重物或设备的自重乘以动力系数后，作为楼面活荷载，按静力分析确定结构的荷载效应。

在很多情况下，由于荷载效应中的动力部分所占比例不大，在设计中往往可以忽略，或直接包含在标准值的取值中。对冲击荷载，由于影响比较明显，在设计中应予考虑。对搬运和装卸重物以及车辆启动和刹车时的动力系数可取 1.1～1.3；对屋面上直升机的活荷载也应考虑动力系数，具有液压轮胎起落架的直升机可取 1.4。此外，这些动力荷载只传至直接承受该荷载的楼板和梁。

常用的民用建筑楼面均布活荷载标准值及其组合值、频遇值和准永久值系数见表 2-2。

民用建筑楼面均布活荷载标准值及其组合值、频遇值和准永久值系数　　表 2-2

项次	类　别			标准值 (kN/m^2)	组合值系数 Ψ_c	频遇值系数 Ψ_f	准永久值系数 Ψ_q
1	1.1 住宅、宿舍、旅馆、办公楼、医院病房、托儿所、幼儿园			2.0	0.7	0.5	0.4
	1.2 试验室、阅览室、会议室、医院门诊室					0.6	0.5
2	教室、食堂、餐厅、一般资料档案室			2.5	0.7	0.6	0.5
3	3.1 礼堂、剧场、影院、有固定座位的看台			3.0	0.7	0.5	0.3
	3.2 公共洗衣房			3.0	0.7	0.5	0.3
4	4.1 商店、展览厅、车站、港口、机场大厅及其旅客等候室			3.5	0.7	0.6	0.5
	4.2 无固定座位的看台			3.5	0.7	0.5	0.3
5	5.1 健身房、演出舞台			4.0	0.7	0.5	0.5
	5.2 运动场、舞厅			4.0	0.7	0.6	0.3
6	6.1 书库、档案库、贮藏室			5.0	0.9	0.9	0.8
	6.2 密集柜书库			12.0			
7	通风机房、电梯机房			7.0	0.9	0.9	0.8
8	汽车通道及客车停车车库	8.1 单向板楼盖（板跨小于 2m）和双向板楼盖（板跨不小于 3m×3m）	客车	4.0	0.7	0.7	0.6
			消防车	35.0	0.7	0.5	0
		8.2 双向板楼盖（板跨不小于 6m×6m）和无梁楼盖（柱网尺寸不小于 6m×6m）	客车	2.5	0.7	0.7	0.6
			消防车	20.0	0.7	0.5	0

续表

项次		类　　别	标准值 (kN/m²)	组合值 系数 Ψ_c	频遇值 系数 Ψ_f	准永久值 系数 Ψ_q
9	厨房	9.1 餐厅	4.0	0.7	0.7	0.7
		9.2 其他	2.0	0.7	0.6	0.5
10	浴室、卫生间、盥洗室		2.5	0.7	0.6	0.5
11	走廊、门厅	11.1 宿舍、旅馆、医院病房、托儿所、幼儿园、住宅	2.0	0.7	0.5	0.4
		11.2 办公楼、餐厅、医院门诊部	2.5	0.7	0.6	0.5
		11.3 教学楼及其他可能出现人员密集的情况	3.5	0.7	0.5	0.3
12	楼梯	12.1 多层住宅	2.0	0.7	0.5	0.4
		12.2 其他	3.5	0.7	0.5	0.3
13	阳台	13.1 可能出现人员密集的情况	3.5	0.7	0.6	0.5
		13.2 其他	2.5	0.7	0.6	0.5

注：1. 本表所给各项活荷载适用于一般使用条件，当使用荷载较大、情况特殊或有专门要求时，应按实际情况采用；

　　2. 第6项书库活荷载当书架高度大于2m时，书库活荷载尚应按每米书架高度不小于2.5kN/m²确定；

　　3. 第8项中的客车活荷载只适用于停放载人少于9人的客车；消防车活荷载适用于满载总重为300kN的大型车辆；当不符合本表的要求时，应将车轮的局部荷载按结构效应的等效原则，换算为等效均布荷载；

　　4. 第8项消防车活荷载，当双向板楼盖板跨介于（3m×3m）～（6m×6m）之间时，应按跨度线性插值确定；

　　5. 第12项楼梯活荷载，对预制楼梯踏步平板，尚应按1.5kN集中荷载验算；

　　6. 本表各项荷载不包括隔墙自重和二次装修荷载；对固定隔墙的自重应按永久荷载考虑，当隔墙位置可灵活自由布置时，非固定隔墙的自重应取不小于1/3的每延米长墙重（kN/m）作为楼面活荷载的附加值（kN/m²）计入，附加值不小于1.0kN/m²。

（二）民用建筑楼面活荷载标准值的折减

设计楼面梁、墙、柱及基础时，表 2-2 中的楼面活荷载标准值在下列情况下应乘以规定的折减系数。

1. 设计楼面梁时的折减系数

（1）第1.1项当楼面梁从属面积超过 25m² 时，应取 0.9；

（2）第1.2～7项当楼面梁从属面积超过 50m² 时，应取 0.9；

（3）第8项对单向板楼盖的次梁和槽形板的纵肋应取 0.8；对单向板楼盖的主梁应取0.6，对双向板楼盖的梁应取 0.8；

（4）第9～13项应采用与所属房屋类别相同的折减系数。

2. 设计墙、柱和基础时的折减系数

1）第1.1项应按表 2-3 规定采用；

2）第1.2～7项应采用与其楼面梁相同的折减系数；

3）第8项的客车，对单向板楼盖应取 0.5；对双向板楼盖和无梁楼盖应取 0.8；

4）第9～13项应采用与所属房屋类别相同的折减系数。

楼面梁的从属面积应按梁两侧各延伸二分之一梁间距的范围内的实际面积确定。

设计墙、柱时，表 2-2 中第8项的消防车活荷载可按实际情况考虑；设计基础时可不考虑消防车荷载。

<table>
<tr><td colspan="7">活荷载按楼层的折减系数   表 2-3</td></tr>
</table>

墙、柱、基础计算截面以上的层数	1	2～3	4～5	6～8	9～20	>20
计算截面以上各楼层活荷载总和的折减系数	1.00 (0.90)	0.85	0.70	0.65	0.60	0.55

注：当楼面梁的从属面积超过 $25m^2$ 时，应采用括号内的系数。

2.3.1.2 工业建筑楼面活荷载

工业建筑楼面在生产使用或安装检修时，由设备、管道、运输工具及可能拆移的隔墙产生的局部荷载，均应按实际情况考虑，可采用等效均布活荷载代替。对于设备固定的情况，可直接按固定位置对结构进行计算，但应考虑因设备安装和维修过程中的位置变化可能出现的最不利效应。工业建筑楼面堆放原料或成品较多、较重的区域，应按实际情况考虑；一般的堆放情况可按均布活荷载或等效均布活荷载考虑。

工业建筑楼面活荷载的组合值系数、频遇值系数和准永久值系数，除明确给定外，应按实际情况采用，但在任何情况下，组合值和频遇值系数不应小于 0.7，准永久值系数不应小于 0.6。

（一）工业建筑楼面等效均布活荷载

表 2-4～表 2-9 列出了一般金工车间、仪器仪表生产车间、半导体器件车间、棉纺织造车间、轮胎厂准备车间和粮食加工车间的楼面等效均布活荷载，供设计人员在实际工程设计中采用。

<table>
<tr><td colspan="11">金工车间楼面均布活荷载   表 2-4</td></tr>
</table>

序号	项目	标准值(kN/m^2) 板跨 ≥1.2m	板跨 ≥2.0m	次梁(肋) 梁间距 ≥1.2m	梁间距 ≥2.0m	主梁	组合值系数 Ψ_c	频遇值系数 Ψ_f	准永久值系数 Ψ_q	代表性机床型号
1	一类金工	22.0	14.0	14.0	10.0	9.0	1.0	0.95	0.85	CW6180、X53K、X63W、B690、M1080、Z35A
2	二类金工	18.0	12.0	12.0	9.0	8.0	1.0	0.95	0.85	C6163、X52K、X62W、B6090、M1050A、Z3040
3	三类金工	16.0	10.0	10.0	8.0	7.0	1.0	0.95	0.85	C6140、X51K、X61W、B6050、M1040、Z3025
4	四类金工	12.0	8.0	8.0	6.0	5.0	1.0	0.95	0.85	C6132、X50A、X60W、B635-1、M1010、Z32K

<table>
<tr><td colspan="9">仪器仪表生产车间楼面均布活荷载   表 2-5</td></tr>
</table>

序号	车间名称		标准值(kN/m^2) 板 板跨 ≥1.2m	板跨 ≥2.0m	次梁(肋)	主梁	组合值系数 Ψ_c	频遇值系数 Ψ_f	准永久值系数 Ψ_q	附注
1	光学车间	光学加工	7.0	5.0	5.0	4.0	0.8	0.8	0.7	代表性设备 H015 研磨机、ZD-450 型及 GZD300 型镀膜机、Q8312 型透镜抛光机

续表

序号	车间名称		标准值(kN/m²)				组合值系数 Ψ_c	频遇值系数 Ψ_f	准永久值系数 Ψ_q	附注
			板		次梁(肋)	主梁				
			板跨 ≥1.2m	板跨 ≥2.0m						
2	光学车间	较大型光学仪器装配	7.0	5.0	5.0	4.0	0.8	0.8	0.7	代表性设备 C0502A 精整车床,万能工具显微镜
3		一般光学仪器装配	4.0	4.0	4.0	3.0	0.7	0.7	0.6	产品在装配桌上装配
4	较大型光学仪器装配		7.0	5.0	5.0	1.0	0.8	0.8	0.7	产品在装配桌上装配
5	一般光学仪器装配		4.0	4.0	4.0	3.0	0.7	0.7	0.6	产品在装配桌上装配
6	小模数齿轮加工,晶体元件(宝石)加工		8.0	5.0	5.0	4.0	0.8	0.8	0.7	代表性设备 YM3680 滚齿机,宝石平面磨床
7	车间仓库	一般仪器仓库	4.0	4.0	4.0	3.0	1.0	0.95	0.85	
8		较大型仪器仓库	7.0	7.0	7.0	6.0	1.0	0.95	0.85	

半导体器件车间楼面均布活荷载　　　　　　　　　　　　　表 2-6

序号	车间名称	标准值(kN/m²)					组合值系数 Ψ_c	频遇值系数 Ψ_f	准永久值系数 Ψ_q	代表性设备单件自重(kN)
		板		次梁(肋)		主梁				
		板跨 ≥1.2m	板跨 ≥2.0m	梁间距 ≥1.2m	梁间距 ≥2.0m					
1	半导体器件车间	10.0	8.0	8.0	6.0	5.0	1.0	0.95	0.85	14.0~18.0
2		8.0	6.0	6.0	5.0	4.0	1.0	0.95	0.85	9.0~12.0
3		6.0	5.0	5.0	4.0	3.0	1.0	0.95	0.85	4.0~8.0
4		4.0	4.0	3.0	3.0	3.0	1.0	0.95	0.85	≤3.0

棉纺织造车间楼面均布活荷载　　　　　　　　　　　　　表 2-7

序号	车间名称		标准值(kN/m²)					组合值系数 Ψ_c	频遇值系数 Ψ_f	准永久值系数 Ψ_q	代表性设备
			板		次梁(肋)		主梁				
			板跨 ≥1.2m	板跨 ≥2.0m	梁间距 ≥1.2m	梁间距 ≥2.0m					
1	梳棉间		12.0	8.0	10.0	7.0	5.0	0.8	0.8	0.7	FA201、FA203
			15.0	10.0	12.0	8.0					FA221A
2	粗纱间		8.0 (15.0)	6.0 (10.0)	6.0 (8.0)	5.0	4.0				FA401、FA415、FA421 TJEA458A
3	细纱间、络筒间		6.0 (10.0)	5.0	5.0	5.0	4.0				FA705、FA506、FA507 GA013、015ESPERO
4	捻线间、整经间		8.0	6.0	6.0	5.0	4.0	0.8	0.8	0.7	FAT05、FA721、FA762、ZC-L-180、D3-1000-180
5	织布间	有梭织机	12.5	6.5	6.5	5.5	4.4				GA615-150、GA615-180
		剑杆织机	18.0	9.0	6.0	6.0	4.5				GA731-190、GA733-190、TP600-200、SOMET-190

注:括号内的数值仅用于粗纱机机头部位局部楼面。

轮胎厂准备车间楼面均布荷载　　　　表 2-8

| 序号 | 车间名称 | 标准值(kN/m²) | | | | 组合值系数 Ψ_c | 频遇值系数 Ψ_f | 准永久值系数 Ψ_q | 代表性设备 |
| | | 板 | | 次梁(肋) | 主梁 | | | | |
		板跨 ≥1.2m	板跨 ≥2.0m						
1	准备车间	14.0	14.0	12.0	10.0	1.0	0.95	0.85	炭黑加工投料
2		10.0	8.0	8.0	6.0	1.0	0.95	0.85	化工原料加工配合、密炼机炼胶

注：1. 密炼机检修用的捯链荷载未计入，设计时应另行考虑；
　　2. 炭黑加工投料活荷载系考虑兼作炭黑仓库使用的情况，若不兼作仓库时，上述荷载应予降低。

粮食加工车间楼面均布活荷载　　　　表 2-9

| 序号 | 车间名称 | | 标准值(kN/m²) | | | | | | | 组合值系数 Ψ_c | 频遇值系数 Ψ_f | 准永久值系数 Ψ_q | 代表性设备 |
| | | | 板 | | | 次梁 | | | 主梁 | | | | |
			板跨 ≥2.0m	板跨 ≥2.5m	板跨 ≥3.0m	梁间距 ≥2.0m	梁间距 ≥2.5m	梁间距 ≥3.0m					
1	面粉厂	拉丝车间	14.0	12.0	12.0	12.0	12.0	12.0	12.0	1.0	0.95	0.85	JMN10 拉丝机
2		磨子车间	12.0	10.0	9.0	10.0	9.0	8.0	9.0				MF011 磨粉机
3		麦间及制粉车间	5.0	5.0	4.0	5.0	4.0	4.0	4.0				SX011 振动筛、GF031 擦麦机、GF011 打麦机
4		吊平筛的顶层	2.0	2.0	2.0	6.0	6.0	6.0	6.0				SL011 平筛
5		洗麦车间	14.0	12.0	12.0	10.0	9.0	9.0	9.0				洗麦机
6	米厂	砻谷机及碾米车间	7.0	6.0	5.0	5.0	4.0	4.0	4.0				LG309 胶辊砻谷机
7		清理车间	4.0	3.0	3.0	4.0	3.0	3.0	3.0				组合清理筛

注：1. 当拉丝车间不可能满布磨辊时，主梁活荷载可按 10kN/m² 采用；
　　2. 吊平筛的顶层荷载系按设备吊在梁下考虑的；
　　3. 米厂清理车间采用 SX011 振动筛时，等效均布活荷载可按面粉厂麦间的规定采用。

需要注意的是，表2-4～表2-9中所列荷载适用于单向支承的现浇梁板及预制槽形板等楼面结构，对于槽形板，表列板跨系指槽形板纵肋间距。表中所列荷载考虑了安装、检修和正常使用情况下的设备（包括动力影响）和操作荷载，但不包括隔墙和吊顶自重。设计墙、柱、基础时，表中所列楼面活荷载可采用与设计主梁相同的荷载。

（二）操作荷载及楼梯荷载

工业建筑楼面（包括工作平台）上无设备区域的操作荷载，包括操作人员、一般工具、零星原料和成品的自重，可按均布活荷载考虑，其标准值一般采用 2.0kN/m²。在设备所占区域内可不考虑操作荷载和堆料荷载。生产车间的楼梯活荷载，可按实际情况采用，但不宜小于 3.5kN/m²。生产车间的参观走廊活荷载，可采用 3.5kN/m²。

对堆料较多的车间，如金工车间，操作荷载可取 2.5kN/m²。有的车间，例如仪器仪表装配车间，由于生产的不均衡性，某个时期的成品、半成品堆放特别严重，这时可定为 4.0kN/m²。还有些车间，其荷载基本上由堆料所控制，例如粮食加工厂的拉丝车间、轮胎厂的准备车间、纺织车间的齿轮室等。在设备所占的楼面面积内，操作荷载不予考虑。

（三）楼面等效均布活荷载的确定方法

工业建筑在生产、使用过程中和安装、检修设备时，由设备、管道、运输工具及可能拆移的隔墙在楼面上产生的局部荷载，可采用以下方法确定其楼面等效均布活荷载。为了简化，在方法上作了一些假设：计算等效均布荷载时统一假定结构的支承条件都为简支，并按弹性阶段分析内力。这对实际上为非简支的结构以及考虑材料处于弹塑性阶段的设计会有一定的设计误差。

1. 楼面（板、次梁及主梁）的等效均布活荷载，应在其设计控制部位上，根据需要按内力（弯矩、剪力等）、变形及裂缝的等值要求来确定等效均布活荷载。在一般情况下，可仅按内力等值原则来确定。

2. 连续梁、板的等效均布活荷载，可按单跨简支计算，但计算梁、板实际内力时，仍应按连续结构考虑。确定等效均布活荷载时，可根据弹性体系结构力学方法计算。

3. 由于实际生产、检修、安装工艺以及结构布置的不同，楼面活荷载差别可能很大，此情况下应划分区域，分别确定各区域的等效均布活荷载。

4. 单向板上局部荷载（包括集中荷载）的等效均布活荷载 q_e 可按下式计算：

$$q_e = \frac{8M_{\max}}{bl_0^2} \tag{2-25}$$

式中 l_0——板的计算跨度；

b——板上局部荷载的有效分布宽度。

$M_{\max}$ 为简支板的绝对最大弯矩，即沿板宽度方向按设备在最不利位置上确定的总弯矩。计算时设备荷载应乘以动力系数，并扣去设备在该板跨度内所占面积上由操作荷载引起的弯矩。动力系数应根据实际情况考虑。

四边支承的双向板在局部荷载作用下的等效均布活荷载计算原则与单向板相同，连续多跨双向板的等效均布活荷载可按单跨四边简支双向板计算，并根据在局部荷载作用下板的弯矩与等效均布活荷载产生板的弯矩相等原则确定。

局部荷载原则上应布置在可能的最不利位置上，一般情况应至少有一个局部荷载布置在板的中央处。

当同时有若干个局部荷载时，可分别求出每个局部荷载相应两个方向的等效均布活荷载，并分别按两个方向各自相加得出在若干个局部荷载情况下的等效均布活荷载。在两个方向的等效均布活荷载中可选其中较大者作为设计采用的等效均布活荷载。

（四）局部荷载的有效分布宽度

1. 单向板上任意位置局部荷载的有效分布宽度 b 可按以下规定计算：

1）当局部荷载作用面的长边平行于板跨时，简支板上荷载的有效分布宽度 b 按以下两种情况取值（图 2-8a）：

（1）当 $b_{cx} \geqslant b_{cy}$，$b_{cy} \leqslant 0.6l_0$，$b_{cx} \leqslant l_0$ 时

$$b = b_{cy} + 0.7l_0 \tag{2-26}$$

（2）当 $b_{cx} \geqslant b_{cy}$，$0.6l_0 < b_{cy} \leqslant l_0$，$b_{cx} \leqslant l_0$ 时

$$b = 0.6b_{cy} + 0.94l_0 \tag{2-27}$$

2）当局部荷载作用面的短边平行于板跨时，简支板上荷载的有效分布宽度 b 可以按以下两种情况取值（图 2-8b）：

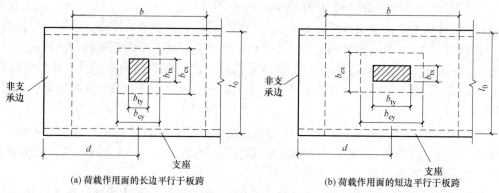

(a) 荷载作用面的长边平行于板跨   (b) 荷载作用面的短边平行于板跨

图 2-8 简支板上局部荷载的有效分布宽度

（1）当 $b_{cx}<b_{cy}$，$b_{cy}\leqslant 2.2l_0$，$b_{cx}\leqslant l_0$ 时

$$b=\frac{2}{3}b_{cy}+0.73l_0 \qquad (2\text{-}28)$$

（2）当 $b_{cx}<b_{cy}$，$b_{cy}>2.2l_0$，$b_{cx}\leqslant l_0$ 时

$$b=b_{cy} \qquad (2\text{-}29)$$

式中　l_0——板的计算跨度；

　　　b_{cx}——局部荷载作用面平行于板跨的计算宽度；

　　　b_{cy}——局部荷载作用面垂直于板跨的计算宽度；

$$b_{cx}=b_{tx}+2s+h \qquad (2\text{-}30)$$

$$b_{cy}=b_{ty}+2s+h \qquad (2\text{-}31)$$

式中　b_{tx}——局部荷载作用面平行于板跨的宽度；

　　　b_{ty}——局部荷载作用面垂直于板跨的宽度；

　　　s——垫层厚度；

　　　h——板的厚度。

3）当局部荷载作用在板的非支承边附近，即当 $d<\dfrac{b}{2}$ 时（参见图 2-8），局部荷载的有效分布宽度应予以折减，可按下式计算：

$$b'=\frac{1}{2}b+d \qquad (2\text{-}32)$$

式中　b'——折减后的有效分布宽度；

　　　d——局部荷载作用面中心至非支承边的距离。

4）当两个局部荷载相邻，其间距 $e<b$ 时（图 2-9），局部荷载的有效分布宽度应予以折减，其值可按下式计算：

$$b'=\frac{b}{2}+\frac{e}{2} \qquad (2\text{-}33)$$

式中　e——相邻两个局部荷载的中心间距。

2. 悬臂板上局部荷载的有效分布宽度（图 2-10）可按下式计算：

$$b=b_{cy}+2x \qquad (2\text{-}34)$$

式中　x——局部荷载作用面中心至支座的距离。

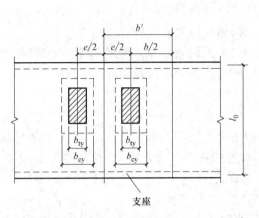

图 2-9 相邻两个局部荷载的有效分布宽度

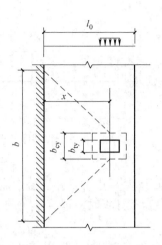

图 2-10 悬臂板上局部荷载的有效分布宽度

【例 2-2】 某类型工业建筑的楼面板，在安装设备时，最不利情况的设备位置如图 2-11 所示，设备重 8kN，设备平面尺寸为 0.5m×1.0m，搬运设备时的动力系数为 1.1，设备直接放置在楼面板上，楼面板为现浇钢筋混凝土单向连续板，板厚度 0.1m，无设备区域的操作荷载为 2kN/m²，求此情况下设备荷载的等效楼面均布活荷载标准值。

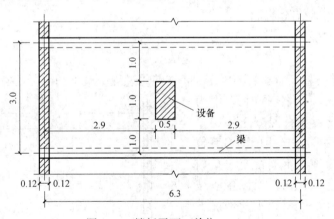

图 2-11 楼板平面（单位：m）

【解】 设备作用面长边平行于板跨。

板的计算跨度 $l_0 = l_c = 3m$

设备荷载作用面平行于板跨的计算宽度：
$$b_{cx} = b_{tx} + 2s + h = 1 + 0.1 = 1.1m$$

设备荷载作用面垂直于板跨的计算宽度：
$$b_{cy} = b_{ty} + 2s + h = 0.5 + 0.1 = 0.6m$$

符合 $b_{cx} > b_{cy}$（即 $1.1m > 0.6m$），$b_{cy} < 0.6l_0$（即 $0.6m < 0.6 \times 3 = 1.8m$），$b_{cx} < l_0$（即 $1.1m < 3m$）条件。

故设备荷载在板上的有效分布宽度：
$$b = b_{cy} + 0.7l_0 = 0.6 + 0.7 \times 3 = 2.7m$$

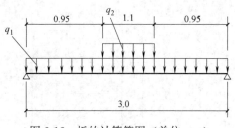

图 2-12 板的计算简图（单位：m）

有效分布宽度（即 $b=2.7\text{m}$ 范围）内板的计算简图（按简支单跨板计算）如图 2-12 所示。

作用在板上的荷载：

（1）无设备区域的操作荷载在板的有效分布宽度内产生的沿板跨均布线荷载：

$$q_1=2\times 2.7=5.4\text{kN/m}$$

（2）设备荷载乘以动力系数并扣除设备在板跨内所占面积上的操作荷载后（扣除的原因在于 q_1 考虑的是布满整个有效宽度，但实际设置所在空间是没有 q_1 的，避免 q_2 所在区域荷载计算时多计算 q_1）产生的沿板跨均布线荷载：

$$q_2=(8\times 1.1-2\times 0.5\times 1)/1.1=7.09\text{kN/m}$$

上式中前面乘以的 1.1 是动力系数，后面除以 1.1 是因为 q_2 的分布宽度为 $b_{\text{cx}}=1.1\text{m}$。

有效分布宽度范围内，q_1 和 q_2 两种荷载引起的板跨中绝对最大弯矩为

$$M_{\max}=\frac{1}{8}q_1l_0^2+\left(\frac{1}{4}q_2l_0b_{\text{cx}}-\frac{1}{8}q_2b_{\text{cx}}^2\right)=\frac{1}{8}q_1l_0^2+\frac{1}{8}q_2l_0b_{\text{cx}}\left(2-\frac{b_{\text{cx}}}{l_0}\right)$$

$$=\frac{1}{8}\times 5.4\times 3^2+\frac{1}{8}\times 7.09\times 1.1\times 3\times\left(2-\frac{1.1}{3}\right)=10.85\text{kN}\cdot\text{m}$$

等效楼面均布活荷载标准值：

$$q_{\text{e}}=\frac{8M_{\max}}{bl_0^2}=\frac{8\times 10.85}{2.7\times 3^2}=3.57\text{kN/m}^2$$

【例 2-3】 某类型工业建筑的楼面板，在使用过程中最不利情况设备位置如图 2-13 所示，设备重 8kN，设备平面尺寸为 $0.5\text{m}\times 1.0\text{m}$，设备下有混凝土垫层厚 0.1m，使用过程中设备产生的动力系数为 1.1，楼面板为现浇钢筋混凝土单向连续板，其厚度为 0.1m，无设备区域的操作荷载为 2.0kN/m^2，求此情况下等效楼面均布活荷载标准值。

【解】 设备作用面短边平行于板跨。

板的计算跨度 $l_0=l_{\text{c}}=3\text{m}$

设备荷载作用面平行于板跨的计算宽度：

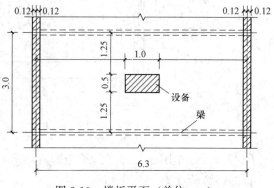

图 2-13 楼板平面（单位：m）

$$b_{\text{cx}}=b_{\text{tx}}+2s+h=0.5+2\times 0.1+0.1=0.8\text{m}$$

设备荷载作用面垂直于板跨的计算宽度：

$$b_{\text{cy}}=b_{\text{ty}}+2s+h=1+2\times 0.1+0.1=1.3\text{m}$$

符合 $b_{\text{cx}}<b_{\text{cy}}$（即 $0.8\text{m}<1.3\text{m}$），$b_{\text{cy}}<2.2l_0$（即 $1.3\text{m}<2.2\times 3=6.6\text{m}$），$b_{\text{cx}}<l_0$（即 $0.8\text{m}<3\text{m}$）条件。

故设备荷载在板上的有效分布宽度：

$$b = \frac{2}{3}b_{cy} + 0.73l_0 = \frac{2}{3} \times 1.3 + 0.73 \times 3 = 3.06\text{m}$$

板的计算简图（按简支单跨板计算）如图 2-14 所示。

作用在板上的荷载：

（1）无设备区域的操作荷载在板的有效分布宽度内产生的沿板跨均布线荷载：

$$q_1 = 2 \times 3.06 = 6.12\text{kN/m}$$

（2）设备荷载乘以动力系数、扣除设备在板跨内所占面积上的操作荷载后产生的沿板跨均布线荷载：

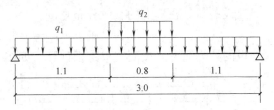

图 2-14　板的计算简图（单位：m）

$$q_2 = (8 \times 1.1 - 2 \times 0.5 \times 1)/0.8 = 9.75\text{kN/m}$$

上式中前面乘以的 1.1 是动力系数，后面除以 0.8 是因为 q_2 的分布宽度为 $b_{cx} = 0.8\text{m}$。

板的绝对最大弯矩：

$$M_{max} = \frac{1}{8} \times 6.12 \times 3^2 + \frac{1}{8} \times 9.75 \times 0.8 \times 3 \times \left(2 - \frac{0.8}{3}\right) = 11.96\text{kN} \cdot \text{m}$$

等效楼面局部活荷载标准值

$$q_e = \frac{8M_{max}}{bl_0^2} = \frac{8 \times 11.96}{3.06 \times 3^2} = 3.47\text{kN/m}^2$$

【例 2-4】　某类型工业建筑的楼面板，在安装设备时最不利的设备位置如图 2-15 所示，设备重 10kN，设备平面尺寸为 1.8m × 1.9m，搬运设备时产生的动力系数为 1.2，设备直接放置在楼面板上，楼面板为现浇钢筋混凝土单向连续板，其厚度 0.1m，无设备区域的操作荷载为 2.0kN/m²，求此情况下设备荷载的等效楼面均布活荷载标准值。

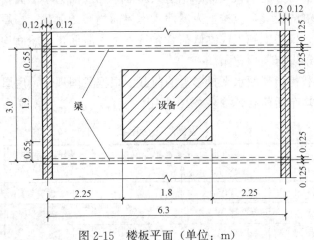

图 2-15　楼板平面（单位：m）

【解】　板的计算跨度 $l_0 = l_c = 3\text{m}$

设备荷载作用面平行于板跨的计算宽度：

$$b_{cx} = b_{tx} + 2s + h = 1.9 + 0.1 = 2\text{m}$$

设备荷载作用面垂直于板跨的计算宽度：

$$b_{cy}=b_{ty}+2s+h=1.8+0.1=1.9m$$

符合 $b_{cx}>b_{cy}$（即 $2m>1.9m$），$0.6l_0<b_{cy}<l_0$（即 $0.6\times3m<1.9m<3m$），$b_{cx}<l_0$（即 $2m<3m$）条件。

故设备荷载在板上的有效分布宽度：

$$b=0.6b_{cy}+0.94l_0=0.6\times1.9+0.94\times3=3.96m$$

板的计算简图（按简支单跨板计算）如图 2-16 所示。

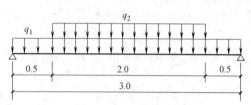

图 2-16　板的计算简图（单位：m）

作用在板上的荷载：

（1）无设备区域的操作荷载在有效分布宽度内产生的沿板跨的均布线荷载；

$$q_1=2\times3.96=7.92kN/m$$

（2）设备荷载乘以动力系数、扣除设备在板跨内所占面积上的操作荷载后产生的沿板跨的均布线荷载：

$$q_2=(10\times1.2-1.8\times1.9\times2)/2=2.58kN/m$$

板的绝对最大弯矩

$$M_{max}=\frac{1}{8}\times7.92\times3^2+\frac{1}{8}\times2.58\times2\times3\times\left(2-\frac{2}{3}\right)=11.49kN\cdot m$$

等效楼面均部活荷载标准值

$$q_e=\frac{8M_{max}}{bl_0^2}=\frac{8\times11.49}{3.96\times3^2}=2.58kN/m^2$$

2.3.2　屋面活荷载与积灰荷载

2.3.2.1　屋面均布活荷载

房屋建筑的屋面可分为上人屋面和不上人屋面。当屋面为平屋面，并有楼梯直达屋面时，有可能出现人群的聚集，应按上人屋面考虑屋面均布活荷载。当屋面为斜屋面或没有上人孔的平屋面时，仅考虑施工或维修荷载，按不上人屋面考虑屋面均布活荷载。屋面由于环境的需要有时还设有屋顶花园。

屋面均布活荷载是指屋面水平投影上的荷载。根据我国规范，房屋建筑的屋面，其水平投影面上的屋面均布活荷载，按表 2-10 采用。

屋面均布活荷载　　　　　　　　　　　　　　　　　　表 2-10

项次	类别	标准值 (kN/m^2)	组合值系数 Ψ_c	频遇值系数 Ψ_f	准永久值系数 Ψ_q
1	不上人屋面	0.5	0.7	0.5	0
2	上人屋面	2.0	0.7	0.5	0.4
3	屋顶花园	3.0	0.7	0.6	0.5
4	屋顶运动场地	3.0	0.7	0.6	0.4

需要注意的是，不上人的屋面，当施工或维修荷载较大时，应按实际情况采用；对不同结构应按有关设计规范的规定，将标准值作 $0.2kN/m^2$ 的增减。当上人屋面兼作其他

用途时，应按相应楼面活荷载采用。对于因屋面排水不畅、堵塞等引起的积水荷载，应采取构造措施加以防止；必要时，应按积水的可能深度确定屋面活荷载。屋顶花园活荷载不包括花圃土石等材料自重。

高档宾馆、大型医院等建筑的屋面有时还设有直升机停机坪。屋面直升机停机坪荷载应根据直升机总重按局部荷载考虑，且其等效均布荷载不低于 $5.0kN/m^2$。局部荷载应按直升机实际最大起飞重量确定，当没有机型技术资料时，一般可依据轻、中、重三种类型的不同要求，按下述规定选用局部荷载标准值及作用面积：

1）轻型，最大起飞重量 2t，局部荷载标准值取 20kN，作用面积 0.20m×0.20m；
2）中型，最大起飞重量 4t，局部荷载标准值取 40kN，作用面积 0.25m×0.25m；
3）重型，最大起飞重量 6t，局部荷载标准值取 60kN，作用面积 0.30m×0.30m。

屋面活荷载的组合值系数应取 0.7，频遇值系数应取 0.6，准永久值系数应取 0。

在设计时应注意屋面活荷载不应与雪荷载同时考虑。由于我国大多数地区的雪荷载标准值小于屋面均布活荷载标准值，因此在屋面结构和构件计算时，往往是屋面均布活荷载对设计起控制作用。

2.3.2.2 屋面积灰荷载

设计生产中有大量排灰的厂房及其邻近建筑，对于具有一定除尘设施和保证清灰制度的机械、冶金、水泥等的厂房屋面，其水平投影面上的屋面积灰荷载，应分别按表 2-11 和表 2-12 采用。

屋面积灰荷载 表 2-11

项次	类别	标准值(kN/m^2)			组合值系数 Ψ_c	频遇值系数 Ψ_f	准永久值系数 Ψ_q
		屋面无挡风板	屋面有挡风板				
			挡风板内	挡风板外			
1	机械厂铸造车间(冲天炉)	0.50	0.75	0.30			
2	炼钢车间(氧气转炉)		0.75	0.30			
3	锰、铬铁合金车间	0.75	1.00	0.30	0.9	0.9	0.8
4	硅、钨铁合金车间	0.30	0.50	0.30			
5	烧结室、一次混合室	0.50	1.00	0.20			
6	烧结厂通廊及其他车间	0.30	—	—			
7	水泥厂有灰源车间(窑房、磨房、联合贮库、烘干房、破碎房)	1.00	—	—	0.9	0.9	0.8
8	水泥厂无灰源车间(空气压缩机站、机修间、材料库、配电站)	0.50	—	—			

注：1. 表中的积灰均布荷载，仅应用于屋面坡度 α≤25°；当 α≥45°时，可不考虑积灰荷载；当 25°<α<45°时，可按插值法取值。
2. 清灰设施的荷载另行考虑。
3. 对第1～4项的积灰荷载，仅应用于距烟囱中心20m半径范围内的屋面；当邻近建筑在该范围内时，其积灰荷载对第1、3、4项应按车间屋面无挡风板的采用，对第2项应按车间屋面挡风板外的采用。

房屋离灰源较近，且位于不利风向下时，屋面天沟、凹角和高低跨处，常形成严重的灰堆现象。所以，在实际工程设计中，还应考虑灰堆的增值效应，对于屋面上易形成灰堆处，当设计屋面板、檩条时，积灰荷载标准值可乘以适当的增大系数；在高低跨处两倍于

高炉邻近建筑的屋面积灰荷载

表 2-12

高炉容积 (m³)	标准值(kN/m²)			组合值系数 Ψ_c	频遇值系数 Ψ_f	准永久值系数 Ψ_q
	屋面离高炉距离(m)					
	≤50	100	200			
＜255	0.50	—	—			
255～620	0.75	0.30	—	1.0	1.0	1.0
＞620	1.00	0.50	0.30			

注：1. 表中的积灰均布荷载，仅应用于屋面坡度 $\alpha \leqslant 25°$ 时；当 $\alpha \geqslant 45°$ 时，可不考虑积灰荷载；当 $25° < \alpha < 45°$ 时，可按插值法取值。
2. 清灰设施的荷载另行考虑。
3. 当邻近建筑屋面离高炉距离为表内中间值时，可按插值法取值。

屋面高差但不大于 6.0m 的分布宽度内取 2.0（图 2-17）；在天沟处不大于 3.0m 的分布宽度内取 1.4（图 2-18）。

对于有雪的地区，积灰荷载应与雪荷载一道考虑。积灰荷载一般不与屋面活荷载同时考虑，但是，考虑到雨季积灰吸水后重度增加，可通过不上人屋面的活荷载来补偿积灰荷载增加的吸水重度。所以，积灰荷载应与雪荷载或不上人屋面均布活荷载两者中的较大值同时考虑。

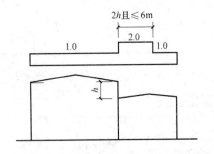

图 2-17 高低跨屋面积灰荷载增大系数

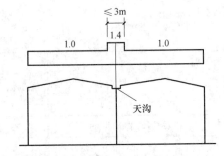

图 2-18 天沟处屋面积灰荷载增大系数

2.4 施工、检修荷载和栏杆水平荷载

2.4.1 施工和检修荷载标准值

设计屋面板、檩条、钢筋混凝土挑檐、雨篷和预制小梁时，应按下列施工或检修集中荷载（人及小工具的自重）标准值出现在最不利位置进行验算：

（1）屋面板、檩条、钢筋混凝土挑檐、雨篷和预制小梁，取 1.0kN；

（2）对轻型构件或较宽构件，当施工荷载有可能超过上述荷载时，应按实际情况验算，或采用加垫板、支撑等临时设施承受；

（3）当计算挑檐、雨篷强度时，沿板宽每隔 1m 考虑一个集中荷载；在验算挑檐、雨篷倾覆时，沿板宽每隔 2.5～3m 考虑一个集中荷载。

当确定上述构件的荷载准永久组合设计值时，可不考虑施工和检修荷载。此外此施工和检修荷载不与屋面均布活荷载同时组合。

2.4.2　栏杆水平荷载标准值

设计楼梯、看台、阳台和上人屋面等的栏杆时，作用于栏杆顶部的水平荷载标准值应按下列规定采用：

（1）住宅、宿舍、办公楼、旅馆、医院、托儿所、幼儿园取 1.0kN/m。

（2）学校、食堂、剧场、电影院、车站、礼堂、展览馆或体育场，栏杆顶部的水平荷载取 1.0kN/m，竖向荷载取 1.2kN/m，水平和竖向荷载应分别考虑。

（3）当确定栏杆构件的荷载准永久组合设计值时，可不考虑栏杆的水平荷载。

【例 2-5】 某建筑的屋面为带挑檐的现浇钢筋混凝土板（图 2-19），求计算挑檐强度时，由施工或检修集中荷载产生的弯矩标准值。

【解】 取 1m 宽的挑檐板作为计算对象，控制设计的截面位于外墙外缘处的 A-A 截面，按 2.4.1 节第（1）款规定计算挑檐强度时，沿板宽每隔 1m 考虑一个 1.0kN 集中荷载，因此在计算宽度 1m 范围内只考虑一个 1.0kN 集中荷载，其最不利作用位置在挑檐端部。

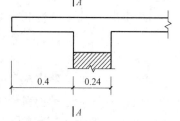

图 2-19　挑檐计算简图

由施工或检修集中荷载产生的 A-A 截面弯矩标准值：

$$M = -1.0 \times 0.4 = -0.4 \text{kN} \cdot \text{m}（板上表面受拉）。$$

2.5　雪　荷　载

雪荷载是房屋屋面的主要荷载之一。在我国寒冷地区及其他大雪地区，因雪荷载导致屋面结构以及整个结构破坏的事例时有发生。尤其是大跨度结构，对雪荷载更为敏感。因此在有雪地区，在结构设计中必须考虑雪荷载。

2.5.1　基本雪压

所谓雪压是指单位面积地面上积雪的自重。决定雪压值大小的是雪深和雪重度，即

$$s = \gamma d \tag{2-35}$$

式中　　s——雪压（N/m^2）；

γ——雪重度（N/m^3）；

d——雪深（m）。

雪重度是一个随时间和空间变化的量，它随积雪厚度、积雪时间的长短及地理气候条件等因素的变化而有较大的差异。

新鲜下落的雪重度较小，大约为 500～1000N/m^3。当积雪达到一定厚度时，积存在下层的雪由于受到上层雪的压缩其密度增加。越靠近地面，雪的重度越大，雪深越大，下层的重度越大。

在寒冷地区，积雪时间一般较长甚至存在整个冬季，随着时间的延续，积雪由于受到压缩、融化、蒸发及人为搅动等，其重度不断增加。从冬初到冬末，雪重度可差 1 倍。

不少国家对雪重度作了统计研究，得出一些有关雪重度 γ（N/m^3）的计算公式。例如：

（1）苏联建议的公式

$$\gamma = (90 + 130\sqrt{d})(1.5 + 0.17\sqrt[3]{T})(10 + \sqrt{v}) \tag{2-36}$$

式中　d——积雪深度（m）；

　　　T——整个积雪期间的平均温度（℃）；

　　　v——整个积雪期间的平均风速（m/s）。

（2）瑞典建议的公式

$$\gamma = 1550 + 7t \tag{2-37}$$

式中　t——11 月份以后的积雪存留天数。

（3）匈牙利建议的公式

$$\gamma = 1530 + 495R \tag{2-38}$$

式中　R——降雪次数。

（4）国际结构安全性联合委员会建议的公式

$$\gamma = 3000 - 2000e^{-1.5d} \tag{2-39}$$

式中　d——积雪深度（m）。

可见，雪重度是随雪深和时间变化的。然而为工程应用方便，常将雪重度定为常值，即以某地区的气象记录资料经统计后所得雪重度平均值或某分位值作为该地区的雪重度。例如，苏联、罗马尼亚等国家取雪重度为 2.2kN/m³，加拿大取 2kN/m³，法国取 1.5kN/m³。而我国由于幅员辽阔，气候条件差异较大，故对不同地区取不同的雪重度值，东北及新疆北部地区取 1.5kN/m³；华北及西北地区取 1.3kN/m³，其中青海取 1.2kN/m³；淮河、秦岭以南地区一般取 1.5kN/m³，其中江西、浙江取 2.0kN/m³。

确定了雪重度以后，只要量测雪深，就可按式（2-35）计算雪压。基本雪压一般根据年最大雪压进行统计分析确定。

应当指出，最大雪深与最大雪重度两者并不一定同时出现。当年最大雪深出现时，对应的雪重度多数情况下不是本年度的最大值。因此采用平均雪重度来计算雪压有一定的合理性。当然最好的方法是像美国气象部门一样，直接记录地面雪压值，这样可避免最大雪深与最大雪重度不同时出现带来的问题，所以能准确确定真正的年最大雪压值。

一般山上的积雪比附近平原地区的积雪要大，并且随山区地形海拔高度的增加而增大。其中主要原因是由于海拔较高地区的温度较低，从而使降雪的机会较多，且积雪的融化延缓。

基本雪压指的是空旷平坦的地面上，积雪分布保持均匀的情况下，经统计所得 50 年一遇的最大雪压。对雪荷载敏感的结构，基本雪压应适当提高，并应由有关的结构设计规范具体规定。

山区的雪荷载应通过实际调查后确定，当无实测资料时，可按当地邻近空旷平坦地面的雪荷载值乘以系数 1.2 采用。

2.5.2　我国基本雪压的分布特点

（1）新疆北部是我国突出的雪压高值区。该地区由于冬季受到北冰洋南侵冷湿气流影响，雪量丰富，且阿尔泰山、天山等山脉对气流有阻滞作用，更有利于降雪。加上温度低，积雪可以保持整个冬季不融化，新雪覆盖老雪，形成了特大雪压。

（2）东北地区由于气旋活动频繁，并有山脉对气流起抬升作用，冬季多降雪天气，同时气温低，更有利于积雪。因此大兴安岭及长白山区是我国另一个雪压高值区。黑龙江北部和吉林东部地区，雪压值可达 0.7kN/m² 以上。而吉林西部和辽宁北部地区，地处大兴安岭的东南背风坡，气流有下沉作用，不易降雪，雪压值仅为 $0.2kN/m^2$ 左右。

（3）长江中下游及淮河流域是我国稍南地区的一个雪压高值区。该地区冬季积雪情况很不稳定，有些年份一冬无积雪，而有些年份遇到寒潮南下，冷暖气流僵持，即降大雪，积雪很深，还带来雪灾。1955 年元旦，江淮一带普降大雪，合肥雪深达 40cm，南京雪深达 51cm。1961 年元旦，浙江中部遭遇大雪，东阳雪深达 55cm，金华雪深达 45cm。江西北部以及湖南一些地区也曾出现过 40～50cm 以上的雪深。因此，这些地区不少地点的雪压为 $0.4～0.5kN/m^2$。但积雪期较短，短则一两天，长则十来天。

（4）川西、滇北山区的雪压也较高。该地区海拔高，气温低，湿度大，降雪较多而不易融化。但该地区的河谷内，由于落差大，高度相对较低，气温相对较高，积雪不多。

（5）华北及西北大部分地区，冬季温度虽低，但空气干燥。水汽不足，降雪量较少，雪压一般为 $0.2～0.3kN/m^2$。西北干旱地区，雪压在 $0.2kN/m^2$ 以下。该区内的燕山、太行山、祁连山等山脉，因有地形影响，降雪稍多，雪压可达 $0.3kN/m^2$ 以上。

（6）南岭、武夷山脉以南，冬季气温高，很少降雪，基本无积雪。

2.5.3 屋面的雪压

基本雪压是针对地面上的积雪荷载定义的。屋面的雪荷载由于多种因素的影响，往往与地面雪荷载不同。造成屋面积雪与地面积雪不同的主要原因有：风、屋面形式、屋面散热等。

1. 风对屋面积雪的漂积作用

在下雪过程中，风会把部分本将飘落在屋面上的雪吹积到附近的地面上或其他较低的物体上，这种影响称为风的漂积作用。当风速较大或房屋处于特别曝风位置时，部分已经积在屋面上的雪会被风吹走，从而导致平屋面或小坡度（坡度小于 10°）屋面上的雪压普遍比临近地面上的雪压要小。

在高低跨屋面的情况下，由于风对雪的漂积作用，会将较高屋面的雪吹落在较低屋面上，在较低屋面上形成局部较大的漂积荷载。在某些场合这种积雪非常严重，最大可出现 3 倍于地面积雪的情况。低屋面上这种漂积雪的大小及其分布形状与高低屋面的高差有关。当高差不太大时，漂积雪将沿墙根在一定范围内呈三角形分布（图 2-20）；当高差较大时，靠近墙根的积雪一般不十分严重，漂积雪将分布在一个较大的范围内。

对多跨坡屋面及曲线形屋面，屋谷附近区域的积雪比屋脊区大，其原因之一是风作用下的雪漂积，屋脊区的部分积雪被风吹积在屋谷区内。图 2-21 为在加拿大渥太华一多跨坡屋面测得的一次实际积雪分布情况。

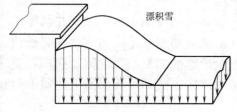

图 2-20 高低跨屋面漂积雪分布

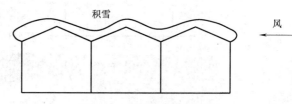

图 2-21 多跨屋面积雪分布

2. 屋面坡度对积雪的影响

屋面雪荷载与屋面坡度密切相关，一般随坡度的增加而减小，主要是风的作用和雪滑移所致。

当屋面坡度大到某一角度时，积雪就会在屋面上产生滑移或滑落，坡度越大滑落的雪越多。屋面表面的光滑程度对雪滑移的影响较大，对一些类似铁皮屋面、石板屋面这样的光滑表面，雪滑移更易发生，而且往往是屋面积雪全部滑落。根据加拿大对不同坡度屋面的雪滑移观测研究，当坡度大于10°时就有可能产生雪滑移。双坡屋面当一侧受太阳辐射而使靠近屋面层的积雪融化形成薄膜层时，由于摩擦力减小这一侧的积雪会发生滑落。这种情况可能形成一坡有雪，另一坡完全滑落的不平衡雪荷载。

雪滑移带来的另一个问题是滑落的雪堆积在与坡屋面邻接的较低屋面上。这种堆积可能出现很大的局部堆积雪荷载，结构设计时应加以考虑。

当风吹过屋脊时，在屋面的迎风一侧会因"爬坡风"效应风速增大，吹走部分积雪。坡度越陡这种效应越明显。在屋脊后的背风一侧风速下降，风中夹裹的雪和从迎风屋面吹过来的雪往往在背风一侧屋面上漂积。因而，对双坡屋面及曲线形屋面，风作用除了使总的屋面积雪减少外，还会引起屋面的不平衡积雪荷载。

因此，我国规范规定对双坡屋面需考虑均匀雪载分布和不均匀雪载分布两种情况。从而，屋面水平投影面上的雪荷载标准值，应按下式计算：

$$s_k = \mu_r s_0 \tag{2-40}$$

式中　s_k——雪荷载标准值（kN/m^2）；

　　　μ_r——屋面积雪分布系数；

　　　s_0——基本雪压（kN/m^2）。

其中 μ_r 为屋面积雪分布系数（屋面雪载与地面雪载之比），其与屋面坡度的关系列于表2-13。

屋面积雪分布系数 μ_r　　　　　　　　　　　　　　　　表 2-13

α	$\leqslant 15°$	$30°$	$35°$	$40°$	$45°$	$\geqslant 55°$
μ_r	1.0	0.8	0.6	0.4	0.2	0

注：α、μ_r 含义如图 2-22 所示。

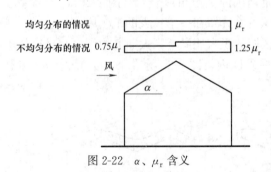

图 2-22　α、μ_r 含义

3. 屋面温度对积雪的影响

冬季采暖房屋的积雪一般比非采暖房屋小，这是因为屋面散发的热量使部分积雪融化，同时也使雪滑移更易发生。

不连续加热的屋面，加热期间融化的雪在不加热期间可能重新冻结。并且冻结的冰碴可能堵塞屋面排水，以致在屋面较低处结成较厚的冰层，产生附加荷载，重新冻结的冰雪还会降低坡屋面上的雪滑移能力。

对大部分采暖的坡屋面，在其檐口处通常是不加热的。因此融化后的雪水常常会在檐口处冻结为冰凌及冰坝。这一方面会堵塞屋面排水，出现渗漏；另一方面会对结构产生不利的荷载效应。

4. 建筑结构设计考虑积雪分布的原则

（1）屋面板和擦条按积雪不均匀分布的最不利情况采用。

（2）屋架或拱、壳可分别按积雪全跨均匀分布的情况、不均匀分布的情况和半跨均匀分布的情况采用。

（3）框架和柱可按积雪全跨均匀分布的情况采用。

2.6　桥梁车辆与人群荷载

车辆荷载、人群荷载是桥梁设计的两个重要荷载，按照我国《公路桥涵设计通用规范》JTG D60—2015（以下简称《公路通规》），桥梁车辆与人群荷载设计分为公路桥梁、城市桥梁两种情况。本节下文将对公路桥梁和城市桥梁车辆与人群荷载进行详细叙述。

2.6.1　公路桥梁车辆与人群荷载

2.6.1.1　车辆荷载

车辆荷载是公路桥梁结构设计的主导性可变作用。我国《公路通规》规定了公路桥涵设计时的汽车荷载的计算图式、荷载等级及其标准值、加载方法和纵横向折减等内容。《公路通规》将汽车荷载分为公路-Ⅰ级和公路-Ⅱ级两个等级，且各级公路桥涵设计的汽车荷载等级应符合表 2-14 的规定。

公路桥涵的汽车荷载由车道荷载和车辆荷载组成。车道荷载由均布荷载和集中荷载组成。桥梁结构的整体计算采用车道荷载；桥梁结构的局部加载、涵洞、桥台和挡土墙土压力等的计算采用车辆荷载。车辆荷载与车道荷载的作用不得叠加。

当二级公路为干线公路且重型车辆多时，其桥涵的设计可采用公路-Ⅰ级汽车荷载。四级公路上重型车辆少时，其桥涵设计所采用的公路-Ⅱ级车道荷载的效应可乘以 0.8 的折减系数，车辆荷载的效应可乘以 0.7 的折减系数。

各级公路桥涵的汽车荷载等级 表 2-14

公路等级	高速公路	一级公路	二级公路	三级公路	四级公路
汽车荷载等级	公路-Ⅰ级	公路-Ⅰ级	公路-Ⅰ级	公路-Ⅱ级	公路-Ⅱ级

车道荷载的计算图式如图 2-23 所示。车道荷载是个虚拟的荷载，其标准值 q_k 和 P_k 是由对汽车车队（车重和车间距）的测定和效应分析得到的。公路-Ⅰ级车道荷载的均布荷载标准值为 $q_k = 10.5 \text{kN/m}$；集中荷载标准值按以

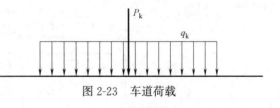

图 2-23　车道荷载

下规定选取：桥梁计算跨径 L_0 小于或等于 5m 时，$P_k = 270 \text{kN}$；桥梁计算跨径 L_0 等于或大于 50m 时，$P_k = 360 \text{kN}$；桥梁计算跨径 L_0 在 5～50m 之间时，$P_k = 2(L_0 + 130)$。计算剪力效应时，上述集中荷载标准值 P_k 应乘以 1.2 的系数。

公路-Ⅱ级车道荷载的均布荷载标准值 q_k 和集中荷载标准值 P_k 按公路-Ⅰ级车道荷载的 0.75 倍采用。

桥梁设计时，应根据设计车道数布置车道荷载。车道荷载的均布荷载标准值应满布于

使结构产生最不利效应的同号影响线上；集中荷载标准值只作用于相应影响线中一个最大影响线峰值处。

公路-Ⅰ级和公路-Ⅱ级汽车荷载采用相同的车辆荷载标准值。车辆荷载的立面、平面尺寸见图 2-24，主要技术指标规定如表 2-15 所示。

车辆荷载的主要技术指标　　　　　　　　表 2-15

项　　目	单位	技术指标	项　　目	单位	技术指标
车辆重力标准值	kN	550	轮距	m	1.8
前轴重力标准值	kN	30	前轮着地宽度及长度	m	0.3×0.2
中轴重力标准值	kN	2×120	中、后轮着地宽度及长度	m	0.6×0.2
后轴重力标准值	kN	2×140	车辆外形尺寸(长×宽)	m	15×2.5
轴距	m	3+1.4+7+1.4			

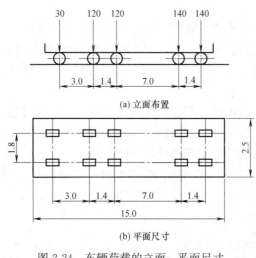

(a) 立面布置

(b) 平面尺寸

图 2-24　车辆荷载的立面、平面尺寸
(图中尺寸单位为"m"，荷载单位为"kN")

公路桥梁桥涵车道荷载横向分布系数应按设计车道数如图 2-25 布置车辆荷载进行计算，设计车道数应符合表 2-16 的规定。

横向布置多车道汽车荷载时，应考虑多车道汽车荷载的折减；布置一条车道汽车荷载时，应考虑汽车荷载的提高。横向车道布载系数应符合表 2-17 的规定，多车道布载的荷载效应不得小于两设计车道的荷载效应。多车道横向折减的含义是，在桥梁多车道上行驶的汽车荷载使桥梁构件的某一截面产生最大效应时，其同时处于最不利位置的可能性很小，显然，这种可能性随车道数的增加而减小，而桥梁设计时各个车道上的汽车荷载都是按最不利位置布置的，因此，计算结果应根据上述可能性的大小折减。

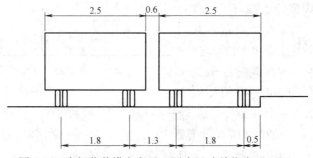

图 2-25　车辆荷载横向布置（图中尺寸单位为"m"）

大跨径桥梁上的汽车荷载应考虑纵向折减。当桥梁计算跨径大于 150m 时，应按表 2-18 规定的纵向折减系数进行折减。当为多跨连续结构时，整个结构应按最大的计算跨径考虑汽车荷载效应的纵向折减。汽车荷载纵向折减的原因在于，由于汽车荷载标准值是在特定条件下确定的，例如，在汽车荷载的可靠性分析中，由于计算各类桥型结构效应的车队，采用了自然堵塞时的车间距；汽车荷载本身的重力，也采用了路上运煤车或其他重车居多的调查资料；但是，在实际桥梁上通行的车辆不一定都能达到上述条件，特别是大跨径的桥梁，达到上述条件的可能性更小；所以，采用纵向折减的方法，对特大跨径桥梁的计算效应进行折减。

桥涵设计车道数　　　　　　　　表 2-16

桥面宽度 W（m）		桥涵设计车道数
车辆单向行驶时	车辆双向行驶时	
$W < 7.0$	$6.0 \leqslant W < 14.0$	1
$7.0 \leqslant W < 10.5$		2
$10.5 \leqslant W < 14.0$	$14.0 \leqslant W < 21.0$	3
$14.0 \leqslant W < 17.5$		4
$17.5 \leqslant W < 21.0$	$21.0 \leqslant W < 28.0$	5
$21.0 \leqslant W < 24.5$		6
$24.5 \leqslant W < 28.0$	$28.0 \leqslant W < 35.0$	7
$28.0 \leqslant W < 31.5$		8

横向车道布载系数　　　　　　　　表 2-17

横向布置设计车道数（条）	1	2	3	4	5	6	7	8
横向折减系数	1.20	1.00	0.78	0.67	0.60	0.55	0.52	0.50

纵向折减系数　　　　　　　　表 2-18

计算跨径 L_0（m）	纵向折减系数	计算跨径 L_0（m）	纵向折减系数
$150 < L_0 < 400$	0.97	$800 \leqslant L_0 < 1000$	0.94
$400 \leqslant L_0 < 600$	0.96	$L_0 \geqslant 1000$	0.93
$600 \leqslant L_0 < 800$	0.95		

2.6.1.2　人群荷载

公路桥梁人群荷载可靠性研究组曾对人群荷载进行了调查，实测范围包括全国六大片区的沈阳、北京、上海等 10 个城市的 30 座桥梁。每座桥梁选其行人高峰期观测三天。观测的方法是在不同宽度的人行道上任意划出 2m^2 面积和 10m、20m、30m 观测段分别连续记录瞬时出现其上的最多人数，人体标准重量经大量称量统计取 0.6kN，据此计算每平方米的人群荷载。《公路通规》对人群荷载标准值进行了规定。

当桥梁计算跨径小于或等于 50m 时，人群荷载标准值为 3.0kN/m^2；当桥梁计算跨径等于或大于 150m 时，人群荷载标准值为 2.5kN/m^2；当桥梁计算跨径在 $50\sim150\text{m}$ 之间时，可由线性内插得到人群荷载标准值。对跨径不等的连续结构，以最大计算跨径为准。

城镇郊区行人密集地区的公路桥梁，人群荷载标准值取上述规定值的 1.15 倍。专用人行桥梁，人群荷载标准值为 $3.5kN/m^2$。

人群荷载在横向应布置在人行道的净宽度内。在纵向施加于使结构产生最不利荷载效应的区段内。人行道板（局部构件）可以一块板为单元，按标准值 $4.0kN/m^2$ 时的均布荷载计算。

计算人行道栏杆时，作用在栏杆立柱顶上的水平推力标准值取 $0.75kN/m^2$；作用在栏杆扶手上的竖向力标准值取 $1.0kN/m^2$。

2.6.2 城市桥梁汽车与人群荷载

2.6.2.1 城市桥梁汽车荷载

《城市桥梁设计规范》CJJ 11—2011（2019 年版）将城市汽车荷载等级划分为：城-A级和城-B级两个等级，具体规定见表 2-19。汽车荷载由车辆荷载和车道荷载组成。桥梁的横隔梁、行车道板、桥台或挡土墙后土压力的计算应采用车辆荷载。桥梁的主梁、主拱和主桁架等的计算应采用车道荷载。当进行桥梁结构计算时不得将车辆荷载和车道荷载的作用叠加。

城市桥梁汽车荷载等级 表 2-19

城市道路等级	快速路	主干路	次干路	支路
设计汽车荷载等级	城-A级 或城-B级	城-A级	城-A级 或城-B级	城-B级

城-A级车辆荷载的标准载重汽车应采用五轴式货车加载，总重700kN。城-A级车辆荷载的立面、平面、横桥向布置如图 2-26 所示，其标准值应符合表 2-20 的规定。城-B级车辆荷载的立面、平面布置及标准值采用上文公路桥梁车辆荷载的规定值。

城-A级车辆荷载 表 2-20

车轴编号	单位	1	2	3	4	5
轴重	kN	60	140	140	200	160
轮重	kN	30	70	70	100	80
纵向轴距	m		3.6	1.2	6.0	7.2
每组车轮的横向中距	m	1.8	1.8	1.8	1.8	1.8
车轮着地宽度×长度	m	0.25×0.25	0.6×0.25	0.6×0.25	0.6×0.25	0.6×0.25

城-A级车道荷载和城-B级车道荷载应按均布荷载和一个集中荷载计算，如图 2-23 所示。城-A级车道荷载的均布荷载标准值（q_k）应为 10.5kN/m。集中荷载标准值（P_k）的选取：当桥梁的计算跨径 $\leqslant 5m$ 时，$P_k = 270kN$；当桥梁计算跨径 $\geqslant 50m$ 时，$P_k = 360kN$；当桥梁的计算跨径在 $5 \sim 50m$ 时，P_k 采用线性插值求得。当计算剪力效应时，上述集中荷载标准值 P_k 应乘以 1.2 的系数。城-B级车道荷载的均布荷载标准值（q_k）和集中荷载标准值（P_k）应按城-A级车道荷载的 75% 采用。

车道荷载的均布荷载标准值应布满于使结构产生最不利效应的同号影响线上。集中荷载标准值应只作用于相应影响线中一个最大影响线峰值处。车道荷载横向分布系数、多车道的横向折减系数、大跨径桥的纵向折减系数，与上文公路桥梁规定相同。

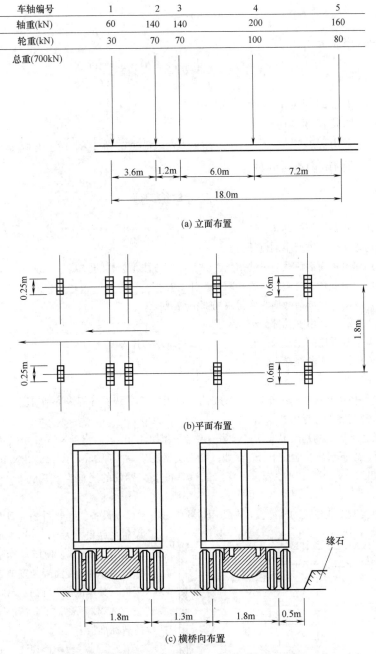

车轴编号	1	2	3	4	5
轴重(kN)	60	140	140	200	160
轮重(kN)	30	70	70	100	80

总重(700kN)

(a) 立面布置

(b)平面布置

(c) 横桥向布置

图 2-26　城-A 级标准车辆立面、平面、横桥向布置

2.6.2.2　城市桥梁人群荷载

城市桥梁设计中需考虑人群荷载对结构的作用，人行道板（局部构件）的人群荷载取 5.0kN/m^2 的均布荷载或 1.5kN 的集中竖向力作用在构件上，应分别进行计算，取其不利值。梁、桁架、拱及其他大跨结构的人群荷载（W）可按下式计算且不得小于 2.4kN/m^2。

当加载长度 $L < 20\text{m}$ 时：

$$W=4.5\times\frac{20-\omega_\mathrm{p}}{20} \tag{2-41}$$

当加载长度 $L\geq20\mathrm{m}$ 时：

$$W=\left(4.5-2\times\frac{L-20}{80}\right)\left(\frac{20-\omega_\mathrm{p}}{20}\right) \tag{2-42}$$

式中　W——单位面积上的人群荷载（$\mathrm{kN/m^2}$）；

　　　　L——加载长度（m）；

　　　　ω_p——半边人行道宽度（m）；在专用非机动车桥上时取 1/2 桥宽，当 1/2 桥宽大于 4m 时按 4m 计。

思考与练习题

2-1　结构自重作用怎样计算？

2-2　如何理解土自重产生的侧压力？

2-3　民用建筑楼面活荷载与哪些因素有关？取值方法是怎样的？

2-4　楼面活荷载什么时候要进行折减？为什么？

2-5　怎样将楼面局部荷载换算为等效局部活荷载？

2-6　汽车荷载设计由哪几部分组成？

2-7　影响基本雪压的主要因素有哪些？什么是基本雪压？

2-8　影响屋面雪压的因素有哪些？

2-9　汽车荷载有哪几种折减情况？原因是什么？

2-10　公路桥梁和城市桥梁车辆荷载分别划分为哪几个等级？各等级分别对应于什么具体情况？

2-11　人群荷载如何考虑？

2-12　某建筑场地的地层分布均匀，第一层杂填土厚 1.5m，$\gamma=17\mathrm{kN/m^3}$；第二层粉质黏土厚 4m，$\gamma=19\mathrm{kN/m^3}$，地下水位在地面下 2m 深处；第三层淤泥质黏土厚 8m，$\gamma=18.2\mathrm{kN/m^3}$；第四层粉土厚 3m，$\gamma=19.2\mathrm{kN/m^3}$；第五层砂岩未钻穿。试计算各层交界处的竖向自重应力 σ_{cz}，并绘出沿深度分布图。

2-13　某类型工业建筑的楼面板，在使用过程中最不利情况设备位置如图 2-27 所示，设备重 10kN，设备平面尺寸为 0.5m×1.0m，设备下有混凝土垫层厚 0.1m，使用过程中设备产生的动力系数为 1.1，楼面板为现浇钢筋混凝土单向连续板，其厚度为 0.12m，无设备区域的操作荷载为 $2.0\mathrm{kN/m^2}$，求此情况下等效楼面均布活荷载标准值。

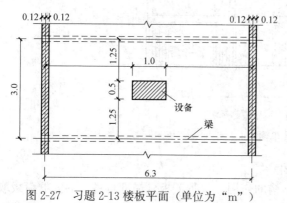

图 2-27　习题 2-13 楼板平面（单位为"m"）

2-14　一教学楼现浇钢筋混凝土楼板厚度为 100mm，楼板按单向板计算，跨度为 3m。求永久荷载和楼面活荷载引起的板最大弯矩标准值。

2-15　现有桥梁，宽度为 20m，试求桥梁单位面积上的人群荷载。

第 3 章

水作用与撞击力

3.1　静水压力与流水压力

修建在河流、湖泊或在含有地下水和溶洞的地层中的结构物如水闸、堤坝、桥墩和码头等常受到水的作用，水对结构物既有物理作用又有化学作用，化学作用表现在水对结构物的腐蚀或侵蚀作用，物理作用表现在水对结构物的力学作用，即水对结构物表面产生的静压力和动压力。

3.1.1　静水压力

静水压力是指静止的液体对其接触面产生的压力，作用在结构物侧面的静水压力有其特别重要的意义，它可能导致结构物的滑动或倾覆。

静水压力的分布符合阿基米德定律，为了合理地确定静水压力，将静水压力分成水平及竖向分力，竖向分力等于结构物承压面和经过承压力底部的母线到自由水面所做的竖向面之间的"压力体"体积的水重。根据定义，其单位厚度上的水压力计算公式为：

$$W = \int 1 \cdot \gamma \mathrm{d}s = \iint \gamma \mathrm{d}x \mathrm{d}y \qquad (3-1)$$

式中　γ——水的重度（kN/m^3）。

静水压力的水平分力仍然是水深的直线函数关系，当质量力仅为重力时，在自由液面下作用在结构物上任意一点 A 的压强为

$$p_A = \gamma h_A \qquad (3-2)$$

式中　h_A——结构物上的计算点在水面下的掩埋深度（m）。

如果液体不具有自由表面，而是在液体表面作用有压强 p_0，依据帕斯卡（Pascal）定律，则液面下结构物上任意一点 A 的压强为：

$$p_A = p_0 + \gamma h_A \qquad (3-3)$$

水压力总是作用在结构物表面的法线方向，因此水压力在结构物表面上的分布跟受压面的形状有关。静水压有两个重要特征，一是静水压垂直于作用面，并指向作用面内部；二是静止液体中任一点各方向的静水压相等。受压面为平面的情况下，水压分布图的外包线为直线；当受压面为曲面时，曲面的长度与水深不呈直线函数关系，所以水压力分布图的外包线亦为曲线。

3.1.2　流水压力

3.1.2.1　流水流动特征

某一流速为 v 的等速平面流场，流线是互相平行的水平线，在该流场中放置一个固定的圆柱体（图3-1），流线在接近圆柱体时流动受阻，流速减小、压力增大。在到达圆柱体表面 a 点时，该流线流速减至为零，压力增到最大，a 点被称为停止点或驻点。流体到达驻点后停滞不前，继续流来的流体质点在 a 点较高压力作用下，改变原来流动方向沿圆柱面两侧向前流动，即从 a 点开始形成边界层内流动。在圆柱面 a 点到 b 点区

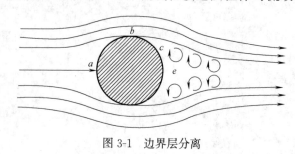

图3-1　边界层分离

间，柱面弯曲导致该区段流线密集，边界层内流动处于加速减压状态。过了 b 点流线扩散，边界层内流动呈现相反态势，处于减速加压状态。过了 e 点继续流来的流体质点脱离边界向前流动，出现边界层分离现象。边界层分离后，e 点下游水压较低，必有新的流体反向流回，出现漩涡区。

边界层分离现象及回流漩涡区的产生，在实际的流体流动中是常见的。例如河流、渠道截面突然改变（图 3-2a），或在流体流动中遇到闸筏、桥墩等结构物（图 3-2b）。

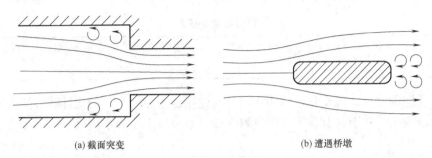

(a) 截面突变   (b) 遭遇桥墩

图 3-2　漩涡区产生

置于河流中的桥墩边界层分离现象，还会导致桥墩绕流阻力。绕流阻力是结构物在流场中受到的流动方向上的流体阻力，由摩擦阻力和压力阻力两部分组成。当边界层出现分离现象且分离漩涡区较大时，迎水面的高压区与背水面的低压区的压力差形成的压力阻力起着主导作用。根据试验结果，绕流阻力可由下式计算：

$$p = C_{\mathrm{D}} \frac{\rho v^2}{2} A \tag{3-4}$$

式中　v——来流流速；

　　　A——绕流物体在垂直于来流方向上的投影面积；

　　　C_{D}——绕流阻力系数，主要与结构物形状有关；

　　　ρ——流体密度。

在实际工程中，为减小绕流阻力，常将桥墩、闸墩设计成流线形，以缩小边界层分离区，达到降低阻力的目的。

3.1.2.2　桥墩流水压力计算

位于流水中的桥墩，其上游迎水面受到流水压力作用。流水压力的大小与桥墩平面形状、墩台表面粗糙率、水流速度、水流形态、水温及水的黏结性等因素有关。设水流未受桥墩影响时的流速为 v，则水流单元所具有的动能为 $\rho \cdot \dfrac{v^2}{2}$，$\rho$ 为水的密度，可表示为 $\rho = \dfrac{\gamma}{g}$，γ 为水的重度。因此，桥墩迎水面水流单元体的压力 p 为：

$$p = \rho \frac{v^2}{2} = \frac{\gamma v^2}{2g} \tag{3-5}$$

若桥墩迎水面受阻面积为 A，再引入考虑墩台平面形状的系数 K，桥墩上的流水压力可按下式计算：

$$F_{\mathrm{w}} = KA \frac{\gamma v^2}{2g} \tag{3-6}$$

式中 F_w——作用在桥墩上的流水压力标准值（kN）；

    γ——水的重力密度（kN/m³）；

    v——设计流速（m/s）；

    A——桥墩阻力面积（m²），一般算至冲刷线处；

    g——重力加速度，取 9.81m/s^2；

    K——桥墩形状系数，按表 3-1 取用。

桥墩形状系数 K 表 3-1

桥墩形状	方形桥墩	矩形桥墩（长边与水流平行）	圆形桥墩	尖端形桥墩	圆端形桥墩
K	1.5	1.3	0.8	0.7	0.6

因流速随深度呈曲线变化，河床底面处流速接近于零，为了简化计算，流水压力的分布可近似取为倒三角形，其着力点位置取在设计水位以下 1/3 水深处。

3.2 波浪作用

3.2.1 波浪及性质

波浪是液体自由表面在外力作用下产生的周期性起伏波动，它是液体质点振动的传播现象。不同性质的外力作用于液体表面所形成的波流形状和特性存在一定的差异，可按干扰力的不同对波浪进行分类。例如，由风力引起的波浪称为风成波；由太阳和月球引力引起的波浪称为潮汐波；由船舶航行引起的波浪称为船行波等。对港口建筑和水工结构来说，风成波影响最大，是工程设计主要考虑的对象。在风力直接作用下，静水表面形成的波称为强制波；当风力渐止后，波浪依靠其惯性力和重力作用继续运动的波称为自由波。自由波的外形是向前推进的，则称为推进波，而不再向前推进的波则称为驻波。当水域底部对波浪运动无影响时形成的波称为深水波，有影响时形成的波称为浅水波。

描述波浪运动性质及形态的要素有波峰、波谷、波高、波长、波陡、波速、波周期等（图 3-3）。波浪在静水面以上部分称为波峰，它的最高点称为波顶；波浪在静水面以下部分称为波谷，它的最低点称为波底；波顶与波底之间的垂直距离称为波高，用 H 表示；两个相邻的波顶（或波底）之间的水平距离称为波长，用 L 表示。波高和波长的比值 H/L 称为波陡；平分波高的水平线称为波浪中心线；波浪中心线到静止水面的垂直距离称为超高，用 h_s 表示；波顶向前推进一个波长所需的时间称为波周期，用 T 表示。

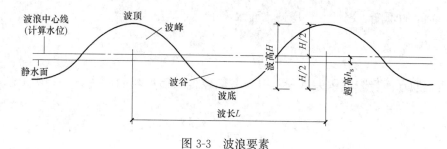

图 3-3 波浪要素

波浪发生于海面上，然后向海岸传播。在海洋深水区，当水深 d 大于半个波长 $\left(d > \dfrac{L}{2}\right)$ 时，波浪运动不受海底摩擦阻力影响，海底处水质点几乎不动，处于相对宁静状态，这种波浪称为深水推进波。当波浪推进到浅水地带，水深小于半个波长 $\left(d < \dfrac{L}{2}\right)$ 时，海底对波浪运动产生摩擦作用，海底处水质点前后摆动，这种波浪称为浅水推进波。由于海底摩擦作用，浅水波的波长和波速都比深水波略有缩减，而波高有所增加，波峰较尖突，波陡比深水区大。当浅水波继续向海岸推进时，水深不断减小，波陡相应增大，一旦波陡增大到波峰不能保持平衡时，波峰发生破碎，波峰破碎处的水深称为临界水深，用 d_c 表示。临界水深随波长、波高变化而不同，波浪破碎区域位于一个相当长的范围内，这个区域称为波浪破碎带。浅水推进波破碎后，又重新组成新的波浪向前推进，由于波浪破碎后波能消耗较多，其波长、波高均比原波显著减小。新波继续向前推进到一定水深后可能再度破碎，甚至几度破碎，破碎后的波仍含有较多能量。在推进过程中，海水逐渐变浅，波浪受海底摩擦阻力影响加大，表层波浪传播速度大于底层部分，使得波浪更为陡峻，波高有所增大，波谷变得坦长，并逐渐形成一股水流向前推移，而底层则产生回流，这种波浪称为击岸波。击岸波形成的冲击水流冲击岸滩，对海边水工建筑施加的冲击作用，即为波浪荷载。波浪冲击岸滩或建筑物后，水流顺岸滩上涌，波形不再存在，上涌一定高度后回流大海，这个区域称为上涌带（图3-4）。

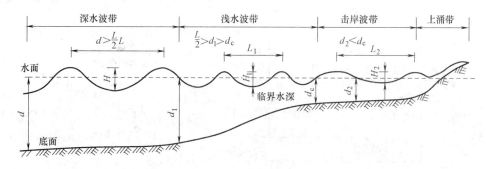

图 3-4　波浪推进过程

3.2.2　波浪作用力

波浪作用不仅与波浪本身特征有关，还与建筑物形式和海底坡度有关。在实际工程中，直立式防波堤等直立式构筑物常设置抛石明基床或暗基床（图3-5）。作用于直墙式构筑物上的波浪分为立波、远破波和近破波三种波态。立波是原始推进波冲击垂直墙面后

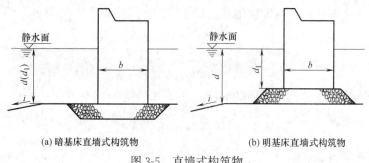

(a) 暗基床直墙式构筑物　　　　　　(b) 明基床直墙式构筑物

图 3-5　直墙式构筑物

和反射波互相叠加形成的一种干涉波；近堤破碎波（近破波）是距直墙附近半个波长范围内发生破碎的波；远堤破碎波（远破波）是距直墙半个波长以外发生破碎的波。在工程设计时，应根据基床类型、水底坡度 i、波高 H、构筑物前水深 d 及基床上水深 d_1 判别波态（表 3-2），再进行波浪作用力计算。

直墙式构筑物前波态判别　　　　　　　　　　　表 3-2

基床类型	产生条件	波 态
暗基床和低基床 $\left(\dfrac{d_1}{d}>\dfrac{2}{3}\right)$	$d\geqslant 2H$	立波
	$d<2H,\ i\leqslant\dfrac{1}{10}$	远破波
中基床 $\left(\dfrac{2}{3}\geqslant\dfrac{d_1}{d}>\dfrac{1}{3}\right)$	$d_1\geqslant 1.8H$	立波
	$d_1<1.8H$	近破波
高基床 $\left(\dfrac{d_1}{d}\leqslant\dfrac{1}{3}\right)$	$d_1\geqslant 1.5H$	立波
	$d_1<1.5H$	近破波

1）立波波压力

波浪行进遇到直墙反射后，形成波高 $2H$、波长 L 的立波。1928 年法国工程师森弗罗（Sainflou）得到浅水有限振幅波的一些近似解，其适用范围为相对水深 $\dfrac{d}{L}$ 为 0.135～

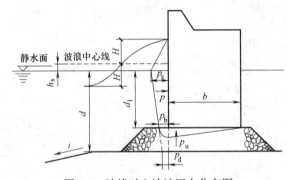

图 3-6　波峰时立波波压力分布图

0.200，波陡 $\dfrac{H}{L}\geqslant 0.035$。根据简化的森弗罗公式，假定波压力沿水深按直线分布，当 $\dfrac{d}{L}$ 为 0.1～0.2 和 $\dfrac{H}{L}\geqslant\dfrac{1}{30}$ 时，可按下面方法计算直墙各转折点压力，再将各点用直线相连，即得直墙上立波压力分布。

① 波峰时（图 3-6）

水底处波压力 p_d 为：

$$p_{\mathrm{d}}=\frac{\gamma H}{\cosh\dfrac{2\pi d}{L}} \tag{3-7}$$

式中　γ——水的重度。

静水面上（$H+h_s$）处（即波浪中心线上 H 处）的波浪压力为零，静水面处波浪压力 p_s 为：

$$p_{\mathrm{s}}=(p_{\mathrm{d}}+\gamma d)\frac{H+h_{\mathrm{s}}}{d+H+h_{\mathrm{s}}} \tag{3-8}$$

式中　h_s——波浪中线超出静水面的高度，按下式确定：

$$h_{\mathrm{s}}=\frac{\pi H^{2}}{L}\coth\frac{2\pi d}{L} \tag{3-9}$$

墙底处波浪压力 p_b 为：

$$p_{\mathrm{b}}=\frac{H+h_{\mathrm{s}}+d_1}{H+h_{\mathrm{s}}+d}(p_{\mathrm{d}}+\gamma d)-\gamma d_1 \tag{3-10}$$

单位长度直墙上总波浪压力 p 为:

$$p=\frac{(H+h_{\mathrm{s}}+d_1)(p_{\mathrm{b}}+\gamma d_1)}{2}-\frac{\gamma d_1^2}{2} \tag{3-11}$$

墙底波浪托浮力 p_{u} 为:

$$p_{\mathrm{u}}=\frac{bp_{\mathrm{b}}}{2} \tag{3-12}$$

② 波谷时（图 3-7）

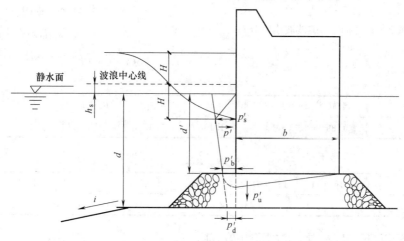

图 3-7　波谷时立波波压力分布图

水底处波浪压力 p_{d}' 为:

$$p_{\mathrm{d}}'=\frac{\gamma H}{\cosh\dfrac{2\pi d}{L}} \tag{3-13}$$

静水面处波压力为零，静水面下 $(H-h_{\mathrm{s}})$ 处（即波浪中心线下 H 处）的波压力 p_{s}' 为:

$$p_{\mathrm{s}}'=\gamma(H-h_{\mathrm{s}}) \tag{3-14}$$

墙底波压力 p_{b}' 为:

$$p_{\mathrm{b}}'=(\gamma d-p_{\mathrm{d}}')\frac{d_1+h_{\mathrm{s}}-H}{d+h_{\mathrm{s}}-H}-\gamma d_1 \tag{3-15}$$

单位长度直墙上总波浪压力 p'

$$p'=\frac{(\gamma d_1-p_{\mathrm{b}}')(d_1-H+h_{\mathrm{s}})}{2}-\frac{\gamma d_1^2}{2} \tag{3-16}$$

墙底波浪浮托力 p_{u}' 为（方向向下）:

$$p_{\mathrm{u}}'=\frac{bp_{\mathrm{b}}'}{2} \tag{3-17}$$

当相对水深 $\dfrac{d}{L}>0.2$ 时，采用森弗罗简化方法计算出的波峰立波波压强度将显著偏大，应采取其他方法确定。

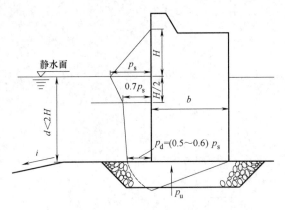

图 3-8　波峰时远破波波压力分布

2）远破波波压力

远破波波压力不仅与波高有关，而且与波陡、堤前海底坡度有关，波陡越小或堤坡越陡，波压力越大。

① 波峰时（图 3-8）

静水面以上高度 H 处波压力为零，静水面处的波压力 p_s 为：

$$p_s = \gamma k_1 k_2 H \qquad (3\text{-}18)$$

式中　k_1——水底坡度 i 的函数，按表 3-3 取用；

　　　k_2——波坦 L/H 的函数，按表 3-4 取用。

			k_1 值表			表 3-3	
海底坡度 i	1/10	1/25	1/40	1/50	1/60	1/80	≤1/100
k_1	1.89	1.54	1.40	1.37	1.33	1.29	1.25

							k_2 值表								表 3-4	
波坦 L/H	14	15	16	17	18	19	20	21	22	23	24	25	26	27	28	29	30
k_2	1.01	1.06	1.12	1.17	1.21	1.26	1.30	1.34	1.37	1.41	1.44	1.46	1.49	1.50	1.52	1.54	1.55

静水面以下 $H/2$ 处，波压力取为 $0.7p_s$，墙底处波压力取为 $(0.5 \sim 0.6)p_s$，墙底波浪托浮力 p_u 为：

$$p_u = (0.5 \sim 0.6)\frac{bp_s}{2} \qquad (3\text{-}19)$$

② 波谷时（图 3-9）

静水面处波压力为零。从静水面以下 $H/2$ 处至水底处的波压力均为：

$$p = 0.5\gamma H \qquad (3\text{-}20)$$

墙底波浪托浮力（方向向下）p'_u 为：

$$p'_u = \frac{bp}{2} \qquad (3\text{-}21)$$

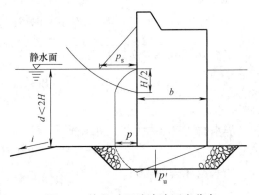

图 3-9　波谷时远破波波压力分布

3）近破波波压力

当墙前水深 $d_1 \geqslant 0.6H$ 时，可按下述方法计算（图 3-10）：

静水面以上 z 处的波压力为零，z 按下式计算：

$$z = \left(0.27 + 0.53\frac{d_1}{H}\right)H \qquad (3\text{-}22)$$

静水面处波压力 p_s 为：

当 $\dfrac{2}{3} \geqslant \dfrac{d_1}{d} > \dfrac{1}{3}$ 时，

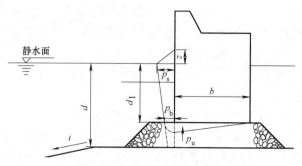

图 3-10　近破波波压力分布

$$p_s = 1.25\gamma H\left(1.8\frac{H}{d_1} - 0.16\right)\left(1 - 0.13\frac{H}{d_1}\right) \tag{3-23}$$

当 $\dfrac{1}{3} \geqslant \dfrac{d_1}{d} \geqslant \dfrac{1}{4}$ 时，

$$p_s = 1.25\gamma H\left[\left(13.9 - 36.4\frac{d_1}{d}\right)\left(\frac{H}{d_1} - 0.67\right) + 1.03\right]\left(1 - 0.13\frac{H}{d_1}\right) \tag{3-24}$$

墙底处波压力：

$$p_b = 0.6p_s \tag{3-25}$$

单位长度墙身上的总波浪压力 p 为：

当 $\dfrac{2}{3} \geqslant \dfrac{d_1}{d} > \dfrac{1}{3}$ 时，

$$p = 1.25\gamma Hd_1\left(1.9\frac{H}{d_1} - 0.17\right) \tag{3-26}$$

当 $\dfrac{1}{3} \geqslant \dfrac{d_1}{d} \geqslant \dfrac{1}{4}$ 时，

$$p_s = 1.25\gamma Hd_1\left[\left(14.8 - 38.8\frac{d_1}{d}\right)\left(\frac{H}{d_1} - 0.67\right) + 1.1\right] \tag{3-27}$$

墙底波浪托浮力：

$$p_u = 0.6\frac{bp_s}{2} \tag{3-28}$$

3.3　冰　压　力

位于会结冰的河流和水库中的桥梁墩台，由于冰层的作用对结构产生冰压力，在工程设计中，应根据当地冰的具体情况及结构形式考虑冰荷载。冰荷载按照其作用性质的不同，可分为静冰压力和动冰压力。静冰压力包括冰堆整体推移的静压力、风和水流作用于大面积冰层引起的静压力，以及冰覆盖层受温度影响膨胀时产生的静压力。另外冰层因水位升降还会产生竖向作用力；动冰压力主要指河流流冰产生的冲击动压力。

3.3.1　冰堆整体推移对桥墩产生的冰压力

当大面积冰层以缓慢的速度接触墩台时，受阻于桥墩而停滞在桥墩前，形成冰层或冰堆现象。墩台受到流冰挤压，并在冰层破碎前的一瞬间对墩台产生最大压力。冰的破坏力与结构物的形状、气温以及冰的抗压极限强度等因素有关。对于通常的河流流冰情况，冰对桩或墩产生的冰压力标准值可按下式计算：

$$F_i = mC_t btR_{ik} \qquad (3-29)$$

式中　F_i——冰压力标准值（kN）；

　　　m——桩或墩迎冰面形状系数，可按表 3-5 取用；

　　　C_t——冰温系数，气温在零上解冻时为 1.0；冰温为 $-10℃$ 及以下时取为 2.0；其他温度时可采用线性插值的方法求得。对于海冰，冰温取结冰期最低冰温；对于河冰，取解冻期最低冰温；

　　　b——桩或墩迎冰面投影宽度（m）；

　　　t——计算冰厚（m），可取实际调查的最大冰厚；

　　　R_{ik}——冰的抗压强度标准值（kN/m²），可取当地冰温 0℃ 时的冰抗压强度；当缺乏实测资料时，对海冰可取 $R_{ik} = 750 \text{kN/m}^2$；对河流，流冰开始时 $R_{ik} = 750 \text{kN/m}^2$，最高流冰水位时可取 $R_{ik} = 450 \text{kN/m}^2$。

桩或墩迎冰面形状系数 m 　　　　　　　　　　　　表 3-5

迎冰面形状	平面	圆弧面	尖角形的迎冰面角度				
			45°	60°	75°	90°	120°
m	1.00	0.90	0.54	0.59	0.64	0.69	0.77

当冰块流向桥轴线的角度 $\varphi \leqslant 80°$ 时，桥墩竖向边缘的冰荷载应乘以 $\sin\varphi$ 予以折减。冰压力合力作用在计算结冰水位以下 0.3 倍冰厚处。

3.3.2　桥墩有倾斜表面时冰压力的分解

当流冰范围内桥墩有倾斜的表面时，冰压力应分解为水平分力和竖向分力。

水平分力　　　　　　　　$F_{xi} = m_0 C_t R_{bk} t^2 \tan\beta$　　　　　　　　（3-30）

竖向分力　　　　　　　　$F_{zi} = F_{xi} / \tan\beta$　　　　　　　　（3-31）

式中　F_{xi}——冰压力的水平分力（kN）；

　　　F_{zi}——冰压力的竖向分力（kN）；

　　　β——桥墩倾斜的棱边和水平线的夹角（°）；

　　　R_{bk}——冰的抗弯强度标准值（kN/m²），取 $R_{bk} = 0.7R_{ik}$；

　　　m_0——系数，$m_0 = 0.2\dfrac{b}{t}$，但不小于 1.0。

建筑物受冰作用的部位宜采用实体结构。对于在具有强烈流冰的河流中的桥墩、柱，其迎风面宜做成圆弧形、多边形或尖角，并做成 3:1～10:1（竖:横）的斜度，且在受冰作用的部位宜缩小其迎冰面投影宽度。

对在流冰期的设计高水位以上 0.5m 到设计低水位以下 1.0m 的部位宜采用抗冻性的混凝土或花岗岩镶面或包钢板等防护措施。同时，对建筑物附近的冰体宜采取适宜的措施，使冰体减少对结构物的作用力。

3.3.3　大面积冰层的静压力

冰流和风作用，推动大面积浮冰移动对结构物产生静压力。因此，可根据冰流方向和风向考虑冰层面积来计算大面积冰层的静压力（图 3-11）：

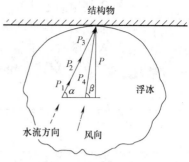

图 3-11　大面积冰层静压力示意图

$$P=\Omega\left[(P_1+P_2+P_3)\sin\alpha+P_4\sin\beta\right] \quad (3\text{-}32)$$

式中　P——作用于结构物的正压力（N）；

Ω——浮冰冰层面积（m^2），一般采用历史上最大值；

P_1——水流对冰层下表面的摩阻力（Pa），可取为 $0.5v_s^2$，v_s 为冰层下的流速（m/s）；

P_2——水流对浮冰边缘的作用力（Pa），可取为 $50\dfrac{h}{l}v_s^2$，h 为冰厚（m），l 为冰层沿水流方向的平均长度（m），在河中不得大于两倍河宽；

P_3——由于水面坡降对冰层产生的作用力（Pa），等于 $920hi$，i 为水面坡降；

P_4——风对冰层上表面的摩阻力（Pa），$P_4=(0.001\sim0.002)v_F$，v_F 为风速，采用历史上有冰时期和水流方向基本一致的最大风速（m/s）；

α——结构物迎冰面与水流方向间的水平夹角；

β——结构物迎冰面与风间的水平夹角。

3.3.4　冰覆盖层受到温度影响膨胀时产生的静压力

冰覆盖层温度上升时产生膨胀，若冰的自由膨胀变形受到坝体、桥墩等结构物的约束，则在冰覆盖层引起膨胀作用力。冰场膨胀压力随结构物与冰覆盖层支撑体之间的距离大小而变化，自由冰场产生的膨胀力大部分消耗于冰层延伸中，当冰场膨胀受到桥墩等结构物的约束时，则在桥墩周围出现最大冰压力，并随着离桥墩的距离加大而逐渐减弱。冰的膨胀压力与冰面温度、升温速率和冰覆盖厚度有关，由于日照气温早晨回升傍晚下降，当冰层很厚时，日照升温对 50cm 以下水深处的冰层无影响，因为该处尚未达到升温所需时间，气温已经开始下降。因此冰层计算厚度，当实际冰厚大于 50cm 时，以 50cm 计算，小于 50cm 时，按实际冰厚计算。试验表明，产生最大冰压的厚度约为 25cm。冰压力沿冰厚方向基本上呈上大下小的倒三角形分布，可认为冰压力的合力作用点在冰面以下 1/3 冰厚处。

确定冰覆盖层膨胀的静压力的方法很多，现选择其中一种介绍。完整的冰覆盖层发生膨胀时，冰与结构物接触面的静压力，可考虑冰面初始温度、冰温上升速率、冰覆盖层厚度及冰覆盖约束体之间距离，由下式确定：

$$P=3.1\frac{(t_0+1)^{1.67}}{t_0^{0.88}}\eta^{0.33}hb\varphi \quad (3\text{-}33)$$

式中　P——冰覆盖层升温时，冰与结构物接触面产生的静压力（Pa）；

t_0——冰层初始温度（℃），取冰层内温度的平均值，或取 $0.4t$，t 为升温开始时的气温；

η——冰温上升速率（℃/h），采用冰层厚度内的温升平均值，即 $\eta=\dfrac{t_1}{S}=0.4\dfrac{t_2}{S}$，其中 S 为气温变化的时间（h），t_1 为 S 期间内冰层平均温升值，t_2 为 S 期

间内气温的上升值；

h——冰覆盖层计算厚度（m），采用冰层实际厚度，但不大于 0.5m；

b——墩台宽度（m）；

φ——系数，视冰覆盖层的长度 L 而定，见表 3-6。

系数 φ　　　　　　　　　　　　　　　　　　　表 3-6

L(m)	<50	50～75	75～100	100～150	>150
φ	1.0	0.9	0.8	0.7	0.6

3.3.5　冰层因水位升降产生的竖向作用力

当冰与结构物接触，水位上升时，会使冰向上产生一个竖向作用力；而水位下降时，冰层由于重力作用，会给结构物产生竖直向下的作用力。

3.4　浮托力与冻胀力

3.4.1　浮托力

地下水对水位以下的建筑物部分或岩土体有静水压力的作用，并产生浮托力。这种浮托力可以根据阿基米德原理计算。当岩土体的节理裂隙或孔隙中的水与岩土体外界的地下水相通，其浮托力应为岩土体的岩石体积部分或土颗粒体积部分的浮力。铅直向上的浮托力和渗透压力之和，导致了水工建筑中所谓的扬压力。

计算水的浮力时，基础襟边应采用土的浮重度计算，且不计基础襟边的水柱重力。浮重度 γ' 按下式计算：

$$\gamma'=\frac{1}{1+e}(r_e-1)$$

式中　e——土的孔隙比；

r_e——土的固体颗粒重度，一般采用 27kN/m^3。

从设计安全角度出发，工程结构或结构基础受到的浮力可以按照下列情况处理：

（1）处于透水性饱和地基上的结构，地基土孔隙内存在自由水，进行稳定性验算应考虑设计水位的浮力。

（2）置于透水性较差的地基上的结构，可按 50％计算浮力。

（3）处于不透水地基上的结构物，且基础底面与地基接触良好，可不考虑水的浮力，如黏土地基上的桥墩承台；完整岩石上的基础，当基础与岩石之间灌注混凝土且接触良好时，浮力可以不计，但当基础置于破碎或裂隙严重的岩石上，则应计水浮力。

（4）当不能确定地基是否透水时，应将透水与不透水两种情况与其他荷载组合计算，取最不利者。

（5）当地基为黏性土时，浮力与土的物理性质有关，应结合实际情况确定。

（6）对有桩基的结构物，作用在桩基承台底部的浮力，应考虑全部底面积，但当桩嵌入不透水持力层者，计算承台底部浮力时应扣除桩的截面积；若采用管桩，则不计水的浮力。

对于公路桥涵结构，基础底面位于透水性地基上的桥梁墩台，当验算稳定时，应考虑设计水位的浮力。当验算地基承载力时，可仅考虑低水位的浮力，或者不考虑水的浮力。基础嵌入不透水性地基的桥梁墩台不考虑水的浮力。作用在桩基承台底面的浮力，应考虑全部底面积。对桩嵌入不透水地基并灌注混凝土封闭者，不应考虑桩的浮力，在计算承台底面浮力时应扣除桩的截面面积。当不能确定地基是否透水时，应以透水或不透水两种情况与其他作用组合，取其最不利者。水浮力的标准值可取为水的重度与结构排开水体积的乘积。

3.4.2　冻胀力

当温度降低到含水土体的冻结温度以下时，发生结冰，形成冻土。在冻土形成过程中，土体中的液态水凝固并以冰的形式填充到土颗粒间隙中，当土体中水相态变化的体积膨胀足以引起土颗粒之间的相对位移时就引起了土体的冻胀。土体产生冻胀必须同时具备三个条件：冻胀敏感性土、初始水分或水分补给、冻结温度和冻结时间。三个条件中缺少任何一个条件都不能引起土体冻胀，若采取措施消除其中任何一个条件便可抑制土体冻胀。土体的冻胀特性通常用冻胀率 η 表示：$\eta = \Delta z / z_d$。Δz 为地标冻胀量（mm）；z 为设计冻深，$z_d = h' - \Delta z$，其中 h' 为冻土厚度。

土体冻结时，土颗粒之间相互隔离，产生位移，使土体体积产生不均匀膨胀。在土体封闭体系中，由于土体内初始的水被冻结，休积膨胀产生的向四面扩张的内应力即为冻胀力，其随着土体温度的变化而变化。在开放体系中，分凝冰的劈裂作用使地下水源不断地补给孔隙水，并侵入到土颗粒中间，使土颗粒被迫移动产生冻胀力。

一般根据土体冻胀力对结构物的不同作用方向和作用效果，分为切向冻胀力、法向冻胀力和水平冻胀力（图 3-12）：

（1）切向冻胀力：垂直于冻结锋面，平行作用于结构物基础侧表面，通过基础与冻土间的冻结强度，使基础随着土体的冻胀变形而产生向上的拔起力；

（2）法向冻胀力：垂直于基底冰结面和基础底面，当土冻结时，产生把基础向上抬起的冻胀力；

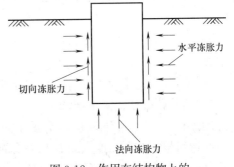

图 3-12　作用在结构物上的
冻胀力分类示意图

（3）水平冻胀力：垂直作用于基础或结构物侧表面，当基础周围的土体冻结时，会对基础产生水平方向的挤压力或推力，使基础产生水平方向的位移。

由于基础的埋深和基础形式不同，上述三种冻胀力可能是单一出现的，也可能是综合出现的。因此，在进行结构物的防冻设计时，应结合具体情况分析。

在考虑冻胀力的大小时，一般来讲，切向冻胀力按平均单位切向冻胀力取值，指作用在基础侧面单位面积上的平均切向冻胀力。而影响法向冻胀力的因素比较复杂，如冻土的各种特性、冻土层地下未冻土的压缩性、作用在冻土层上的外部压力等，因此，法向冻胀力随着诸多相关因素变化而变化，不是固定不变的值。最后，水平冻胀力根据形成条件和作用特点可以分为对称和非对称两种。对称水平冻胀力成对地作用于结构物侧面，其作用如同静水压力，对结构稳定不产生影响；而非对称水平冻胀力常大于主动土压力几倍甚至十几倍，对建筑物基础影响较大，其取值大多是基于现场或室内测试给出的经验值。我国铁道部科学研究院西北研究所（现中铁西北科学研究院有限公司）建议：细粒土的最大水平冻胀力取 $100\sim150\mathrm{kPa}$；粗粒土取 $50\sim100\mathrm{kPa}$。

为了防止冻胀对建筑物造成危害，一般要求基础地面标高在冻胀土的冻结深度以下；而对于非冻胀敏感土或无外界补充的水源，也可不满足上述条件。但实际土层中，如粗粒土料中含有相当多的细颗粒；黏土中含有大量粉土等，使非冻胀敏感土实际上具有冻胀敏感性，应结合实际条件分析。

在工程上还可以用其他方法来防止基础底板或道路路面受冻胀土的影响，如：①挖除冻结深度以内的冻胀敏感土；②切断外界供给水源；③保护冻胀敏感土，使其不会降到0℃以下。对房屋基础底板，常用换土的方法，将基础底板以下的冻胀敏感土换为非冻胀敏感土，一般用粗粒土，具有易于填实，易于排水的优势。相关研究指出，级配良好的非冻胀土，小于 $0.02\mathrm{mm}$ 的颗粒不能超过总质量的 3%；对级配均匀的非冻胀土，小于 $0.02\mathrm{mm}$ 的颗粒可超过总质量的 10%。

在填方工程中，也可以考虑在冻结深度内设置障碍，阻止毛细水补充给冰透镜体。这类障碍可以是粗颗粒土，使毛细水在其中不能存续；也可以是非常密实的黏土、塑料或土工膜。这种方法也可以用于房屋基础底板，但对于开挖深度较大的工程来说是不经济的。

3.5 撞 击 荷 载

桥梁结构设计中存在两种典型的撞击荷载，一种是水上行驶的船只、排筏或漂流物产生的撞击力，另一种是汽车撞击力。建筑结构设计中的撞击荷载主要有电梯竖向撞击力、汽车撞击力、直升机非正常着陆的撞击荷载。

3.5.1 桥梁结构撞击荷载

3.5.1.1 船只和漂流物的撞击力

在通行较大吨位的船只或有漂流物的河流中，设计水中桥梁墩台时，需要考虑船只或漂流物的撞击力。撞击力的大小与撞击速度、撞击方位、撞击时间、船只吨位或漂流物重量、船只撞击部位形状、桥墩尺寸及强度等因素有关，因此，确定船只及漂流物的撞击作用是一个复杂的问题，船舶与桥梁的撞击作用，如有实测资料，宜采用实测资料；如有相应的研究成果，经审批等手续后可采用研究成果确定作用值。不同学者提出的计算公式存在一定差异，我国《铁路桥涵设计规范》TB 10002—2017 也给出了撞击力确定方法。

德国学者威澳辛（Woisin）在轮船模型撞击试验的基础上，提出了船只对桥墩正面碰撞的撞击力计算公式：

$$P_s = 1.2\times10^5 v \sqrt{W} \tag{3-34}$$

式中　P_s——船只等效静撞击力（N）；

　　　W——船只总吨位（t）；

　　　v——船只撞击速度（m/s）。

《铁路桥涵设计规范》TB 10002—2017 假定船只或排筏作用于墩台上的有效动能全部转化为撞击力所做的功，按等效静力导出撞击力 F 的近似计算公式。

设船只或排筏的质量为 m，驶近墩台的速度为 v，撞击时船只或排筏的纵轴线与组合

面的夹角为 α，如图 3-13 所示，其动能为

$$\frac{1}{2}mv^2 = \frac{1}{2}m(v\sin\alpha)^2 + \frac{1}{2}m(v\cos\alpha)^2 \tag{3-35}$$

假定船只或排筏可以顺墩台面自由滑动，则船只或排筏给予墩台的动能仅有前一项，即

$$E_0 = \frac{1}{2}m(v\sin\alpha)^2 \tag{3-36}$$

在碰撞瞬间，船身以一角速度绕撞击点 A 旋转，其动能为：

$$E = E_0\rho \tag{3-37}$$

ρ 是船只在碰撞过程中，由于船体结构、防撞设备、墩台等的变形吸收一部分能量而考虑的折减系数，法国工程师门·佩奇斯（M. Pages）建议按下式计算：

$$\rho = \frac{1}{1+(d/R)^2} \tag{3-38}$$

式中　R——水平面上船只对其质心 G 的回转半径（m）；

　　　d——质心 G 与撞击点 A 在平行墩台面方向的距离（m）。

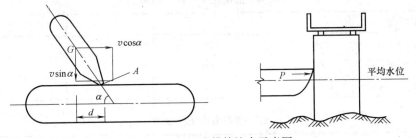

图 3-13　船只或排筏撞击示意图

在碰撞过程中，通过船只把传递给墩台的有效动能 E 全部转化为碰撞力 F 所做的静力功，即在碰撞过程中，船只在碰撞点处的速度 v 减至零，而碰撞力由零增至 F。设撞击点 A 沿速度 v 的方向的总变位（墩台或防撞设备、地基、船体结构等的综合弹性变形）为 Δ，材料弹性变形系数为 C（单位力所产生的变形），则有

$$\Delta = FC \tag{3-39}$$

根据功的互等定理，有：

$$E = \frac{1}{2}F\Delta = C\frac{F^2}{2} \tag{3-40}$$

由式（3-35）～式（3-39），可得

$$\rho\frac{W(v\sin\alpha)^2}{2g} = C\frac{F^2}{2} \tag{3-41}$$

$$F = \sqrt{\frac{\rho W(v\sin\alpha)^2}{gC}} \tag{3-42}$$

令 $\gamma^2 = \rho$ 及 $m = \dfrac{W}{g}$ 并代入上式，得：

$$F = \gamma v\sin\alpha\sqrt{\frac{m}{C}} \tag{3-43}$$

式中 F——船只或排筏撞击力（kN）；

γ——动能折减系数；

v——船只或排筏撞击墩台速度（m/s）；

α——船只或排筏撞击方向与墩台撞击点切线的夹角；

m——船只或排筏质量（t）；

W——船只或排筏重力（kN）；

C——弹性变形系数，包括船只或排筏及桥梁墩台的综合弹性变形，一般顺桥轴方向取 0.0005，横桥轴方向取 0.0003。

若取动能折减系数 $\gamma=0.4$，船只行驶速度 $v=2\text{m/s}$，撞击角 $\alpha=20°$；再按照航运部门规定的各级内河航道的船只吨位分为七级：一级航道 3000t，二级航道 2000t，三级航道 1000t，四级航道 500t，五级航道 300t，六级航道 100t，七级航道 50t。当缺乏实际调查资料时，内河上船舶撞击作用的标准值可按表 3-7 采用，海轮撞击作用的标准值可按表 3-8 采用。四～七级航道内的钢筋混凝土桩墩，顺桥向撞击作用可按表 3-7 所列数值的 50% 考虑。

内河船舶撞击力作用标准值 表 3-7

内河航道等级	一	二	三	四	五	六	七
船舶吨级 DWT(t)	3000	2000	1000	500	300	100	50
横桥向撞击作用(kN)	1400	1100	800	550	400	250	150
顺桥向撞击作用(kN)	1100	900	650	450	350	200	125

海轮撞击力作用标准值 表 3-8

船舶吨级 DWT(t)	3000	5000	7500	10000	20000	30000	40000	50000
横桥向撞击作用(kN)	19600	25400	31000	35800	50700	62100	71700	80200
顺桥向撞击作用(kN)	9800	12700	15500	17900	25350	31050	35850	40100

漂流物对墩台的撞击力可视为作用在桥墩上的一个冲量，由能量原理中冲量等于动量的改变量，可导出漂流物撞击力估算公式：

$$F=\frac{W}{g}\frac{v}{T} \tag{3-44}$$

式中 F——漂流物的撞击力（kN）；

W——漂流物重力（kN），根据河流中漂流物情况，按实际情况调查确定；

v——水流速度（m/s）；

T——撞击时间（s），若无实测资料可取 1s；

g——重力加速度（m/s²）。

船只及漂流物撞击力的作用位置，应根据具体情况而定，当缺乏资料时，内河船舶的撞击力作用点，可假定为通航水位线上 2m 处的结构宽度或长度的中间。漂流物撞击作用高度可取通航水位高度。当没有与墩台分开的防撞击的防护结构时，可不计撞击力。

3.5.1.2 桥梁结构汽车撞击荷载

桥梁结构必要时可考虑汽车的撞击作用。汽车撞击力标准值在车辆行驶方向取

1000kN，在车辆行驶垂直方向取 500kN，两个方向的撞击力不同时考虑，撞击力作用于行车道以上 1.2m 处，直接分布于撞击涉及的构件上。

对于设有防撞设施的结构构件，可视防撞设施的防撞能力，对汽车撞击力标准值予以折减，但折减后的汽车撞击力标准值不应低于上述规定值的 1/6。

3.5.2 建筑结构撞击荷载

3.5.2.1 电梯竖向撞击荷载

当电梯运行超过正常速度一定比例后，安全钳首先作用，将轿厢（对重）卡在导轨上。安全钳作用瞬间，将轿厢传来的冲击荷载作用给导轨，再由导轨传至底坑（悬空导轨除外）。在安全钳失效的情况下，轿厢才有可能撞击缓冲器，缓冲器将吸收轿厢的动能，提供最后的保护。因此，偶然情况下，作用于底坑的撞击力存在四种情况：轿厢或对重的安全钳通过导轨传至底坑；轿厢或对重通过缓冲器传至底坑。由于这四种情况不可能同时发生，通常的撞击力取值为这四种情况的最大值。

电梯竖向撞击荷载标准值可在电梯总重力荷载的 4~6 倍范围内选取。电梯总重力荷载为电梯核定载重和轿厢自重之和，忽略电梯装饰荷载的影响。额定速度较大的电梯，相应的撞击力也较大，高速电梯（额定速度不小于 2.5m/s）的撞击荷载标准值宜取上限值。

3.5.2.2 建筑结构的汽车撞击荷载

建筑结构可能承担车辆撞击的情况，主要包括地下车库及通道的车辆撞击、路边建筑物车辆撞击等，由于所处环境不同，车辆质量、车速等变化较大，因此在给出一般值的基础上，设计人员可以根据实际情况调整。

建筑结构的汽车撞击荷载设计分为顺行方向和垂直行车方向两种情况。建筑结构汽车荷载计算借鉴的是桥梁汽车荷载撞击力计算原理，基于动量定理，顺行方向的汽车的撞击力标准值 P_k（kN）的计算公式为

$$P_k = \frac{mv}{t} \tag{3-45}$$

式中　m——汽车质量（t），包括车自重和载重；

　　　v——车速（m/s）；

　　　t——撞击时间（s）。

撞击力计算参数 m、v、t 和荷载作用点位置宜按照实际情况采用。我国公路上 10t 以下中、小型汽车约占总数的 80%，10t 以上大型汽车占 20%。因此，计算撞击力时撞击车质量可取 10t。当无数据时，汽车质量可取 15t，车速可取 22.2m/s，撞击时间可取 1.0s，小型车和大型车的撞击力荷载作用点位置可分别取位于路面以上 0.5m 和 1.5m 处。目前高速公路、一级公路、二级公路的最高设计车速分别为 120km/h、100km/h、80km/h，综合考虑撞击车速可取为 80km/h。

垂直行车方向的撞击力标准值可按顺行方向撞击力标准值的 0.5 倍取值，但二者可不考虑同时作用。

3.5.2.3 直升机非正常着陆的撞击荷载

直升机非正常着陆的竖向等效静力撞击力标准值 P_k（kN）可按下式计算

$$P_k = C\sqrt{m} \tag{3-46}$$

式中　C——系数，取 $3kN \cdot kg^{-0.5}$；

m——直升机的质量（kg）。

直升机非正常着陆的竖向撞击力的作用范围包括停机坪内的任何区域以及停机坪边缘线 7m 之内的屋顶结构，竖向撞击力的作用区域宜取 $2m\times2m$。

思考与练习题

3-1 静水压怎样计算？作用方向是什么样的？

3-2 桥墩的流水压力与哪些因素有关？

3-3 直立式防波堤的立波波压力怎样计算？

3-4 冰压力有哪些类型？

3-5 冰对桥墩产生的冰压力标准值如何计算？

3-6 浮托力和冻胀力作用特点是什么？

3-7 船只和漂流物的撞击力计算有什么不同？

3-8 撞击力有哪些类型？如何确定？

3-9 怎样计算建筑结构的汽车撞击荷载？

3-10 如何理解电梯竖向撞击荷载？

3-11 一桥墩迎水面投影面积（阻水面积）为 $25m^2$，桥墩形状系数为 0.6，设计流速为 5m/s。求该桥墩流水压力标准值。

3-12 海边建筑处立一直墙，其入水深度 d 为 5m，海面波浪反射后形成的立波波高为 10m，波长为 60m。计算直墙处的立波波压力。

3-13 一河上修建有一个桥墩为圆弧面的桥梁，桥墩迎冰面投影宽度为 3m，冰温系数为 1.0，计算冰厚为 1.3m。计算该桥的冰压力标准值。

3-14 一吨位为 2000t 的船只，航行速度为 5m/s 时，计算其等效静撞击力。

3-15 分别计算建筑结构垂直行车方向和顺行方向的撞击力标准值。

第 4 章

风 荷 载

4.1 风压力与风荷载标准值

4.1.1 风压力

地球表面建设的建筑物或构筑物都必须能够抵御来自风的作用，这种作用力就是风荷载的风压力。风荷载是随机荷载，其大小随时间变化。风荷载对建筑结构的作用分为两个部分，即气体的平均静压力和瞬时动压力，也就是稳定风压和脉动风压。气体的平均静压力称为基本风压，是指在一定时间间隔内风对建筑结构的作用力不随时间变化的平均静压力。脉动风压也称风振，是指气流不规则的漩涡流动所形成的压力。

4.1.2 建筑结构风荷载标准值

对于主要承重结构和围护结构的风荷载标准值计算方法如下：

1. 承重结构

对主要承重结构，垂直于建筑物表面上的风荷载标准值应按下列公式计算：

$$w_k = \beta_z \mu_s \mu_z w_0 \qquad (4-1)$$

式中　w_k——风荷载标准值（kN/m^2）；

β_z——高度 z 处的风振系数；

μ_s——风荷载体型系数；

μ_z——风压高度变化系数；

w_0——基本风压（kN/m^2）。

2. 围护结构

对围护结构，垂直其表面上的风荷载标准值应按下列公式计算：

$$w_k = \beta_{gz} \mu_{sl} \mu_z w_0 \qquad (4-2)$$

式中　β_{gz}——高度 z 处的阵风系数；

μ_{sl}——局部风压体型系数。

4.2 风的特征与基本风速

4.2.1 风的形成与特征

风是大气的运动，是由于大气中存在压力差而形成的。地球作为整体吸收太阳的能量，并以地面辐射的形式反射能量进入太空。在地球赤道附近，地面附近空气被加热，向上消散，产生了低气压；而在地球两极地面空气被冷却，产生凝缩，空气流入形成高气压，这种气压差引起了大气流动。当然，地球自转引起的地转风等，构成了风的多个成因。

4.2.2 风的特征与基本风速

风的强度与风速直接关联，气象台站记录下的多为风速资料。确定作用于工程结构上的风荷载时，一般依据当地风速资料来确定基本风压。风速与测量时距、距离地面高度、地貌环境等多种因素有关。实际工程设计中，为了方便一般按规定的地貌、高度、时距等标准条件确定风速，作为工程设计的参考风速，也就是基本风速。基本风速通常采用风速仪来测量，应符合下面的要求。

1. 地貌和观测场地要求

风吹过地表会受到地面摩擦力作用，并且会产生湍流风。所以，风速与地面粗糙程度有关。地面粗糙程度越高，风速越低。因此，在测定基本风速时，观测场地及周围应为空旷平坦的地形，一般应远离城市中心，因为大城市中心地区房屋密集，对风的阻碍及摩擦较大。同时，还应能反映本地区较大范围内的气象特点，避免局部地形和环境的影响。通常以当地气象台、站或机场作为观测点。

2. 测量时距的要求

地面摩擦引起的湍流风会产生脉动风，也就是风速随时间不断变化。因此，通常取某一规定时间内的平均风速作为计算标准。时距太短，易突出风的脉动峰值作用；时距太长，势必把较多的小风平均进去，致使最大风速值偏低。根据国际气象观察经验，一般10min 的平均风速已趋于稳定。根据我国风的特性，大风约在 1min 内重复一次，风的卓越周期约为 1min。如取 10min 时距，可覆盖 10 个周期的平均值，在一定长度的时间和一定次数的往复作用下，才有可能导致结构破坏。《建筑结构荷载规范》规定的基本风速的时距为 10min，采用自计式风速仪记录。

3. 测量的标准高度要求

风速随高度而变化，离地表越近，由于地表摩擦影响越大，平均风速越小。对房屋建筑，我国《荷载规范》规定风速仪标准高度应为 10m；对桥梁工程，《公路通规》中的标准高度为距地面 20m，并定义标准高度处的最大风速为基本风速。

4. 最大风速统计样本时间要求

由于气候的重复性，风有着它的自然周期，每年季节性地重复一次，年最大风速最有代表性。我国和世界上绝大多数国家一样，取一年最大风速记录值为统计样本。

选取年最大风速数据时，一般应有 25 年以上的风速资料；当无法满足时，风速资料不宜少于 10 年。观测数据应考虑其均一性，对不均一数据应结合周边气象台站状况等作合理订正。

5. 基本风速重现期要求

基本风速的重现期直接关系到当地基本风压值的大小，因而也直接关系到建筑结构在风荷载作用下的安全。取年最大风速为样本，可获得各年的最大风速，但每年的最大风速值是不同的。工程设计时，一般应考虑结构在使用过程中几十年时间范围内，可能遭遇到的最大风速。该最大风速不是经常出现，而是间隔一段时间后再出现，这个间隔时间称为重现期。我国《荷载规范》规定基本风速重现期应取为 50 年。

基于以上，我国《荷载规范》规定的基本风速是在空旷平坦的地形，离地面 10m 高度，自计风速仪测得的 10min 平均年最大风速数据，经统计分析确定的 50 年一遇的最大风速。

4.2.3 我国风气候分布特征

我国夏季受太平洋热带气旋的影响，形成的台风多在东南沿海登陆。冬季受西伯利亚和蒙古高原冷空气侵入，常伴有大风出现。我国的风气候总体情况如下：

（1）台湾、海南和南海诸岛由于地处海洋，常年受台风的直接影响，是我国最大的风区。

（2）东南沿海地区由于受台风影响，是我国大陆的大风区。风速梯度由沿海指向内陆。台风登陆后，受地面摩擦的影响，风速削弱很快。统计表明，在离海岸 100km 处，风速约减小一半。

（3）东北、华北和西北地区是我国的次大风区，风速梯度由北向南，与寒潮入侵路线一致。华北地区夏季受季风影响，风速有可能超过寒潮风速。黑龙江西北部处于我国纬度最北地区，它不在蒙古高压的正前方，因此那里的风速不大。

（4）青藏高原地势高，平均海拔在 4km～5km，属较大风区。

（5）长江中下游、黄河中下游是小风区，一般台风到此已大为减弱，寒潮风到此也是强弩之末。

（6）云贵高原处于东亚大气环流的死角，空气经常处于静止状态，加之地形闭塞，形成了我国的最小风区。

4.3 基本风压

4.3.1 基本风压的取值

根据丹尼尔·伯努利方程，由基本风速 v_0 计算基本风压：

$$w_0 = \frac{1}{2}\rho v_0^2 = \frac{1}{2}\frac{\gamma}{g}v_0^2 \tag{4-3}$$

式中　w_0——基本风压（kN/m^2）；

ρ——空气密度，理论上与空气温度和气压有关，可根据所在地的海拔高度 Z（m）按 $\rho = 1.25e^{-0.0001Z}$（kg/m^3）近似估算；

γ——单位体积空气的重力（kN/m^3）；

v_0——重现期为 50 年的最大风速（m/s）。

在标准大气压下，$\gamma = 0.012018kN/m^3$，$g = 9.80m/s^2$，可得：

$$w_0 = \frac{1}{1630}v_0^2 kN/m^2 \tag{4-4}$$

当缺乏资料时，空气密度可假设海拔高度为 0m，而取 $\rho = 1.25kg/m^3$。

《荷载规范》规定，基本风压是按上述规定确定的 50 年重现期的风压，且其取值不得小于 $0.3kN/m^2$。对于高层建筑、高耸结构以及对风荷载敏感的其他结构，基本风压应适当提高，并应符合有关结构设计规范的规定。

当建设工程所在地的基本风压值未明确规定时，可选择以下方法确定其基本风压值：

（1）根据当地气象台站年最大风速实测资料，按基本风压的定义，通过统计分析后确定，分析时应考虑样本数量（不得小于 10）的影响。

（2）若当地没有风速实测资料时，可根据附近地区规定的基本风压或长期资料，通过气象和地形条件的对比分析确定；也可按全国基本风压分布图中的建设工程所在位置近似确定。

4.3.2 非标准条件下的风速或风压的换算

基本风压是按照规定的标准条件确定的。但在实际工程设计中，在分析当地的年最大风速时，往往会遇到其实测风速的条件不符合基本风压规定的标准条件，因而必须将实测的风速资料换算为标准条件的风速资料，然后再进行分析。

1. 非标准高度的换算

当实测风速的位置不是 10m 高度时，原则上应由气象台站根据不同高度风速的对比观测资料，并考虑风速大小的影响，给出非标准高度风速的换算系数以确定标准条件高度的风速资料。当缺乏相应观测资料时，可近似按下列公式进行换算：

$$v = \alpha v_z \tag{4-5}$$

式中　v——标准条件 10m 高度处时距为 10min 的平均风速（m/s）；

　　　v_z——非标准条件 z 高度（m）处时距为 10min 的平均风速（m/s）；

　　　α——换算系数，可按表 4-1 取值。

实测风速高度换算系数 α　　　　表 4-1

实际风速高度（m）	4	6	8	10	12	14	16	18	20
α	1.158	1.085	1.036	1	0.971	0.948	0.928	0.910	0.895

2. 不同时距的换算

世界上不少国家采用基本风压标准条件中的风速基本数据为 10min 时距的平均风速，但也有一些国家不是这样。因此某些国外工程需要按我国规范设计时，或需要与国外某些设计资料进行对比时，会遇到非标准时距最大风速的换算问题。实际上时距 10min 的平均风速与其他非标准时距的平均风速的比值是不确定的。表 4-2 给出的非标准时距平均风速与时距 10min 平均风速的换算系数 β 值是变异性较大的平均值。因此在必要时可按下列公式换算：

$$v = v_t / \beta \tag{4-6}$$

式中　v——时距 10min 的平均风速（m/s）；

　　　v_t——时距为 t 的平均风速（m/s）；

　　　β——换算系数，按表 4-2 取用。

不同时距与 10min 时距风速换算系数 β　　　　表 4-2

风速时距	1h	10min	5min	2min	1min	0.5min	20s	10s	5s	瞬时
β	0.91	1	1.07	1.16	1.20	1.26	1.28	1.35	1.39	1.5

3. 不同重现期换算

当已知 10min 时距平均风速年最大值的重现期为 T 年时，其基本风压与重现期为 50 年的基本风压的关系可按以下公式调整：

$$w_0 = w / \gamma \tag{4-7}$$

式中　w_0——重现期为 50 年的基本风压（kN/m²）；

　　　w——重现期为 T 年的基本风压（kN/m²）；

　　　γ——换算系数，按表 4-3 取用。

不同重现期与重现期为 50 年的基本风压比值 γ　　　　表 4-3

重现期 T（年）	5	10	15	20	30	50	100
γ	0.629	0.736	0.799	0.846	0.914	1.0	1.124

4.4 风压高度变化系数

4.4.1 梯度风

地球表面的地面摩擦会对空气流动产生阻力，使风速随离地面的高度而变化，离地表越近，风速越小。当气压场随高度不变时，风速随高度增大的规律，主要取决于地面粗糙程度和温度垂直梯度。通常认为在离地表高度 300～550m 时，风速才不再受地表粗糙度的影响，也即达到所谓"梯度风速"。大气以梯度风速流动的起点高度称为梯度风高度，又称大气边界层高度，用 H_G 表示。梯度风高度也称为大气边界层厚度。

在大气边界层内，风速随离地面的高度增加而增大。如图 4-1 所示，不同地面粗糙度的地区有不同的梯度风高度。地面粗糙度等级低的地区，其梯度风高度比等级高的地区低。反之，地面粗糙度越大，梯度风高度越高。

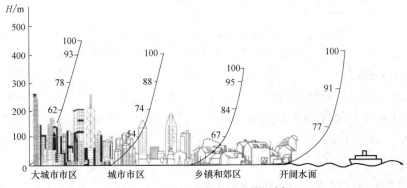

图 4-1 不同粗糙度下的平均风剖面

主导我国设计风荷载的极端风气候为台风或冷锋风，根据实测结果分析，平均风速沿高度变化的规律可用指数函数来描述，即

$$\frac{v}{v_0} = \left(\frac{z}{z_0}\right)^{\alpha} \tag{4-8}$$

式中　v——任一高度 z 处平均风速；

　　　v_0——标准高度处平均风速；

　　　z——离地面任一点的高度（m）；

　　　z_0——离地面标准高度，通常取为 10m；

　　　α——与地貌或地面粗糙度有关的指数，地面粗糙度越大，α 越大。

4.4.2 风压高度变化系数与地貌分类

由式（4-3）知，风压与风速的平方成正比。设任一地貌的地貌粗糙度指数为 α_a，则该地貌任一高度 z 处的风压 $w_a(z)$ 与标准高度 z_0 处的风压 w_{0a} 间的关系为

$$\frac{w_a(z)}{w_{0a}} = \frac{v^2}{v_0^2} = \left(\frac{z}{z_0}\right)^{2\alpha_a} \tag{4-9}$$

将标准高度 $z_0 = 10m$ 代入，可得

$$w_a(z) = w_{0a}\left(\frac{z}{10}\right)^{2\alpha_a} \tag{4-10}$$

基本风压是按空旷平坦的地面处所测得的数据求得的。如果地貌不同，地面对气流的阻力不同，其梯度风高度不同，且该地貌处 10m 高度处的风压与基本风压将不相同。

设标准地貌处梯度风高度为 H_{G0}，粗糙度指数为 α_0；任一地貌下梯度风高度为 H_{Ga}，由于在同一大气环境中，各类地貌梯度风高度处的风速或风压相同，则有

$$w_{0a}\left(\frac{H_{Ga}}{10}\right)^{2\alpha_a} = w_0\left(\frac{H_{G0}}{10}\right)^{2\alpha_0} \qquad (4-11)$$

从而，有

$$w_{0a} = w_0\left(\frac{H_{G0}}{10}\right)^{2\alpha_0}\left(\frac{10}{H_{Ga}}\right)^{2\alpha_a} \qquad (4-12)$$

代入式（4-10），可得任一地貌任意高度 z 处的风压与基本风压的关系为：

$$w_a(z) = w_0\left(\frac{H_{G0}}{10}\right)^{2\alpha_0}\left(\frac{10}{H_{Ga}}\right)^{2\alpha_a}\left(\frac{z}{10}\right)^{2\alpha_a} = \mu_z^a w_0 \qquad (4-13)$$

上式中 μ_z^a 是任一地貌下的风压高度变化系数，应按地面粗糙度指数和梯度风高度确定，并随离地面高度变化而变化。

可以看出，风压随高度的不同而变化，其变化规律与地面粗糙程度有关，《荷载规范》规定，地面粗糙度可分为 A、B、C、D 四类：

A 类指近海海面和海岛、海岸、湖岸及沙漠地区，取 $\alpha_A = 0.12$，$H_{GA} = 300m$；

B 类指田野、乡村、丛林、丘陵以及房屋比较稀疏的乡镇和城市郊区，取 $\alpha_B = 0.15$，$H_{GB} = H_{G0} = 350m$；

C 类指有密集建筑群的城市市区，取 $\alpha_C = 0.22$，$H_{GC} = 450m$；

D 类指有密集建筑群且房屋较高的城市市区，$\alpha_D = 0.30$，$H_{GD} = 550m$。

根据地面粗糙度指数及梯度风高度，四类地区的风压高度变化系数按下列公式计算：

A 类：
$$\mu_z^A = 1.284\left(\frac{z}{10}\right)^{0.24} \qquad (4-14)$$

B 类：
$$\mu_z^B = 1.000\left(\frac{z}{10}\right)^{0.30} \qquad (4-15)$$

C 类：
$$\mu_z^C = 0.544\left(\frac{z}{10}\right)^{0.44} \qquad (4-16)$$

D 类：
$$\mu_z^D = 0.262\left(\frac{z}{10}\right)^{0.60} \qquad (4-17)$$

式中，z 为离地面或海平面高度（m）。

对于四类地貌，风压高度变化系数分别规定了各自的截断高度，对应 A、B、C、D 类分别取为 5m、10m、15m 和 30m，即高度变化系数取值分别不小于 1.09、1.00、0.65 和 0.51。

在确定城区的地面粗糙度类别时，若无 α 的实测资料，可按下述原则近似确定：

（1）以拟建房屋为中心，2km 为半径的迎风半圆影响范围内的房屋高度和密集度来区分粗糙度类别，风向原则上应以该地区最大风的风向为准，但也可取其主导风；

（2）以迎风半圆影响范围内建筑物的平均高度 $\bar{h}$ 来划分地面粗糙度类别，当 $\bar{h} \geqslant$ 18m，为 D 类；9m $< \bar{h} <$ 18m，为 C 类；$\bar{h} \leqslant$ 9m，为 B 类；

（3）影响范围内不同高度的面域可用以下方法确定：每座房屋向外延伸距离为其高度

的面域均为该高度，当不同高度的面域相交时，交叠部分的高度取大者；

（4）平均高度 $\bar{h}$ 取各面域面积为权数计算。

为实际工程设计上的方便，《荷载规范》按上式给出了四类地面粗糙度不同高度的风压高度变化系数 μ_z，如表 4-4 所示。

风压高度变化系数 μ_z

表 4-4

离地面或海平面高度(m)	地面粗糙度类别			
	A	B	C	D
5	1.09	1.00	0.65	0.51
10	1.28	1.00	0.65	0.51
15	1.42	1.13	0.65	0.51
20	1.52	1.23	0.74	0.51
30	1.67	1.39	0.88	0.51
40	1.79	1.52	1.00	0.60
50	1.89	1.62	1.10	0.69
60	1.97	1.71	1.20	0.77
70	2.05	1.79	1.28	0.84
80	2.12	1.87	1.36	0.91
90	2.18	1.93	1.43	0.98
100	2.23	2.00	1.50	1.04
150	2.46	2.25	1.79	1.33
200	2.64	2.46	2.03	1.58
250	2.78	2.63	2.24	1.81
300	2.91	2.77	2.43	2.02
350	2.91	2.91	2.60	2.22
400	2.91	2.91	2.76	2.40
450	2.91	2.91	2.91	2.58
500	2.91	2.91	2.91	2.74
≥550	2.91	2.91	2.91	2.91

对于山区的建筑物，风压高度变化系数除可按平坦地面的粗糙度类别，由上表 4-4 确定外，还应考虑地形条件的修正，将其乘以修正系数。修正系数 η 分别按下述规定采用：

（1）对于山峰和山坡，其顶部 B 处（图 4-2）的修正系数可按下列公式确定：

$$\eta_B = \left[1 + \kappa \tan\alpha \left(1 - \frac{Z}{2.5H}\right)\right]^2 \tag{4-18}$$

式中　$\tan\alpha$——山峰或山坡在迎风面一侧的坡度；当 $\tan\alpha > 0.3$ 时（即 $\alpha = 16.7°$），取 0.3；

　　　κ——系数，对山峰取 2.2，对山坡取 1.4；

　　　H——山顶或山坡全高（m）；

　　　Z——建筑物计算位置离建筑物处地面的高度（m）；当 $Z > 2.5H$ 时，取 $Z = 2.5H$。

对于山峰和山坡的其他部位，可按图 4-2 所示，取 A、C 处的修正系数 η_A、η_C 为 1，AB 间和 BC 间的修正系数按线性插入法确定。

（2）对于山间盆地、谷地等闭塞地形，$\eta = 0.75 \sim 0.85$；对于与风向一致的谷口、山口，η 可在 1.20 ~ 1.50 选取。

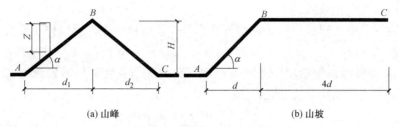

图 4-2 山峰和山坡的示意

(3) 对于远海海面和海岛的建筑物或构筑物，风压高度变化系数除可按 A 类粗糙度类别由表 4-4 确定外，还应乘以表 4-5 给出的修正系数 η。

远海海面和海岛的修正系数 η 表 4-5

距海岸距离（km）	η
<40	1.0
$40\sim60$	$1.0\sim1.1$
$60\sim100$	$1.1\sim1.2$

【例 4-1】 某房屋修建在地面粗糙度类别为 B 类地区的山坡 D 位置（图 4-3），试求该房屋距地面高度 20m 处（E 处）的风压高度变化系数。

【解】 （1）求 B 位置离地面 20m 高度处风压高度变化系数的修正系数 η_B：

由于 $\tan\alpha=30/80>0.3$，故取 $\tan\alpha=0.3$

κ 对山坡取 1.4，山坡全高 $H=30$m，$Z=20$m。

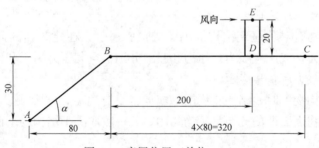

图 4-3 房屋位置（单位：m）

因此 $\eta_B=\left[1+\kappa\tan\alpha\left(1-\dfrac{20}{2.5H}\right)\right]^2=\left[1+1.4\times0.3\times\left(1-\dfrac{4}{15}\right)\right]^2=1.7109$。

（2）求 D 位置处风压高度变化系数的修正系数 η_E：

C 位置的修正系数为 1，因此 D 位置处的修正系数应按线性插入法确定：

$$\eta_E=1+\frac{(1.7109-1)}{320}\times120=1.2666$$

（3）求 E 处的风压高度变化系数 μ_z：

地面粗糙度类别 B、离地面高度 20m 处的风压高度变化系数为 1.23，乘以修正系数 η_E 后为

$$\mu_z=1.23\times1.2666=1.5572$$

【例 4-2】 某房屋修建于地面粗糙度为 B 类的山间盆地内，其屋檐距地面 15m，试求

屋檐处的风压高度变化系数。

【解】 根据对山区建筑物风压高度变化系数需要按地形条件乘以修正系数的规定，其修正系数可取 0.85。

查表 4-4，B 类地面粗糙度距地面 15m 高度处的风压高度变化系数为 1.13。

因此，屋檐处的风压高度变化系数：

$$\mu_z = 1.13 \times 0.85 = 0.9605$$

【例 4-3】 某房屋修于地面粗糙度为 A 类、距海岸 20 km 的海岛上，其屋檐距地面 10m，试求屋檐处的风压高度变化系数。

【解】 修建于海岛的该房屋，距海岸 20km<40km，由表 4-5 有修正系数 $\eta = 1.0$；A 类地面粗糙度地区距地面 10m 高度处的风压高度变化系数为 1.28。

因此，屋檐处的风压高度变化系数：$\mu_z = 1.28 \times 1 = 1.28$

4.5 风荷载体型系数

4.5.1 单体结构物的风荷载体型系数

根据伯努利方程导出的风压与风速的关系（式 4-3），对应的是自由气流中的风速因受建筑物阻碍而完全停止的情况。但是，一般工程实际中，自由气流并不能理想地停滞在建筑物的表面，而是以不同的方式从结构表面绕过。风作用在结构物表面的不同部位将引起不同的风压值。从而，实际结构物的风压不能直接按式（4-3）来计算，而是必须要对其进行修正。其修正系数与结构物的体型有关，故称为风荷载体型系数，其表示的是结构表面的风压值与来流风压之比。

气流经过建筑物时，从建筑结构的侧面或顶面通过，在建筑物的迎风面、背面、屋顶、侧面或产生压力，或产生吸力。压力和吸力分别指空气压力高于和低于大气压，通常压力用正号表示，吸力用负号表示。

当风作用到结构物上时，结构物周围气流通常呈分离型，并形成多处涡流（图 4-4）。从而，风力在结构物表面上的分布是不均匀的，其一般取决于结构物平面形状、立面体型和房屋高宽比。

图 4-4 所示为一单体结构物流线分布图。可见，气流遇到结构物的阻碍后，会在结构的边缘某处产生分离流线，对于矩形截面，分离流线发生在迎风面的两个角隅处。分离流线将气流分隔成两部分，外区气流不受流体黏性影响，可按理想气体的伯努利方程来确定气流压力与速度的关系。而分离流线以内是个尾涡区，尾涡区的形状和近尾回流的分布与结构物的截面形状有关。一般来说，要完全从理论上确定任意受气流影响的物体表面的压

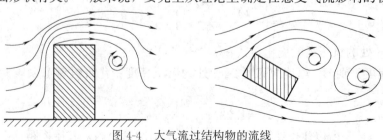

图 4-4 大气流过结构物的流线

力，目前尚做不到，一般通过试验方法（如风洞试验）来确定风荷载体型系数。

我国《荷载规范》给出了不同体型的建筑物和构筑物的风荷载体型系数。当房屋和构筑物与表中列出的体型不同时，可参考有关资料采用；若无参考资料可以借鉴时，宜由风洞试验确定。对于重要且体型复杂的房屋和构筑物，其风荷载体型系数应由风洞试验确定。对于高度不超过45m的矩形平面建筑结构，风荷载体型系数为1.3。高度超过45m的矩形截面高层建筑，风荷载体型系数按表4-6取值。

高度超过45m的矩形截面高层建筑风荷载体型系数 表4-6

	D/B	$\leqslant 1.0$	1.2	2.0	$\geqslant 4.0$
	μ_{s1}	-0.6	-0.5	-0.4	-0.3
	μ_{s2}	0.7			

当多个建筑物，特别是群集的高层建筑，相互间距较近时，宜考虑风力相互干扰的群体效应；一般可将单独建筑物的体型系数 μ_s 乘以相互干扰增大系数，该系数可参考类似条件的试验资料确定；必要时宜通过风洞试验得出。

4.5.2 房屋围护构件的风荷载体型系数

一般情况下，当验算围护构件及其连接强度时，可按下列规定采用局部风压的风荷载体型系数 μ_{s1}：

（1）外表面

① 正压区：按规范查表采用。

② 负压区：

对墙面，取 -1.0；

对墙角边，取 -1.8（宽度为0.1倍房屋宽度或0.4倍房屋平均高度中的较小者，但不小于1.5m）；

对屋面局部部位（屋面周边和屋面坡度大于10°的屋脊部位，其宽度为0.1倍房屋宽度或0.4倍房屋平均高度中的较小者，但不小于1.5m），取 -2.2；对檐口、雨篷、遮阳板等突出建筑物的构件，取 -2.0。

（2）内表面

对封闭式建筑物，按外表面风压的正负情况取 -0.2 或 0.2。

上述的局部风压风荷载体型系数 μ_{s1} 只适用围护构件的从属面积 $A \leqslant 1m^2$ 的情况，当围护构件的从属面积 $A \geqslant 10m^2$ 时，局部风压风荷载体型系数 μ_{s1}（10）可乘以折减系数0.8；当围护构件的从属面积为 $10m^2 > A > 1m^2$ 时，局部风压风荷载体型系数 $\mu_{s1}(A)$ 可按面积的对数插值，按下列公式计算：

$$\mu_{s1}(A) = \mu_{s1}(1) + [\mu_{s1}(10) - \mu_{s1}(1)]\log A \tag{4-19}$$

式中 $\mu_{s1}(1)$——从属面积 $A \leqslant 1m^2$ 时的风荷载体型系数；

$\mu_{s1}(10)$——从属面积 $A \geqslant 10m^2$ 时的风荷载体型系数。

4.6　顺风向风振和风振系数

4.6.1　脉动风与风振系数

大量的风的实测资料表明，在风的顺风向风速时程曲线中，包括两种成分：一种是长周期成分，其周期一般在 10min 以上；另一种是短周期成分，一般只有几秒左右。根据风的这一特点，实际工程中常把风效应分解为平均风和脉动风作用。平均风比较稳定，由于风的长周期远大于一般结构的自振周期，其对结构的动力影响很小，可以忽略，可将其等效为静力作用，一般通过基本风压反映。

脉动风是由于风的不规则性引起的，是一种随机动力荷载，其与一些工程结构的自振周期较接近，将使结构产生动力响应。脉动风是引起结构顺风向振动的主要原因。

对于基本自振周期 T_1 大于 0.25s 的工程结构，如大跨度屋盖、各种高耸结构以及对于高度大于 30m 且高宽比大于 1.5 的高柔房屋，均应考虑风压脉动对结构发生顺风向风振的影响。

工程结构的基本自振周期应根据结构动力学的原理进行计算。顺风向风振的影响应按随机振动理论进行分析。对体型、质量沿高度分布较均匀的柔性工程结构，如一般悬臂型结构（构架、塔架、烟囱等高耸结构）以及高度大于 30m、高宽比大于 1.5 且可忽略扭转影响的高层建筑，可采用简化方法考虑顺风向风振影响。此时可仅考虑第一振型的影响，通过风振系数来计算结构的脉动风影响。结构的高度 z 处的风振系数 β_z 按下式计算：

$$\beta_z = 1 + 2gI_{10}B_z\sqrt{1+R^2} \tag{4-20}$$

式中　g——峰值因子，一般可取 2.5；

$\quad I_{10}$——10m 高度名义湍流强度，对应 A、B、C、D 类地面粗糙度，可分别取为 0.12、0.14、0.23、0.39；

$\quad R$——脉动风荷载的共振分量因子；

$\quad B_z$——脉动风荷载的背景分量因子。

4.6.2　共振分量因子

脉动风荷载的共振分量因子可由随机振动理论导出，可采用达文波特（Daveport）建议的风谱密度经验公式，经过一定的近似简化，按下式计算共振分量因子

$$R = \sqrt{\frac{\pi}{6\zeta_1}\frac{x_1^2}{(1+x_1^2)^{4/3}}} \tag{4-21}$$

$$x_1 = \frac{30f_1}{\sqrt{k_w w_0}}, \quad x_1 > 5 \tag{4-22}$$

式中　f_1——结构第 1 阶自振频率（Hz）；

$\quad k_w$——地面粗糙度修正系数，对 A 类、B 类、C 类和 D 类地面粗糙度分别取 1.28、1.0、0.54 和 0.26；

$\quad w_0$——基本风压；

$\quad \zeta_1$——结构阻尼比，对钢结构取 0.01，有填充墙的钢结构房屋取 0.02，对钢筋混

凝土及砌体结构可取 0.05，对其他结构可根据工程经验确定。

4.6.3 脉动风荷载的背景分量因子

对于体型和质量沿高度均匀分布的高层建筑和高耸结构，脉动风荷载的背景分量因子可按下式计算：

$$B_z = kH^{\alpha_1} \rho_x \rho_z \frac{\phi_1(z)}{\mu_z} \tag{4-23}$$

式中 $\phi_1(z)$——结构第 1 阶振型系数；

H——结构总高度（m），对 A、B、C 和 D 类地面粗糙度，H 的取值分别不应大于 300m、350m、450m 和 550m；

ρ_x——脉动风荷载水平方向相关系数；

ρ_z——脉动风荷载竖直方向相关系数；

k、α_1——系数，按表 4-7 取值。

系数 k、α₁、I₁₀ 和 k_w 取值　　　　　　　　表 4-7

粗糙度类别		A	B	C	D
高层建筑	k	0.944	0.670	0.295	0.112
	α_1	0.155	0.187	0.261	0.346
高耸结构	k	1.276	0.910	0.404	0.155
	α_1	0.186	0.218	0.292	0.376
I_{10}		0.12	0.14	0.23	0.39
k_w		1.28	1.0	0.54	0.26

对于迎风面和侧风面的宽度沿高度按直线或接近直线变化，而质量沿高度按连续规律变化的高耸结构，按式（4-23）计算的背景分量因子 B_z 应乘以修正系数 θ_B 和 θ_V。θ_B 为构筑物在 z 高度处的迎风面宽度 $B(z)$ 与底部宽度 $B(0)$ 的比值；θ_V 可按表 4-8 确定。

修正系数 θ_V 取值　　　　　　　　表 4-8

$B(H)/B(0)$	1	0.9	0.8	0.7	0.6	0.5	0.4	0.3	0.2	≤0.1
θ_V	1.00	1.10	1.20	1.32	1.50	1.75	2.08	2.53	3.30	5.60

对于体型或质量沿高度变化的高耸结构，在应用式（4-23）计算时应注意如下问题：对于进深尺寸比较均匀的构筑物，即使迎风面宽度沿高度有变化，计算结果也与按等截面计算的结果十分接近，故对这种情况仍可采用式（4-23）计算背景分量因子；对于进深尺寸和宽度沿高度按线性或近似于线性变化、而重量沿高度按连续规律变化的构筑物，例如截面为正方形或三角形的高耸塔架及圆形截面的烟囱，计算结果表明，必须考虑外形的影响，对背景分量因子予以修正。

脉动风荷载的空间相关系数中，竖直方向相关系数 ρ_z 和水平方向相关系数 ρ_x 可按下面两式计算：

$$\rho_z = \frac{10\sqrt{H + 60e^{-H/60} - 60}}{H} \tag{4-24}$$

$$\rho_{x}=\frac{10\sqrt{B+50e^{-B/50}-50}}{B} \tag{4-25}$$

式中　H——结构总高度（m），对 A、B、C 和 D 类地面粗糙度，H 的取值分别不应大
　　　　于 300m、350m、450m 和 550m；

　　　　B——结构迎风面宽度（m），$B\leqslant2H$。

对于迎风面宽度较小的高耸结构，水平方向相关系数可取 $\rho_{x}=1$。

4.6.4　振型系数

结构的振型系数应根据实际工程的情况由结构动力学计算确定。一般情况下，对顺风向响应可仅考虑第 1 阶振型的影响，对于圆截面高层建筑及构筑物横风向的共振响应，应验算第 1~第 4 阶振型的响应。对于外形、质量、刚度沿高度按连续规律变化的竖向悬臂型高耸结构，及质量和刚度沿高度分布比较均匀的高层建筑，第 1~第 4 阶振型的振型系数可根据相对高度 z/H 按下列情况中的表格确定。

1. 迎风面宽度远小于其高度的高耸结构，其振型系数可按表 4-9 采用。

高耸结构的振型系数　　　　　　　　　　表 4-9

相对高度	振型序号			
z/H	1	2	3	4
0.1	0.02	-0.09	0.23	-0.39
0.2	0.06	-0.30	0.61	-0.75
0.3	0.14	-0.53	0.76	-0.43
0.4	0.23	-0.68	0.53	0.32
0.5	0.34	-0.71	0.02	0.71
0.6	0.46	-0.59	-0.48	0.33
0.7	0.59	-0.32	-0.66	-0.40
0.8	0.79	0.07	-0.40	-0.64
0.9	0.86	0.52	0.23	-0.05
1.0	1.00	1.00	1.00	1.00

2. 迎风面宽度较大的高层建筑，当剪力墙和框架均起主要作用时，其振型系数可近似按表 4-10 采用。

高层建筑的振型系数　　　　　　　　　　表 4-10

相对高度	振型序号			
z/H	1	2	3	4
0.1	0.02	-0.09	0.22	-0.38
0.2	0.08	-0.30	0.58	-0.73
0.3	0.17	-0.50	0.70	-0.40
0.4	0.27	-0.68	0.46	0.33
0.5	0.38	-0.63	-0.03	0.68
0.6	0.45	-0.48	-0.49	0.29
0.7	0.67	-0.18	-0.63	-0.47
0.8	0.74	0.17	-0.34	-0.62
0.9	0.86	0.58	0.27	-0.02
1.0	1.00	1.00	1.00	1.00

3. 截面沿高度按连续规律变化的高耸结构，其第 1 阶振型系数的近似值可按表 4-11 采用。

高耸结构的第 1 阶振型系数 表 4-11

相对高度 z/H	高耸结构 B_H/B_0				
	1.0	0.8	0.6	0.4	0.2
0.1	0.02	0.02	0.01	0.01	0.01
0.2	0.06	0.06	0.05	0.04	0.03
0.3	0.14	0.12	0.11	0.09	0.07
0.4	0.23	0.21	0.19	0.16	0.13
0.5	0.34	0.32	0.29	0.26	0.21
0.6	0.46	0.44	0.41	0.37	0.31
0.7	0.59	0.57	0.55	0.51	0.45
0.8	0.79	0.71	0.69	0.66	0.61
0.9	0.86	0.86	0.85	0.83	0.80
1.0	1.00	1.00	1.00	1.00	1.00

实际工程应用中，为了简化，在确定风荷载时，可采用近似公式计算振型系数。按建筑变形特点，对于低层建筑结构（剪切型结构），取

$$\phi_1(z) = \sin\frac{\pi z}{2H} \tag{4-26}$$

对于高层建筑结构，当以剪力墙的工作为主时，可按弯剪型考虑，采用下述公式

$$\phi_1(z) = \tan\left[\frac{\pi}{4}\left(\frac{z}{H}\right)^{0.7}\right] \tag{4-27}$$

对于高耸结构，可按弯曲型考虑，取

$$\phi_1(z) = 2\left(\frac{z}{H}\right)^2 - \frac{4}{3}\left(\frac{z}{H}\right)^3 + \frac{1}{3}\left(\frac{z}{H}\right)^4 \tag{4-28}$$

对高层建筑也可进一步考虑框架和剪力墙各自的弯曲和剪切刚度，由结构动力学可以求出综合刚度参数 λ，并给出不同的振型系数。综合刚度参数 λ 可按式（4-29）确定

$$\lambda = \frac{C}{\eta}\left(\frac{1}{EI_w} + \frac{1}{EI_N}\right)H^2 \tag{4-29}$$

式中 C——建筑物的剪切刚度；

EI_w——剪力墙的弯曲刚度；

EI_N——考虑墙柱轴向变形的等效刚度；

H——房屋总高度（m）。

$$\eta = 1 + \frac{C_f}{C_w} \tag{4-30}$$

式中 C_f——框架剪切刚度；

C_w——剪力墙剪切刚度。

表 4-9～表 4-11 对高层建筑给出前 4 阶振型系数，它是假设框架和剪力墙均起主要作用时的情况，即取 $\lambda = 3$。

4.6.5 结构基本自振周期计算公式

1. 理论公式

（1）等截面等惯性矩的立杆，在不同高度处承受 n 个质量为 m_1、m_2、m_3、$\cdots$、m_i、m_{i+1}、$\cdots$、m_n 的重物时（图 4-5），其基本自振周期 T_1(s) 为：

$$T_1 = 3.63 \sqrt{\frac{H^3}{EI}\left(\sum_{i=1}^{n} m_i \alpha_i^2 + 0.236\rho AH\right)} \tag{4-31}$$

式中　H——构筑物高度（m）；

　　　　A——横截面面积（m^2）；

　　　　I——横截面惯性矩（m^4）；

　　　　E——弹性模量（N/m^2）；

　　　　m_i——高度为 h_i 的重物质量（kg）；

　　　　ρ——立杆密度（kg/m^3）；

　　　　α_i——系数，按下式计算：

$$\alpha_i = 1.5\left(\frac{h_i}{H}\right)^2 - 0.5\left(\frac{h_i}{H}\right)^3 \tag{4-32}$$

图 4-6（a）所示单水箱塔架的基本自振周期为：

$$T_1 = 3.63 \sqrt{\frac{H^3}{EI}(m + 0.236\rho AH)} \tag{4-33}$$

图 4-6（b）所示双水箱塔架的基本自振周期为：

$$T_1 = 3.63 \sqrt{\frac{H^3}{EI}(m_1 \alpha_1^2 + m_2 + 0.236\rho AH)} \tag{4-34}$$

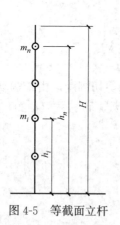

图 4-5　等截面立杆

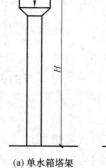
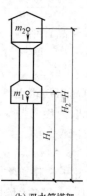

(a) 单水箱塔架　(b) 双水箱塔架

图 4-6　水箱塔架

（2）立杆为 k 阶阶形截面，承受 n 个质量 m_1、m_2、$\cdots$、m_i、$\cdots$、m_n 的重物时（图 4-7），其基本自振周期为：

$$T_1 = 3.63 \sqrt{\left(\sum_{i=1}^{n} m_i \alpha_i^2 + m_0\right)\left[\sum_{i=0}^{k-1} \frac{(H-h'_i)^3 - (H-h'_{i+1})^3}{E_{i+1} I_{i+1}}\right]} \tag{4-35}$$

式中，$m_0 = H \sum_{i=0}^{k-1} \rho A_{i+1}\left[0.45\left(\frac{h'^5_{i+1} - h'^5_i}{H^5}\right) - 0.25\left(\frac{h'^6_{i+1} - h'^6_i}{H^6}\right) + 0.036\left(\frac{h'^7_{i+1} - h'^7_i}{H^7}\right)\right]$；

A_{i+1} 为第 $i+1$ 阶杆体横截面面积（m^2）；当 $i=0$ 时，$h_i'=h_0'=0$，当 $i=k-1$ 时，$h_{i+1}'=h_k'=H$；α_i 近似地按公式（4-32）计算。

（3）截面面积和惯性矩变化规律符合 $\dfrac{A_x}{A_0}=\left(1-\dfrac{x}{h_0}\right)^2$ 及 $\dfrac{I_x}{I_0}=\left(1-\dfrac{x}{h_0}\right)^4$ 的截顶锥形筒体（图 4-8），其基本自振周期为：

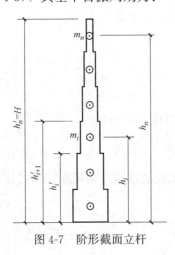
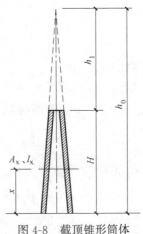

图 4-7 阶形截面立杆   图 4-8 截顶锥形筒体

$$T_1=\mu_T H^2\sqrt{\frac{A_0\rho}{EI_0}} \tag{4-36}$$

式中　A_0，I_0——底部截面面积（m^2）及其惯性矩（m^4）；

　　　　μ_T——与 h_1/h_0 有关，一般按表 4-12 采用。

μ_T 与 h_1/h_0 的关系　　　　　　　　　　　　　　表 4-12

h_1/h_0	0.4	0.6	0.8	1.0
μ_T	1.30	1.50	1.70	1.80

（4）变截面立杆，在不同高度处承受 n 个质量为 m_1、m_2、…、m_i、…、m_n 的重物（图 4-9），其基本自振周期为：

$$T_1=2\pi\sqrt{y_h\sum_{i=1}^{n}m_i\alpha_i^2} \tag{4-37}$$

其中，　　$\alpha_i=\dfrac{y_i}{y_h}$ 　　（4-38）

式中　y_i、y_h——单位水平力 $F=1N$ 作用于杆顶时，在 i 点及杆顶处的水平位移（m/N）。

2. 结构基本自振周期的经验公式

（1）高耸结构

1）一般情况

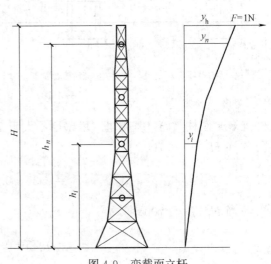

图 4-9 变截面立杆

$$T_1 = (0.007 \sim 0.013)H \tag{4-39}$$

一般情况下，钢结构刚度小，可取上式计算的较大值；钢筋混凝土结构刚度相对较大，可取上式计算的较小值。

2）烟囱和塔架等具体结构

① 烟囱

(a) 高度不超过 60m 的砖烟囱的基本自振周期按下式计算

$$T_1 = 0.23 + 0.22 \times 10^{-2} \frac{H^2}{d} \tag{4-40}$$

式中　H——烟囱高度（m）；

　　　d——烟囱 1/2 高度处的外径（m）。

(b) 高度不超过 150m 的钢筋混凝土烟囱的基本自振周期按下式计算

$$T_1 = 0.41 + 0.10 \times 10^{-2} \frac{H^2}{d} \tag{4-41}$$

(c) 高度超过 150m 但低于 210m 的钢筋混凝土烟囱的基本自振周期按下式计算

$$T_1 = 0.53 + 0.08 \times 10^{-2} \frac{H^2}{d} \tag{4-42}$$

② 石油化工塔架（图 4-10）

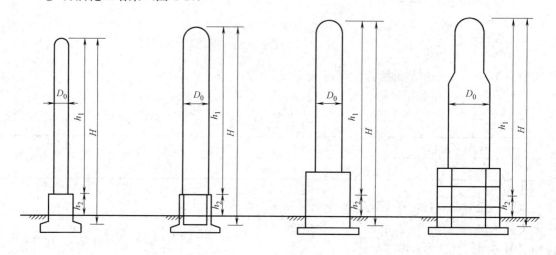

(a) 圆柱基础塔　　　(b) 圆筒基础塔　　　(c) 方形(板式)框架基础塔　　　(d) 环形框架基础塔

图 4-10　设备塔架的基础形式

(a) 圆柱（筒）基础塔（塔壁厚不大于 30mm）的基本自振周期按下式计算

当 $H^2/D_0 < 700$ 时

$$T_1 = 0.35 + 0.85 \times 10^{-3} \frac{H^2}{D_0} \tag{4-43}$$

当 $H^2/D_0 \geqslant 700$ 时

$$T_1 = 0.25 + 0.99 \times 10^{-3} \frac{H^2}{D_0} \tag{4-44}$$

式中　H——从基础底板或柱基顶面至设备塔顶面的总高度（m）；

D_0——设备塔的外径（m），对变直径塔，一般可按各段高度为权，取外径的加权平均值。

（b）框架基础塔（塔壁厚不大于30mm）的基本自振周期按下式计算

$$T_1 = 0.56 + 0.40 \times 10^{-3} \frac{H^2}{D_0} \tag{4-45}$$

（c）塔壁厚大于30mm的各类设备塔架的基本自振周期应按有关理论公式计算。

（d）当若干塔由平台连成一排时，垂直于排列方向的各塔基本自振周期 T_1 可采用主塔（即周期最大的塔）的基本自振周期值；平行于排列方向的各塔基本自振周期 T_1 可采用主塔基本自振周期乘以折减系数0.9。

（2）高层建筑

1）一般情况

钢结构 $\qquad\qquad\qquad\qquad T_1 = (0.10 \sim 0.15)n \tag{4-46}$

钢筋混凝土结构 $\qquad\qquad T_1 = (0.05 \sim 0.10)n \tag{4-47}$

式中 $\quad n$——结构层数。

2）具体结构

钢筋混凝土框架和框剪结构 $\quad T_1 = 0.25 + 0.53 \times 10^{-3} \dfrac{H^2}{\sqrt[3]{B}} \tag{4-48}$

钢筋混凝土剪力墙结构 $\qquad T_1 = 0.03 + 0.03 \dfrac{H}{\sqrt[3]{B}} \tag{4-49}$

式中 $\quad H$——房屋总高度（m）；

$\quad B$——房屋宽度（m）。

4.6.6 阵风系数

围护结构的阵风系数，不区分幕墙和其他构件，统一按下式计算：

$$\beta_{gz} = 1 + 2g I_{10} \left(\frac{z}{10}\right)^{-\alpha} \tag{4-50}$$

其中 A、B、C、D 四类地面粗糙度类别的截断高度分别为 5m、10m、15m 和 30m，即对应的阵风系数不大于 1.65、1.70、2.05 和 2.40。计算围护结构（包括门窗）风荷载时的阵风系数应按表 4-13 确定。

阵风系数 β_{gz} 表 4-13

离地面高度 （m）	地面粗糙度类别			
	A	B	C	D
5	1.65	1.70	2.05	2.40
10	1.60	1.70	2.05	2.40
15	1.57	1.66	2.05	2.40
20	1.55	1.63	1.99	2.40
30	1.53	1.59	1.90	2.40
40	1.51	1.57	1.85	2.29
50	1.49	1.55	1.81	2.20

离地面高度	地面粗糙度类别			
(m)	A	B	C	D
60	1.48	1.54	1.78	2.14
70	1.48	1.52	1.75	2.09
80	1.47	1.51	1.73	2.04
90	1.46	1.50	1.71	2.01
100	1.46	1.50	1.69	1.98
150	1.43	1.47	1.63	1.87
200	1.42	1.45	1.59	1.79
250	1.41	1.43	1.57	1.74
300	1.40	1.42	1.54	1.70
350	1.41		1.53	1.67
400	1.40	1.41	1.51	1.64
450	1.40	1.41	1.50	1.62
500	1.40	1.41	1.50	1.60
550	1.40	1.41	1.50	1.59

【例 4-4】 某钢筋混凝土框架剪力墙结构，质量和外形沿高度均匀分布，平面为矩形截面，房屋总高度 $H=120\text{m}$，迎风面宽度 $B=60\text{m}$，侧面宽度 $D=40\text{m}$。建于 A 类地区，该地区的基本风压为 0.55kN/m，求建筑物顶部（120m 高度处）表面风荷载标准值。

【解】 （1）A 类地区的 120m 高度处，查表 4-4，按线性插值法得风压高度变化系数为：

$$\mu_z = 2.23 + \frac{2.46 - 2.23}{150 - 100}(120 - 100) = 2.322$$

（2）利用 $\beta_z = 1 + 2gI_{10}B_z\sqrt{1 + R^2}$ 求风振系数。

振型系数：$\varphi_z = \tan\left[\frac{\pi}{4}\left(\frac{z}{H}\right)^{0.7}\right] = \tan\left[\frac{\pi}{4}\left(\frac{120}{120}\right)^{0.7}\right] = 1$

钢筋混凝土框架剪力墙结构基本周期：

$$T_1 = 0.25 + 0.53 \times 10^{-3}\frac{H^2}{\sqrt[3]{B}} = 0.25 + 0.53 \times 10^{-3}\frac{120^2}{\sqrt[3]{60}} = 2.1995, f_1 = 1/T_1 = 0.4546$$

对于 A 类地区，$k_w = 1.28$

$$x_1 = \frac{30f_1}{\sqrt{k_w w_0}} = \frac{30 \times 0.4546}{\sqrt{1.28 \times 0.55}} = 16.2524$$

$$R = \sqrt{\frac{\pi}{6\zeta_1}\frac{x_1^2}{(1 + x_1^2)^{4/3}}} = 1.2743; \sqrt{1 + R^2} = 1.6198$$

$$\rho_x = \frac{10\sqrt{B + 50e^{-B/50} - 50}}{B} = 0.8343$$

$$\rho_z = \frac{10\sqrt{H + 60e^{-H/60} - 60}}{H} = 0.6878$$

对于 A 类地区，$k = 0.944$；$\alpha_1 = 0.155$；$I_{10} = 0.12$

$$B_z = kH^{\alpha_1}\rho_x\rho_z\frac{\varphi_z}{\mu_z} = 0.944 \times 120^{0.155} \times 0.8343 \times 0.6878 \times \frac{1.0}{2.322} = 0.49$$

故风振系数为：$\beta_z = 1 + 2gI_{10}B_z\sqrt{1+R^2} = 1 + 2 \times 2.5 \times 0.12 \times 0.49 \times 1.6198 = 1.5513$

（3）由表 4-6，根据 $D/B < 1.0$，$\mu_{s1} = -0.6$，结构左侧 $\mu_s = 0.8$，因此总的风荷载体型系数为 $\mu_s = 0.8 - (-0.6) = 1.4$。

（4）120m 高度处风荷载标准值为：

$$\omega = \beta_z\mu_s\mu_z\omega_0 = 1.5513 \times 1.4 \times 2.322 \times 0.55 = 2.7736 \text{kN/m}^2$$

4.7　横风向风振

4.7.1　涡激共振与横风向风振校核

当建筑物受到风力作用时，不但顺风向可能发生风振，而且在一定条件下也能发生与顺风向垂直的横风向风振。判断高层建筑是否需要考虑横风向风振的影响这一问题比较复杂，一般要考虑建筑的高度、高宽比、结构自振频率及阻尼比等多种因素，并要借鉴工程经验及有关资料来判断。对于横风向风振作用效应明显的高层建筑以及细长圆形截面构筑物，宜考虑横风向风振的影响。一般而言，建筑高度超过 150m 或高宽比大于 5 的高层建筑可出现较为明显的横风向风振效应，并且效应随着建筑高度或建筑高宽比增加而增加。细长圆形截面构筑物一般指高度超过 30m、其高宽比大于 4 的构筑物。

对于高层建筑、高耸塔架、烟囱等结构物，横风向风作用引起的结构共振会产生很大的动力效应，甚至对工程设计起着控制作用。横风向风振是由不稳定的空气动力作用造成的，它与结构的截面形状及雷诺数有关。

空气在流动中，有两种力对流体质体起着重要作用：惯性力和黏性力。空气流动时自身质量产生的惯性力为单位面积上的压力 $\rho v^2/2$ 乘以面积。黏性力反映流体抵抗剪切变形的能力，流体黏性可用黏性系数 μ 来度量，黏性应力为黏性系数 μ 乘以速度梯度 dv/dy 或剪切角 γ 的时间变化率，而流体黏性力等于黏性应力乘以面积。

为说明横风向风振的产生，以圆柱体为例。当空气流绕过圆截面柱体时（图 4-11a），沿上风面 AB 速度逐渐增大，到达 B 点压力达到最低值，再沿下风面 BC 速度又逐渐降低，压力又重新增大，但实际上由于在边界层内气流对柱体表面的摩擦要消耗部分能量，因此气流实际上是在 BC 中间某点 S 处速度停滞，漩涡就在 S 点生成，并在外流的影响下，以一定的周期脱落（图 4-11b），这种现象称为卡门涡街（Karman Vortex Street）。当漩涡交替脱落，且其脱落频率接近结构的横向自振频率时，就会引起结构的涡激共振，也就是横风向风振。

斯托罗哈（Strouhal）在研究的基础上指出漩涡脱落现象可以用一个无量纲参数来描述。设脱落频率为 f_s，无量纲的斯托罗哈（Strouhal）数 $S_t = \dfrac{Df_s}{v}$。其中 D 为圆柱截面的直径，v 为来流风速。

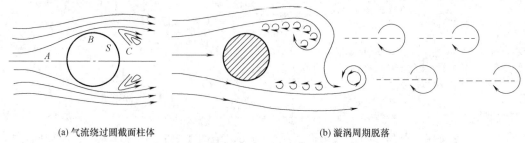

(a) 气流绕过圆截面柱体　　　　　　　　　(b) 漩涡周期脱落

图 4-11　漩涡的产生与脱落

对圆形截面的结构，应根据雷诺数 R_e 的不同情况按下述规定进行横风向风振（漩涡脱落）校核。雷诺数 R_e 可按下列公式确定

$$R_e=69000vD \tag{4-51}$$

式中　v——风速（m/s），当验算亚临界微风共振时取 v_{cr}；当验算跨临界强风共振时，取结构顶部风速 v_H；

D——结构截面的直径（m），当结构截面沿高度逐渐缩小时（倾斜度不大于 0.02），可近似取 2/3 结构高度处的直径进行计算。

1. 情况一

当 $R_e<3\times10^5$ 时，周期性脱落很明显，会产生亚临界微风共振。应控制结构顶部风速 v_H 不超过临界风速 v_{cr}，以防止共振发生。

v_H 及 v_{cr} 可按下列公式确定：

$$v_H=\sqrt{2000\mu_H w_0/\rho} \tag{4-52}$$

$$v_{cr}=D/T_i S_t \tag{4-53}$$

式中　w_0——基本风压（kN/m^2）；

μ_H——结构顶部的风压高度系数；

ρ——空气密度（kg/m^3），一般情况取 1.25kg/m^3；

T_i——结构 i 振型的自振周期，当验算亚临界微风共振时取结构基本自振周期 T_1；

S_t——斯托罗哈数，对圆截面结构取 0.2。

若结构顶部风速 v_H 超过临界风速时，可在构造上采取防振措施，或控制结构的临界风速 v_{cr} 不小于 15m/s。

2. 情况二

当 $3\times10^5\leqslant R_e<3.5\times10^6$ 时，处于超临界范围。此时，圆柱体尾流在分离后十分紊乱，漩涡脱落比较随机，没有明显的周期，不会产生共振现象，且风速不是很大，工程上一般不考虑横风向振动。

3. 情况三

当 $R_e\geqslant3.5\times10^6$ 时，且结构顶部风速 v_H 的 1.2 倍大于 v_{cr} 时，可发生跨临界的强风共振，此时应考虑横风向风振的等效风荷载，结构有可能出现严重的振动，甚至会造成破坏，因此应对结构的承载力进行验算。

此时，风荷载总效应 S 可将横风向风荷载效应与顺风向风荷载效应按下式组合后确定：

$$S=\sqrt{S_C^2+S_A^2} \qquad (4-54)$$

式中　S——风荷载总效应；

　　S_C——横风向风荷载效应；

　　S_A——顺风向风荷载效应。

一般情况下，当风速在亚临界或超临界范围内时，只要采取适当构造措施，结构不会在短时间内出现严重问题。也就是说，即使发生亚临界微风共振或超临界随机振动，结构的正常使用可能受到影响，但不至于造成结构破坏。当风速进入跨临界范围内时，结构有可能出现严重的振动，甚至发生破坏，国内外都曾发生过很多这类损坏和破坏的事例，对此必须引起注意。

4.7.2　锁定现象与共振区高度

试验和实践经验表明，结构产生涡激共振时，结构的自振频率会控制漩涡的脱落频率。由式（4-53）可知，漩涡脱落频率随风速而变化，但结构产生横风向风振时，漩涡的脱落频率不再随风速变化，而是与结构自振频率保持一致，这一现象称为锁定。

只有当风速增大到大于结构共振风速的1.3倍时，漩涡的脱落频率才会改变为新的激振频率。因此，对于圆柱体结构，可在沿高度方向1.0～1.3倍临界风速 v_{cr} 范围内产生锁定现象，该范围称为锁定区或共振区。共振区起始高度 H_1 为临界风速起始点高度，可按下式确定：

$$H_1=H\left(\frac{v_{cr}}{1.2v_H}\right)^{1/\alpha} \qquad (4-55)$$

式中　α——地面粗糙度指数，对 A、B、C 和 D 四类分别取 0.12、0.15、0.22 和 0.3；

　　v_H——结构顶部风速（m/s），由式（4-52）计算。

在确定横风向风荷载效应时，由跨临界强风共振引起在 z 高度处振型 j 的等效风荷载可由下列公式计算：

$$w_{czj}=|\lambda_j|v_{cr}^2\phi_j(z)/12800\zeta_j \quad \text{kN/m}^2 \qquad (4-56)$$

式中　w_{czj}——跨临界强风共振引起在 z 高度处振型 j 的等效风荷载；

　　λ_j——计算系数，按表4-14确定；

　　v_{cr}——按公式（4-53）确定的临界风速；

　　$\phi_j(z)$——在 z 高度处结构的 j 振型系数；

　　ζ_j——第 j 阶振型的阻尼比；对第1振型，钢结构取0.01，钢结构房屋取0.02，混凝土结构取0.05；对高振型的阻尼比，若无实测资料，可近似按第1振型的值取用。

λ_j 计算用表　　　　　　　　　　表 4-14

结构类型	振型序号	H_1/H										
		0	0.1	0.2	0.3	0.4	0.5	0.6	0.7	0.8	0.9	1.0
高耸结构	1	1.56	1.55	1.54	1.49	1.42	1.31	1.15	0.94	0.68	0.37	0
	2	0.83	0.82	0.76	0.60	0.37	0.09	−0.16	−0.33	−0.38	−0.27	0
	3	0.52	0.48	0.32	0.06	−0.19	−0.30	−0.21	0.00	0.20	0.23	0
	4	0.30	0.33	0.02	−0.20	−0.23	0.03	0.16	0.15	−0.05	−0.18	0

结构类型	振型序号	H_1/H										
		0	0.1	0.2	0.3	0.4	0.5	0.6	0.7	0.8	0.9	1.0
高层	1	1.56	1.56	1.54	1.49	1.41	1.28	1.12	0.91	0.65	0.35	0
建筑	2	0.73	0.72	0.63	0.45	0.19	−0.11	−0.36	−0.52	−0.53	−0.36	0

对非圆形截面的结构，横风向风振的等效风荷载宜通过空气弹性模型的风洞试验确定，也可参考其他有关资料确定。

4.8 桥梁风作用

4.8.1 桥梁风作用效应与基本风速

风作用是桥梁结构的重要设计荷载。风作用在桥梁结构或构件上会产生静力和动力两种效应。作用在桥梁结构或构件上的风荷载，应考虑静力作用和风的动力作用。风作用下的结构风致响应特征与结构刚度大小有关。当结构刚度较小时，动力响应特征逐渐显现，动力效应较大。在桥梁抗风设计中，对轻、柔的桥梁或构件，需要考虑动力作用及其效应。

对于桥梁结构，基本风速是指桥梁所在地区开阔平坦地貌条件下，地面以上 10m 高度、重现期 100 年（100 年超越概率 63.2%）、10min 的平均年最大风速，用 U_{10} 表示。当从气象台站统计分析获得的基本风速 U_{10} 小于 24.5m/s 时，应取为 24.5m/s。基本风速乘以地表类别转换系数即为桥梁设计基本风速。

桥梁结构或构件的顺风向风荷载可按等效静阵风荷载计算。当判定桥梁在风作用下的动力作用效应较大时，应通过必要的风洞试验、虚拟风洞试验，以及相应的数值分析获取桥梁结构或构件横风向风荷载及其效应。

与房屋建筑结构顺风向风荷载效应分析一样，一般将自然风分为平均风和脉动风两个部分。结构在自然风作用下会产生平均风效应和脉动风效应。脉动风效应由脉动风的背景响应和共振响应组成。当结构刚度较大时，共振响应部分占有的比例很小。

对顺风向风荷载，在考虑风的空间相关性等因素基础上采用等效静阵风荷载的表达形式。对横风向风荷载响应、一些特殊结构或者结构的特殊施工状态（如双悬臂施工状态的桥梁），需要进行详细的风荷载响应分析。

桥梁顺风向风荷载设计包括横桥向和顺桥向两个方面。下文将介绍桥梁结构横桥向和顺桥向风荷载计算方法。

4.8.2 横桥向等效静阵风荷载

4.8.2.1 横桥向主梁上等效静阵风荷载

桥梁顺风向风荷载采用考虑风的空间相关性等因素的等效静阵风荷载来表达。横桥向风作用下主梁单位长度上的顺风向等效静阵风荷载 F_g，可按下式计算：

$$F_g = \frac{1}{2}\rho U_g^2 C_H D \tag{4-57}$$

式中　F_g——作用在主梁单位长度上的顺风向等效静阵风荷载（N/m）；

ρ——空气密度（kg/m^3），可取 $1.25kg/m^3$；

C_H——主梁横向力系数，根据主梁断面特征和跨径按下文建议取值；

D——主梁特征高度（m）；

U_g——等效静阵风风速（m/s）：

$$U_g = G_v U_d \qquad (4-58)$$

式中　G_v——等效静阵风系数，可按表 4-15 取值；

U_d——设计基准风速（m/s）。

等效静阵风系数 G_v 　　　　　　　　　　　表 4-15

地表类别	水平加载长度（m）												
	≤20	60	100	200	300	400	500	650	800	1000	1200	1500	≥2000
A	1.29	1.28	1.26	1.24	1.23	1.22	1.21	1.2	1.19	1.18	1.17	1.16	1.15
B	1.35	1.33	1.31	1.29	1.27	1.26	1.25	1.24	1.23	1.22	1.21	1.20	1.18
C	1.49	1.48	1.45	1.41	1.39	1.37	1.36	1.34	1.33	1.31	1.30	1.29	1.26
D	1.56	1.54	1.51	1.47	1.44	1.42	1.41	1.39	1.37	1.35	1.34	1.30	1.30

表 4-15 中，成桥状态下，水平加载长度取主桥全长。多联多跨连续桥梁的加载长度按其结构单联长度确定。悬臂施工中的桥梁，水平加载长度按该施工状态已拼装主梁的长度选取。

桥梁或构件基准高度 Z 处的设计基准风速可按下式计算

$$U_d = k_f \left(\frac{Z}{10}\right)^\alpha U_{s10} \qquad (4-59)$$

或

$$U_d = k_f k_t k_h U_{10} \qquad (4-60)$$

式中　U_d——桥梁或构件基准高度 Z 处的设计基准风速；

α——桥址处的地表粗糙度系数，按表 4-16 取值；

k_f——抗风风险系数，依据桥梁抗风风险区域按表 4-17 确定；根据基本风速大小划分为 R_1、R_2、R_3 三类风险区域。其中 R_1 为十二级或超过十二级大风，R_2 为介于十级与十一级大风之间，R_3 为不大于九级风；R_1、R_2、R_3 所对应的抗风风险系数相当于风速重现期分别为 150 年、120 年和 100 年的风速提高系数。

k_t——地形条件系数，对于平坦开阔地形取 1.0，对峡谷谷口、山口可取 1.2～1.5；对重要桥梁，可通过风洞试验或虚拟风洞试验获得，且不应小于 1.0。

k_h——地表类别转换及风速高度修正系数，可按表 4-18 取用，也可按下式计算

$$k_h = k_c \left(\frac{Z}{10}\right)^\alpha$$

当计算确定的系数小于 1.0 或大于 1.77 时，应按表 4-18 选取；k_c 为基本风速地表类别转换系数，按表 4-19 选取；

U_{s10}——桥梁设计基本风速（m/s），可按下式计算

$$U_{s10} = k_c U_{10}$$

U_{10}——基本风速（m/s）。

地表分类及对应系数 表 4-16

地表粗糙度类别	地表状况	地表粗糙度系数 α	地表粗糙度高度 z_0(m)
A	海面、海岸、开阔水面	0.12	0.01
B	田野、乡村、丛林及低层建筑物稀少地区	0.16	0.05
C	树木及低层建筑物等密集地区、中高层建筑物稀少地区、平缓的丘陵地	0.22	0.3
D	中高层建筑物密集地区、起伏较大的丘陵地	0.30	1.0

抗风风险系数 k_f 表 4-17

风险区域	R_1	R_2	R_3
基本风速 U_{10}(m/s)	$U_{10} > 32.6$	$24.5 < U_{10} \leqslant 32.6$	$U_{10} \leqslant 24.5$
抗风风险系数 k_f	1.05	1.02	1.00

地表类别转换及风速高度修正系数 k_h 表 4-18

离地面或水面高度(m)	地表类别			
	A	B	C	D
5	1.08	1.00	0.86	0.79
10	1.17	1.00	0.86	0.79
15	1.23	1.07	0.86	0.79
20	1.28	1.12	0.92	0.79
30	1.34	1.19	1.00	0.85
40	1.39	1.25	1.06	0.85
50	1.42	1.29	1.12	0.91
60	1.46	1.33	1.16	0.96
70	1.48	1.36	1.20	1.01
80	1.51	1.40	1.24	1.05
90	1.53	1.42	1.27	1.09
100	1.55	1.45	1.30	1.13
150	1.62	1.54	1.42	1.27
200	1.68	1.62	1.52	1.39
250	1.73	1.67	1.59	1.48
300	1.77	1.72	1.66	1.57
350	1.77	1.77	1.71	1.64
400	1.77	1.77	1.77	1.71
$\geqslant 450$	1.77	1.77	1.77	1.77

基本风速地表类别转换系数 k_c 表 4-19

地表类别	A	B	C	D
转换系数 k_c	1.174	1.00	0.785	0.564

桥梁基本风速 U_{10} 定义为标准地表（即 B 类地表）地面上 10m 高度处的风速值。桥梁设计基本风速 U_{s10} 为桥址离开地面（或水面）10m 高度处的风速值。桥梁或构件基准高度 Z 按规范规定确定，对于跨越深切河谷或山谷的桥梁及构件，主梁可取桥面距离水面或谷底高度的 2/3，主梁外的其他构件取构件中点位置或桥塔 65% 高度位置与地面或水面直接的距离。

当桥梁主跨跨径小于或等于 200m 时，部分形式的主梁横向力系数 C_H 可按下列方法确定：

（1）工形、Ⅱ形或箱形截面主梁的横向力系数 C_H 可按下式计算：

$$C_H = \begin{cases} 2.1 - 0.1\left(\dfrac{B}{D}\right) & 1 \leqslant \dfrac{B}{D} < 8 \\ 1.3 & 8 \leqslant \dfrac{B}{D} \end{cases} \tag{4-61}$$

式中 B——主梁的特征宽度（m）；

   D——主梁梁体的投影高度（m）。

（2）桁架桥上部结构的横向力系数 C_H 按表 4-20 选取。上部结构为两片或两片以上桁架时，所有迎风桁架的风载阻力系数均取 ηC_H。η 为遮挡系数，按表 4-21 采用；桥面系构造的风载阻力系数 C_H 取为 1.3。

桁架的横向力系数 C_H 表 4-20

实面积比	矩形与 H 形截面构件	圆柱形构件（d 为圆柱直径）	
		$dU_d \leqslant 6\text{m}^2/\text{s}$	$dU_d > 6\text{m}^2/\text{s}$
0.1	1.9	1.2	0.7
0.2	1.8	1.2	0.8
0.3	1.7	1.2	0.8
0.4	1.7	1.1	0.8
0.5	1.6	1.1	0.8

注：（1）实面积比=桁架净面积/桁架轮廓面积；

（2）表中圆柱直径 d 以 m 计。

桁架遮挡系数 η 表 4-21

间距比	实面积比				
	0.1	0.2	0.3	0.4	0.5
$\leqslant 1$	1.0	0.90	0.80	0.60	0.45
2	1.0	0.90	0.80	0.65	0.50
3	1.0	0.95	0.80	0.70	0.55
4	1.0	0.95	0.80	0.70	0.60
5	1.0	0.95	0.85	0.75	0.65
6	1.0	0.95	0.90	0.80	0.70

注：间距比=两桁架中心距/迎风桁架高度。

4.8.2.2　桥墩、桥塔、斜拉索、主缆和吊杆（索）上的等效静阵风荷载

桥墩、桥塔、吊杆（索）上的风荷载以及横桥向风作用下斜拉索和主缆的等效静阵风

荷载可按下式计算：

$$F_g = \frac{1}{2}\rho U_g^2 k_1 A_n \qquad (4\text{-}62)$$

式中　F_g——构件单位长度上的风荷载（N/m）；

　　　ρ——空气密度（kg/m³），可取 1.25kg/m³；

　　　k_1——构件阻力系数；桥墩或桥塔的阻力系数 k_1 可参照表 4-22 选取；

　　　A_n——构件单位长度上顺风向的投影面积（m²/m），对斜拉索、主缆和吊杆取外径计算。

桥墩或桥塔的阻力系数 k_1 　　　　　　　　表 4-22

断面形式	t/b	桥墩或桥塔的高宽比						
		1	2	4	6	10	20	40
风向 →	≤1/4	1.3	1.4	1.5	1.6	1.7	1.9	2.1
→	1/3~1/2	1.3	1.4	1.5	1.6	1.6	2.0	2.2
→	2/3	1.3	1.4	1.5	1.6	1.8	2.0	2.2
→	1	1.2	1.3	1.4	1.5	1.6	1.8	2.0
→	3/2	1.0	1.1	1.2	1.3	1.4	1.5	1.7
→	2	0.8	0.9	1.0	1.1	1.2	1.3	1.4
→	3	0.8	0.8	0.8	0.9	0.9	1.0	1.2
→	≥4	0.8	0.8	0.8	0.8	0.8	0.9	1.1
→ ◇ ○		1.0	1.1	1.1	1.2	1.2	1.3	1.4

断面形式	t/b	桥墩或桥塔的高宽比						
		1	2	4	6	10	20	40
12边形		0.7	0.8	0.9	0.9	1.0	1.1	1.3
光滑表面圆形且 $dU_d \geqslant 6\text{m}^2/\text{s}$		0.5	0.5	0.5	0.5	0.5	0.6	0.6
1. 光滑表面圆形且 $dU_d < 6\text{m}^2/\text{s}$ 2. 粗糙表面或有凸起的圆形		0.7	0.7	0.8	0.8	0.9	1.0	1.2

需要注意的是，上部结构架设后，应按高宽比为 40 计算 k_1 值；对于带有圆弧角的矩形桥墩，其风载阻力系数应从表 4-22 中查得 k_1 值后，再乘以折减系数 $\left(1-1.5\dfrac{r}{b}\right)$ 或 0.5，取其二者之较大值，其中，r 为圆弧角的半径；对于沿桥墩高度有锥度变化的情形，k_1 值应按桥墩高度分段计算，每段的 t 及 b 取各该段的平均值，高宽比则应以桥墩总高度对每段的平均宽度之比计之；对于带三角尖端的桥墩，其 k_1 值应按包括该桥墩处边缘的矩形截面计算。

4.8.3 顺桥向风荷载

跨径小于或等于 200m 的桥梁，主梁上顺桥向单位长度风荷载可按下述情况选取。对实体式主梁，取其横桥向风荷载的 0.25 倍；对于桁架式主梁，取其横桥向风荷载的 0.5 倍。

跨径大于 200m 的桥梁，主梁上顺桥向单位长度风荷载，可根据式（4-63）按风和主梁表面之间产生的摩擦力计算：

$$F_{\text{fr}} = \frac{1}{2}\rho U_{\text{g}}^2 C_{\text{f}} s \tag{4-63}$$

式中　U_{g}——等效静阵风风速（m/s）；

　　　F_{fr}——单位长度上的摩擦力（N/m）；

　　　C_{f}——摩擦系数，光滑表面（光滑混凝土、钢）取 0.01，粗糙表面（混凝土表面）取 0.02，非常粗糙表面（加肋）取 0.04，单层行车的桁架断面取 0.065，双层行车的桁架断面取 0.10；

　　　s——主梁周长（m），对于桁架断面为梁体外轮廓周长。

悬索桥、斜拉桥桥塔上的顺桥向风荷载标准值可按横桥向风压乘以迎风面积计算。上部构造传至墩台的顺桥向风荷载，可根据上部构造的支座条件，在支座的着力点及墩台上进行分配。

对风敏感且可能以风荷载控制设计的桥梁，应考虑桥梁在风荷载作用下的静力和动力失稳，必要时应通过风洞试验验证，同时可采取适当的风致振动控制措施。

思考与练习题

4-1 基本风速是怎么确定的？

4-2 什么是基本风压？

4-3 风速与风压的关系是怎样的？

4-4 什么是梯度风？什么是梯度风高度？

4-5 根据地面粗糙程度，地面粗糙度类别划分为哪几类？

4-6 什么是风荷载体型系数？

4-7 风荷载引起结构的振动有哪些？

4-8 风荷载标准值与哪些因素有关？

4-9 什么是风压高度变化系数？如何确定？

4-10 横风向风振产生的机理是什么？

4-11 桥梁结构与房屋建筑结构设计基本风速有什么联系和区别？

4-12 怎样理解等效静阵风荷载？

4-13 桥梁风作用设计中，基本风速、桥梁设计基本风速、桥梁设计基准风速的含义是什么？

4-14 怎样计算横桥向主梁上等效静阵风荷载？

4-15 根据伯努利方程，计算风速为10m/s时的基本风压。

4-16 计算在B类地面粗糙度下，高度为50m的结构的风压高度变化系数。

4-17 某钢筋混凝土框架剪力墙结构，质量和外形沿高度均匀分布，平面为矩形截面，房屋总高度 $H=90\text{m}$，迎风面宽度 $B=50\text{m}$，侧面宽度 $D=30\text{m}$。建于A类地区，该地区的基本风压为0.55kN/m，求建筑物表面风荷载标准值。

4-18 某房屋建筑高度为120m，建在图4-12所示的山坡 D 位置，地面粗糙度类别为A类，试求该房屋距地面高度40m处的风压高度变化系数。

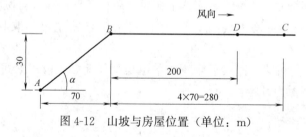

图4-12 山坡与房屋位置（单位：m）

4-19 已建成于一峡谷谷口的桥梁，桥面距离谷底高度为30m，箱形截面主梁，主桥全长800m，主跨跨径为150m，所在地区的基本风速为30m/s，地表粗糙度类别为B类，主梁的特征宽度与梁体投影高度比为6，主梁特征高度为3.6m。计算横桥向风作用下主梁单位长度上的顺风向等效静阵风荷载。

第 5 章

地 震 作 用

5.1　地震基本知识

5.1.1　地震灾害

地震是地球上主要的自然灾害之一。地球上每天都在发生地震，其中大多数震级较小或发生在海底等偏远地区，不为人们所感觉到。但是发生在人类活动区的强烈地震往往会给人类造成巨大的财产损失和人员伤亡。通常来讲，里氏 3 级以下的地震释放的能量很小，对建筑物不会造成明显的损害。人们对于里氏 4 级以上的地震具有明显的震感。在防震性能比较差且人口相对集中的区域，里氏 5 级以上的地震就有可能造成人员伤亡。

地震产生的地震波可直接造成建筑物的破坏甚至倒塌，使地面发生破坏、裂缝、塌陷等。发生在山区的地震还可能引起山体滑坡、雪崩等；而发生在海底的强地震则可能引起海啸。余震会使破坏更加严重。地震引发的次生灾害主要有建筑物倒塌，山体滑坡以及管道破裂等引起的火灾、水灾和毒气泄漏等。此外当伤亡人员尸体不能及时清理，或污秽物污染了饮用水时，有可能导致传染病的暴发。有的时候，这些次生灾害造成的人员伤亡和财产损失可能超过地震带来的直接破坏。

5.1.2　地震的成因和类型

在地球的表面，地震会使地面发生震动，有时则会发生地面移动。地震是地壳快速释放能量过程中造成的振动，期间会产生地震波。

地球是一个近似的球体，半径约 6400km。通常认为其内部可分为三层。最里面的中心层是地核，主要成分为铁和镍，半径约 3500km；中间层是地幔，厚度约 2900km；最表面的一层是地壳。相对来说，地壳是非常薄的一层，平均厚度约为 30km～40km。除表层土壤外，主要由沉积岩、花岗岩和玄武岩组成。地震一般发生在地壳之中。地壳内部在不停地变化，由此而产生力的作用，使地壳岩层变形、断裂、错动，于是便发生地震。

一般而言，地震一词可指自然现象或人为破坏所造成的地震波。人为的自然地形破坏、大量气体（尤其是沼气）迁移或提取、水库蓄水、采矿、油井注水、地下核试验等均可能诱发地震；自然的火山活动、大型山崩、地下空洞塌陷、大块陨石坠落等也会引发地震。

通常情况下，按成因地震可以分为构造地震、火山地震、陷落地震和诱发地震。

由于地壳运动引起地壳岩层断裂错动而发生的地壳震动，称为构造地震。由于地球不停地运动变化，从而地壳内部产生巨大的地应力作用。在地应力长期缓慢的作用下，造成地壳的岩层发生变形，当地应力超过岩石本身能承受的强度时便会使岩层断裂错动，其巨大的能量突然释放，形成构造地震。地震学家通常用弹性回跳理论来描述这个现象。世界上绝大多数地震都属于构造地震。

由于火山活动时岩浆喷发冲击或热力作用而引起的地震，称为火山地震。火山地震一般较少，数量约占地震总数的 7％。地震和火山往往存在关联。火山爆发可能会激发地震，而发生在火山附近的地震也可能引起火山爆发。

由于地下水溶解可溶性岩石，或由于地下采矿形成的巨大空洞，造成地层崩塌陷落而引发的地震，称为陷落地震。这类地震约占地震总数的 3％，震级也都比较小。

在特定的地区因某种地壳外界因素诱发而引起的地震，称为诱发地震。这些外界因素可以是地下核爆炸、陨石坠落、油井灌水等，其中最常见的是水库地震。水库蓄水后改变了地面的应力状态，且水库的水渗透到已有的断层中，起到润滑和腐蚀作用，促使断层产生滑动。但是，并不是所有的水库蓄水后都会发生水库地震，只有当库区存在活动断裂、岩性刚硬等满足地震发生的条件时，才有诱发地震的可能性。

5.1.3　地震分布

统计资料表明，地震在大尺度和长时间范围内的发生是比较均匀的，但在局部和短期范围内有差异，表现在时间和地理分布上都有一定的规律性。这些都与地壳运动产生的能量的累积和释放过程有关。

地震的地理分布受一定的地质条件控制，具有一定的规律。地震大多分布在地壳不稳定的部位，特别是板块之间的消亡边界，形成地震活动活跃的地震带。全世界主要有三个地震带。

一是环太平洋地震带，包括南、北美洲太平洋沿岸，阿留申群岛、堪察加半岛、千岛群岛、日本列岛，经我国台湾地区再到菲律宾转向东南直至新西兰，是地球上地震最活跃的地区，集中了全世界 80％ 以上的地震。本带是在太平洋板块和美洲板块、亚欧板块、印度洋板块的消亡边界上，以及南极洲板块和美洲板块的消亡边界上。

二是欧亚地震带，大致从印度尼西亚西部，缅甸经我国横断山脉——喜马拉雅山脉，越过帕米尔高原，经中亚细亚到达地中海及其沿岸。本带是在亚欧板块和非洲板块、印度洋板块的消亡边界上。

三是中洋脊地震带，包含延绵世界三大洋（即太平洋、大西洋和印度洋）和北极海的中洋脊。中洋脊地震带仅含全球约 5％ 的地震，此地震带的地震几乎都是浅层地震。

我国地处环太平洋地震带和欧亚地震带的交汇处，是世界上少数几个多地震国家之一。

地震活动在时间上具有一定的周期性。表现为在一定时间段内地震活动频繁，强度大，称为地震活跃期；而另一时间段内地震活动相对频率低，强度小，称为地震平静期。

5.1.4　地震基本术语

震源或震源区指的是地球内部发生地震的地方。理论上常常将震源看作一个点，实际上是一个区域。震源区的大小通常由地震的类型和地震大小及地震的方式决定。震源处地球介质的运动方式称为震源机制，一般指构造地震的机制。包括地震断层面的方位和岩体的错动方向、震源处岩体破裂和运动特征，以及这些特征与震源所辐射的地震波之间的关系等。发生地震的时间称为发震时刻，国际上使用格林威治时间，我国一般用北京时间，北京时间比国际时间早 8 小时。

震源到地面的垂直距离称为震源深度。通常将震源深度小于 60km 的地震称为浅源地震，世界大多数地震为浅源地震。震源深度在 $60\sim300km$ 之间的地震称为中源地震，震源深度大于 $300km$ 的地震称为深源地震。已记录到的最深地震的震源深度约为 720km。

震源在地面的投影点称为震中或震中区。地面上受破坏最严重的地区叫极震区。

从观测点到震中之间的距离称为震中距。震中距小于等于 100km 的地震叫地方震，震中距大于 100km、小于等于 1000km 的地震叫近震，震中距大于 1000km 的地震叫远震。震中距一般以千米计算，但也常以地面距离对地球球心所张的圆心角表示，单位为"°"。震中距大于 105°～110°时称为极远震。地震术语如图 5-1 所示。

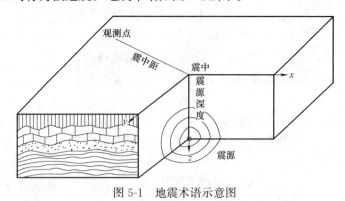

图 5-1 地震术语示意图

5.1.5 震级和烈度

目前,衡量地震规模的指标主要有震级和烈度两种。

1. 震级

地震震级是地震强度大小的一种度量,根据地震释放能量多少来划分。目前国际上一般采用美国地震学家查尔斯·弗朗西斯·里克特(Charles Francis Richter)和宾诺·古腾堡(Beno Gutenberg)于 1935 年共同提出的震级划分法,即现在通常所说的里氏地震规模。里氏规模是地震波最大振幅以 10 为底的对数,并选择距震中 100km 的距离为标准。其具体表达式为

$$M = \lg A \tag{5-1}$$

式中　　M——震级,即里氏地震等级;

　　　　A——标准地震仪(周期为 0.8s,阻尼比为 0.8,放大倍数为 2800)在震中距 100km 处记录的以"μm"为单位的最大水平地面位移。

里氏规模每增强一级,地面振动幅值增大 9 倍,释放的能量约增加 31.6 倍,相隔二级的震级其能量相差 1000 倍。小于里氏规模 2.5 的地震,人们一般不易感觉到,称为小震或微震;里氏规模在 2.5～5.0 之间的地震,震中附近的人会有不同程度的感觉,称为有感地震。全世界每年大约发生十几万次这类有感地震。大于里氏规模 5.0 的地震,会造成建筑物不同程度的损坏,称为破坏性地震。里氏规模 4.5 以上的地震可以在全球范围内监测到。

此外,矩震级、面波震级也可用于衡量地震规模。

2. 烈度

地震烈度是指某一特定地区遭受一次地震影响的强弱程度,由地震时地面建筑物受破坏的程度、地形地貌改变、人的感觉等宏观现象来判定。地震烈度源自和应用于十度的罗西福瑞震级(Rossi-Forel),由意大利火山学家朱塞佩·麦加利(Giuseppe Mercalli)在 1883 年及 1902 年修订。后来多次被多位地理学家、地震学家和物理学家修订,成为今天的修订麦加利地震烈度(Modified Mercalli Scale)。"麦加利地震烈度"从感觉不到至全部损毁分为 1(无感)至 12 度(全面破坏),烈度 5 度或以上才会造成破坏。

每次地震的震级数值只有一个,但烈度则由工程场地与震中的距离、震源的深度、震源与该地点之间和该地点本身的土壤性质以及造成地震的断层运动种类等因素而决定。

5.1.6 地震波

地震引起的振动以波的形式从震源向各个方向传播并释放能量，这就是地震波。地震波是一种弹性波，它包括在地球内部传播的体波和在地面附近传播的面波。

体波可分为两种形式的波，即纵波（P 波）和横波（S 波）。纵波在传播过程中，其介质质点的振动方向与波的前进方向一致。纵波又称压缩波，其特点是周期较短，振幅较小（图 5-2a）。横波在传播过程中，其介质质点的振动方向与波的前进方向垂直。横波又称剪切波，其特点是周期较长，振幅较大（图 5-2b）。

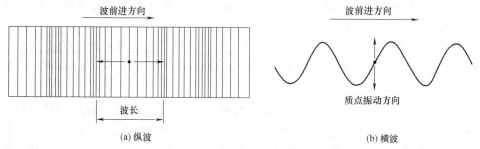

图 5-2　体波质点振动形式

根据弹性理论，纵波和横波的传播速度可分别用下列公式计算：

$$v_p = \sqrt{\frac{E(1-\nu)}{\rho(1+\nu)(1-2\nu)}} \tag{5-2}$$

$$v_s = \sqrt{\frac{E(1-\nu)}{2\rho(1+\nu)}} = \sqrt{\frac{G}{\rho}} \tag{5-3}$$

式中　v_p——纵波波速；

$\quad\quad v_s$——横波波速；

$\quad\quad E$——介质弹性模量；

$\quad\quad G$——介质剪切模量；

$\quad\quad \rho$——介质密度；

$\quad\quad \nu$——介质的泊松比。

在一般情况下，取泊松比（Poisson's ratio）$\nu=0.25$，此时有：

$$v_p = \sqrt{3}\,v_s \tag{5-4}$$

由此可知，纵波的传播速度比横波的传播速度要快。所以当某地发生地震时，在地震仪上首先记录到的地震波是纵波，随后记录到的才是横波。先到的波通常称为初波（Primary Wave）或 P 波；后到的波通常称为次波（Secondary Wave）或 S 波。

面波是体波经地层界面多次反射形成的次生波，它包括两种形式的波，即瑞雷波（R 波）和乐甫波（L 波）。与体波相比，面波周期长，振幅大，衰减慢，能传播到很远的地方。

地震波的传播速度，以纵波最快，横波次之，面波最慢。纵波使建筑物产生上下颠簸，横波使建筑物产生水平摇晃，而面波使建筑物既产生上下颠簸又产生水平晃动，当横波和面波都到达时振动最为强烈。一般情况下，横波产生的水平振动是导致建筑物破坏的主要因素；在强震震中区，纵波产生的竖向振动造成的影响也不容忽视。

5.2　单质点体系地震作用

5.2.1　单质点体系在地震作用下的运动方程与响应

建筑物一般均为连续体，质量沿结构高度是连续分布的。为了便于分析，需要作出一些假定进行离散化处理。目前，结构抗震分析中应用最广泛的就是集中质量法。也就是把结构的全部质量假想地集中到若干质点上，结构杆件本身看成是没有重量的弹性直杆。当结构的质量集中到一个位置时（如水塔），就可将结构处理成单质点体系进行地震分析。

结构动力学中，一般将确定一个振动体系弹性位移的独立参数的个数称为该体系的自由度，如果只需要一个独立参数就可确定其弹性变形位置，则该体系即为单自由度体系。

尽管地震时地面是三维运动，但若是结构处于弹性状态，可将三维地面运动对结构的影响分解为三个一维地面运动对结构的影响之和。地震释放出来的能量以地震波的形式传到地面，引起地面运动，并带动基础和上部结构一起运动。地震时一般假定地基不发生转动，而把地基运动分解为一个竖向分量和两个水平分量，然后分别计算这些分量对结构的影响。地震破坏主要是水平晃动引起的，下面主要讨论水平运动分量作用下，单质点弹性体系的地震反应。

图5-3为单质点体系在地震作用下的计算简图。图示单自由度弹性体系在地面水平运动分量的作用下产生振动。在地震作用下，质点 m 偏离原静力平衡位置的绝对位移为 $x_g(t)+x(t)$。其中 $x_g(t)$ 表示地面水平位移，它的变化规律可通过地震时地面运动实测记录得到；$x(t)$ 表示质点相对于地面的位移反应，$\dot{x}(t)$ 和 $\ddot{x}(t)$ 分别对应于质点相对于地面的速度和加速度。质点产生的绝对加速度为 $\ddot{x}(t)+\ddot{x}_g(t)$。

为了建立运动方程，取质点 m 为隔离体，由结构动力学可知，作用在质点上有三种力，即惯性力、阻尼力和弹性恢复力。

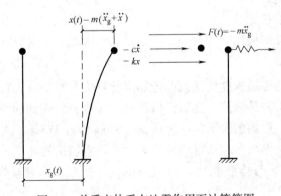

图5-3　单质点体系在地震作用下计算简图

（1）惯性力 I

惯性力的大小等于质点的质量和绝对加速度的乘积，方向与加速度的方向相反：

$$I=-m[\ddot{x}(t)+\ddot{x}_g(t)]\tag{5-5}$$

（2）阻尼力 D

阻尼力是在结构振动过程中由于材料内摩擦、地基能量耗散、外部介质阻力等因素，使结构振动能量逐渐损耗，振动不断衰减的力。阻尼力有几种不同的理论，工程中常采用黏滞阻尼理论，假设阻尼力与速度成正比。阻尼力是阻止质点运动的力，方向与质点运动方向相反：

$$D = -c\dot{x}(t) \tag{5-6}$$

式中　c——阻尼系数。

（3）弹性恢复力 S

它是由于弹性变形而产生的使质点从振动位置恢复到平衡位置的一种力，其大小与质点的相对位移成正比，方向总是与位移的方向相反：

$$S = -kx(t) \tag{5-7}$$

式中　k——弹性支撑杆的侧移刚度，即质点发生单位水平位移时，需在质点上施加的力。

根据达朗贝尔原理，质点在运动的任一瞬间应处于动力平衡状态。所以，上述三种力应平衡，从而有

$$-m[\ddot{x}(t) + \ddot{x}_g(t)] - c\dot{x}(t) - kx(t) = 0 \tag{5-8}$$

整理后可得

$$m\ddot{x}(t) + c\dot{x}(t) + kx(t) = -m\ddot{x}_g(t) \tag{5-9}$$

上式就是单质点体系在单向水平地面运动下的运动方程，为二阶线性非齐次微分方程。为使方程更进一步简化，设

$$\omega = \sqrt{\frac{k}{m}} \tag{5-10}$$

$$\zeta = \sqrt{\frac{c}{2\omega m}} = \frac{c}{c_r} \tag{5-11}$$

式中　ω——无阻尼自振圆频率，简称自振频率；

　　　ζ——阻尼系数 c 与临界阻尼系数 c_r 的比值，简称阻尼比。

将式（5-10）和式（5-11）代入式（5-9），可得

$$\ddot{x}(t) + 2\zeta\omega\dot{x}(t) + \omega^2 x(t) = -\ddot{x}_g(t) \tag{5-12}$$

式（5-12）即为单质点弹性体系在地震作用下的运动微分方程，这是一个常系数二阶非齐次微分方程。由常微分方程理论和动力学理论可知式（5-12）的解包含两部分，一个是微分方程对应的齐次方程的通解——代表自由振动，另一个是微分方程的特解——代表强迫振动。

（4）齐次方程的解

式（5-12）对应的齐次方程是单自由度体系的自由振动方程，为

$$\ddot{x}(t) + 2\zeta\omega\dot{x}(t) + \omega^2 x(t) = 0 \tag{5-13}$$

由方程可以看出，当 $\zeta \geqslant 1$ 时，由于阻尼较大，质点将不会振动。所以，阻尼比 $\zeta = 1$ 称为临界阻尼比，对应的阻尼系数 $c_r = 2\omega m$ 称为临界阻尼系数。

对于一般结构，通常阻尼较小，当 $\zeta < 1$ 时，齐次方程的解为

$$x(t) = e^{-\zeta\omega t}\left[x(0)\cos\omega' t + \frac{\dot{x}(0) + x(0)\zeta\omega}{\omega'}\sin\omega' t\right] \tag{5-14}$$

式中，$x(0)$ 和 $\dot{x}(0)$ 分别为 $t=0$ 时刻的初位移和初速度。$\omega'=\omega\sqrt{1-\zeta^2}$ 为有阻尼体系的自振频率。对于一般结构，其阻尼比 $\zeta<0.1$，因此，ω' 与 ω 很接近。所以，一般情况下可近似取 $\omega'=\omega$。

当无阻尼，即 $\zeta=0$ 时，可得

$$x(t) = x(0)\cos\omega t + \frac{\dot{x}(0)}{\omega}\sin\omega t \tag{5-15}$$

在初始条件 $t=0$ 时刻，也就是地震波作用之前，质点处于静止状态，其初位移 $x(0)=0$ 和初速度 $\dot{x}(0)=0$，所以上面的常系数二阶非齐次微分方程（5-12）对应的齐次方程（5-13）的解 [式（5-14）或式（5-15）] 为 0。

（5）非齐次方程的解

原非齐次振动方程（5-12）的右边 $-\ddot{x}_g(t)$，可以看作是随时间变化的单位质量的动力荷载，与此对应 $m=1$。将其分解为无数个连续作用的微分脉冲。这里，首先分析对应于仅仅单个脉冲作用的响应情况。

在 τ 时刻，瞬时荷载 $-\ddot{x}_g(\tau)$ 与作用时间 $d\tau$ 的乘积即为此微分脉冲的冲量 $\ddot{x}_g(\tau)d\tau$。微分脉冲作用完毕后，体系发生自由振动。根据动量定理，冲量等于动量的改变量，即

$$-\ddot{x}_g(\tau)d\tau = mv - mv_0 \tag{5-16}$$

在脉冲作用之前，质点的初速度 v_0 和初位移均为 0。在脉冲作用完毕瞬间，质点在瞬时冲量作用下的速度 $v=-\dfrac{\ddot{x}_g(\tau)d\tau}{m}$。考虑到单位质量作用，即 $m=1$，则 $v=\ddot{x}_g(\tau)d\tau$。从而，在脉冲作用后，原来静止的体系将以初位移为 0，初速度 $v=-\ddot{x}_g(\tau)d\tau$ 作自由振动。由式（5-14）可得作用一个微分脉冲 $-\ddot{x}_g(\tau)d\tau$ 的位移反应 $dx(t)$ 为

$$dx(t) = -e^{-\zeta\omega(t-\tau)}\frac{\ddot{x}_g(\tau)}{\omega}\sin\omega(t-\tau)d\tau \tag{5-17}$$

将所有微分脉冲作用后的自由振动叠加，可得有阻尼单自由度弹性体系的位移反应 $x(t)$ 为

$$x(t) = -\frac{1}{\omega}\int_0^t \ddot{x}_g(\tau)e^{-\zeta\omega(t-\tau)}\sin\omega(t-\tau)d\tau \tag{5-18}$$

由体系的运动方程（5-9），作用于单自由度弹性体系质点的惯性力可以表示为

$$F(t) = -m[\ddot{x}(t) + \ddot{x}_g(t)] = kx(t) + c\dot{x}(t) \tag{5-19}$$

相对于 $kx(t)$ 来说，$c\dot{x}(t)$ 很小，可以略去，得到

$$F(t) = kx(t) = m\omega^2 x(t) \tag{5-20}$$

将式（5-18）代入式（5-20）得

$$F(t) = -m\omega\int_0^t \ddot{x}_g(\tau)e^{-\zeta\omega(t-\tau)}\sin\omega(t-\tau)d\tau \tag{5-21}$$

在工程抗震设计中，一般关心的是地震响应过程中的最大绝对值。如果用 S_a 表示水

平地震作用的最大绝对加速度，则可得水平地震作用的最大绝对值为

$$F(t)=mS_a \tag{5-22}$$

式中

$$S_a=\omega\left|\int_0^t \ddot{x}_g(\tau)e^{-\zeta\omega(t-\tau)}\sin\omega(t-\tau)\mathrm{d}\tau\right| \tag{5-23}$$

5.2.2 单自由度弹性体系的水平地震作用

对于单自由度弹性体系，通常把惯性力看作一种反映地震对结构体系影响的等效力。由式（5-22），结构在地震持续过程中经受的最大地震作用为

$$F(t)=mS_a=mg\frac{S_a}{|\ddot{x}_g(t)|_{\max}}\frac{|\ddot{x}_g(t)|_{\max}}{g}=Gk\beta=\alpha G \tag{5-24}$$

式中　G——集中于质点处的重力荷载代表值；

　　　g——重力加速度；

　　　k——地震系数，表示地面运动最大加速度与重力加速度的比值：

$$k=\frac{|\ddot{x}_g(t)|_{\max}}{g} \tag{5-25}$$

　　　β——动力系数，表示单自由度弹性体系的最大绝对加速度反应与地面运动最大加速度的比值：

$$\beta=\frac{S_a}{|\ddot{x}_g(t)|_{\max}}=\frac{2\pi}{T}\frac{1}{|\ddot{x}_g(t)|_{\max}}\left|\int_0^t \ddot{x}_g(\tau)e^{-\zeta\omega(t-\tau)}\sin\omega(t-\tau)\mathrm{d}\tau\right| \tag{5-26}$$

对于一个给定的地面加速度记录 $|\ddot{x}_g(t)|$ 和结构阻尼比 ζ，用式（5-26）可以计算出对应于不同结构自振周期 T 的动力系数 β 值，也就是说可以绘制出一条 β-T 曲线，称为动力系数反应谱曲线或 β 谱曲线。由于地面运动最大加速度 $|\ddot{x}_g(t)|_{\max}$ 对于给定的地震是个常数，所以，β 谱曲线与水平地震影响系数的 α-T 曲线形状相同，只是纵坐标为 $k\beta$。研究表明，这些反应谱曲线还取决于建筑场地、震级、震中距等因素。

《建筑抗震设计规范》GB 50011—2010（2016 年版)(以下简称《抗震规范》）给出 α 谱曲线（图 5-4）作为设计反应谱。谱曲线由四部分组成，在 $T<0.1\mathrm{s}$ 区段，为斜线变化；在 $0.1\mathrm{s}\leqslant T\leqslant T_g$ 区段，为一水平线；在 $T_g<T\leqslant 5T_g$ 区段的曲线可以表示为：

$$\alpha=\left(\frac{T_g}{T}\right)^\gamma \eta_2 \alpha_{\max} \tag{5-27}$$

最后的 $5T_g<T\leqslant 6.0\mathrm{s}$ 曲线段：

$$\alpha=[\eta_2 0.2^\gamma-\eta_1(T-5T_g)]\alpha_{\max} \tag{5-28}$$

式中　$\alpha_{\max}$——水平地震影响系数最大值，可按表 5-1 取值；

　　　γ——衰减指数，$\gamma=0.9+\dfrac{0.05-\zeta}{0.3+6\zeta}$；

　　　η_1——直线下降段的下降斜率调整系数，$\eta_1=0.02+\dfrac{0.05-\zeta}{4+32\zeta}$（$\eta_1$ 小于 0 时，取 $\eta_1=0$）；

　　　η_2——阻尼调整系数，$\eta_2=1+\dfrac{0.05-\zeta}{0.08+1.6\zeta}$（$\eta_2<0.55$ 时，取 $\eta_2=0.55$）；

T——结构自振周期；

T_g——特征周期，可按表 5-2 取值。

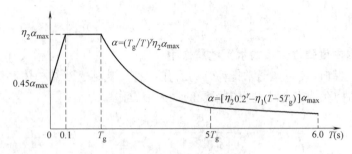

图 5-4　水平地震作用影响系数谱曲线

水平地震影响系数最大值 α_{max}　　　　表 5-1

地震影响	烈度			
	6 度	7 度	8 度	9 度
多遇地震	0.04	0.08(0.12)	0.16(0.24)	0.32
罕遇地震	0.28	0.50(0.72)	0.90(1.20)	1.40

注：7、8 度时括号中数值分别用于设计基本地震加速度为 $0.15g$ 和 $0.30g$ 的地区。

特征周期 $T_g(s)$　　　　表 5-2

地震影响	场地类别				
	I_0	I_1	II	III	IV
第一组	0.20	0.25	0.35	0.45	0.65
第二组	0.25	0.30	0.40	0.55	0.75
第三组	0.30	0.35	0.45	0.65	0.90

【例 5-1】　一钢筋混凝土单层排架结构，简化成单质点体系，集中于屋盖处的重力荷载代表值 $G=700kN$，柱子总刚度 $EI=25\times10^4 kN\cdot m^2$，柱高 5m，8 度设防，第一组，III 类场地，阻尼比 $\zeta=0.05$。计算该结构所受地震作用。

【解】　体系抗侧移刚度：$k=\dfrac{3EI}{h^3}=\dfrac{3\times25\times10^4}{5^3}=0.6\times10^4 kN/m$

体系自振周期：$T=2\pi\sqrt{m/k}=2\pi\sqrt{\dfrac{700}{9.8\times0.6\times10^4}}=0.685s$

8 度设防，第一组，III 类场地，$T_g=0.45s$

$$\alpha=\left(\frac{T_g}{T}\right)^{0.9}\alpha_{max}=\left(\frac{0.45}{0.685}\right)^{0.9}\times0.16=0.110$$

该结构所受的地震作用为 $F=\alpha G=0.110\times700=77kN$。

该结构顶部总水平地震作用力为 $F=77kN$。

该结构柱底总弯矩为 $M=77\times5=385kN\cdot m$。

5.3　多质点体系水平地震作用

5.3.1　多质点体系计算简图

在实际工程中，有许多类型的结构形式，计算时可以将质量相对集中于若干高度处，简化成多质点体系进行计算，如图5-5所示。

5.3.2　运动方程

由于结构惯性的影响，多质点体系在单向水平地面运动作用下将产生相对于地面的运动，如图5-6所示。

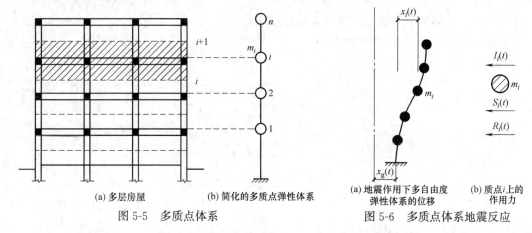

(a) 多层房屋　　(b) 简化的多质点弹性体系

图 5-5　多质点体系

(a) 地震作用下多自由度　　(b) 质点 i 上的
弹性体系的位移　　　　　作用力

图 5-6　多质点体系地震反应

设体系有 n 个质点，取第 i 质点为隔离体，对照单质点体系运动方程的形式，得 i 质点的动力平衡方程为：

$$m_i(\ddot{x}_\mathrm{g}+\ddot{x}_i)+\sum_{k=1}^{n}c_{ik}\dot{x}_k(t)+\sum_{k=1}^{n}k_{ik}x_k(t)=0 \tag{5-29}$$

对每个质点都可以写出类似的动力平衡方程。N 个质点体系，可以得到由 n 个方程组成的微分方程组，其矩阵表达形式为

$$[m]\{\ddot{x}(t)\}+[c]\{\dot{x}(t)\}+[k]\{x(t)\}=-[m]\{1\}\ddot{x}_\mathrm{g} \tag{5-30}$$

其中 $\{x(t)\}=[x_1,x_2,\cdots,x_n]^\mathrm{T}$、$\{\dot{x}(t)\}=[\dot{x}_1,\dot{x}_2,\cdots,\dot{x}_n]^\mathrm{T}$、$\{\ddot{x}(t)\}=[\ddot{x}_1,\ddot{x}_2,\cdots,\ddot{x}_n]^\mathrm{T}$ 分别为体系的位移向量、速度向量和加速度向量。$[m]$、$[c]$ 和 $[k]$ 分别为质量矩阵、阻尼矩阵和刚度矩阵，$[m]$ 和 $[k]$ 的表达式为

$$[m]=\begin{bmatrix} m_1 & & & & & 0 \\ & m_2 & & & & \\ & & \ddots & & & \\ & & & m_i & & \\ & & & & \ddots & \\ 0 & & & & & m_n \end{bmatrix} \tag{5-31}$$

$$[k]=\begin{bmatrix} k_{11} & k_{12} & \cdots & k_{1n} \\ k_{21} & k_{22} & \cdots & k_{2n} \\ \vdots & \vdots & \vdots & \vdots \\ k_{n1} & k_{n2} & \cdots & k_{nn} \end{bmatrix} \tag{5-32}$$

阻尼矩阵的形式较为复杂，通常简化成质量矩阵和刚度矩阵的线性组合，为

$$[c] = a[m] + b[k] \tag{5-33}$$

5.3.3 运动方程求解

根据线性代数理论，n 维向量 $\{x(t)\}$ 总可以表示为 n 个独立向量的代数和，即

$$\{x(t)\} = \sum_{i=1}^{n} q_i(t) \{X\}_i \tag{5-34a}$$

或

$$\{x\} = [X]\{q\} \tag{5-34b}$$

式中 $\{X\}$——体系的振动幅值向量，即主振型；$\{X\}_i$ 表示第 i 个主振型向量；

$q_i(t)$——第 i 个主振型向量对应的广义坐标。

根据主振型关于质量矩阵和刚度矩阵的正交性，有：

当 $i \neq j$ 时，

$$\left. \begin{array}{l} \{X\}_i^{\mathrm{T}}[m]\{X\}_j = 0 \\ \{X\}_i^{\mathrm{T}}[k]\{X\}_j = 0 \end{array} \right\} \tag{5-35}$$

当 $i = j$ 时，

$$\left. \begin{array}{l} \{X\}_i^{\mathrm{T}}[m]\{X\}_j \neq 0 \\ \{X\}_i^{\mathrm{T}}[k]\{X\}_j \neq 0 \end{array} \right\} \tag{5-36}$$

定义 $M_j = \{X\}_j^{\mathrm{T}}[m]\{X\}_j$ 为广义质量、$K_j = \{X\}_j^{\mathrm{T}}[k]\{X\}_j$ 为广义刚度。由阻尼矩阵为质量矩阵和刚度矩阵的线性组合 [式 (5-33)]，类似地可以定义广义阻尼 $C_j = \{X\}_j^{\mathrm{T}}[c]\{X\}_j$。

将式 (5-34) 代入动力平衡方程 (5-30) 有

$$\sum_{i=1}^{n} ([m]\{X\}_i \ddot{q}_i + [c]\{X\}_i \dot{q}_i + [k]\{X\}_i q_i) = -[m]\{1\}\ddot{x}_{\mathrm{g}} \tag{5-37}$$

上式两边左乘 $\{X\}_j^{\mathrm{T}}$，并利用主振型正交性关系式 (5-35) 和式 (5-36)，得

$$\{X\}_j^{\mathrm{T}}[m]\{X\}_j \ddot{q}_j + \{X\}_j^{\mathrm{T}}[c]\{X\}_j \dot{q}_j + \{X\}_j^{\mathrm{T}}[k]\{X\}_j q_j = -\{X\}_j^{\mathrm{T}}[m]\{1\}\ddot{x}_{\mathrm{g}} \tag{5-38}$$

写成广义质量、广义阻尼和广义刚度表达的形式，即为

$$M_j \ddot{q}_j + C_j \dot{q}_j + K_j q_j = -\{X\}_j^{\mathrm{T}}[m]\{1\}\ddot{x}_{\mathrm{g}} \tag{5-39}$$

类似于单质点体系的处理方法，上式两边同时除以 M_j，有

$$\ddot{q}_j + 2\omega_j \zeta_j \dot{q}_j + \omega_j^2 q_j = -\gamma_j \ddot{x}_{\mathrm{g}} \tag{5-40}$$

式中，$2\omega_j \zeta_j = \dfrac{C_j}{M_j}$；$\omega_j^2 = \dfrac{K_j}{M_j}$；$\gamma_j$ 为振型参与系数，$\gamma_j = \dfrac{\{X\}_j^{\mathrm{T}}[m]\{1\}}{M_j} = \dfrac{\sum\limits_{i=1}^{n} m_i x_{ji}}{\sum\limits_{i=1}^{n} m_i x_{ji}^2}$。

对照单质点体系的求解过程，方程 (5-39) 的解可以表示为

$$q_j(t) = -\frac{\gamma_j}{\omega_j} \int_0^t \ddot{x}_{\mathrm{g}}(\tau) e^{-\zeta_j \omega_j (t-\tau)} \sin\omega_j(t-\tau) \mathrm{d}\tau = \gamma_j \Delta_j(t) \tag{5-41}$$

式中

$$\Delta_j(t) = -\frac{1}{\omega_j}\int_0^t \ddot{x}_g(\tau) e^{-\zeta_j\omega_j(t-\tau)} \sin\omega_j(t-\tau)\mathrm{d}\tau \tag{5-42}$$

可以看出，$\Delta_j(t)$ 对应于圆频率为 ω_j、阻尼比为 ζ_j 的单质点弹性体系的位移。

将式（5-41）代入式（5-34a）有

$$\{x(t)\} = \sum_{j=1}^n \gamma_j\Delta_j(t)\{X\}_j \tag{5-43}$$

从而，有

$$x_i(t) = \sum_{j=1}^n \gamma_j\Delta_j(t)X_{ji} \tag{5-44}$$

式中 X_{ji}——对应于 j 振型 i 质点的位移。

从上面的分析可以看出，多自由度弹性体系的地震反应可以分解为多个独立的单自由度体系的振型反应来计算，所以该方法称为振型分解法。

5.3.4 振型分解反应谱法

因任一位移向量均可表示成主振型向量的线性组合，则单位向量 $\{1\}$ 也能表示为

$$\{1\} = \sum_{i=1}^n q_i(t)\{X\}_i \tag{5-45}$$

将上式两边左乘 $\{X\}_j^{\mathrm{T}}[M]$，并利用主振型正交性，得

$$\{X\}_j^{\mathrm{T}}[M]\{1\} = q_j\{X\}_j^{\mathrm{T}}[M]\{X\}_j \tag{5-46}$$

与振型参与系数 γ_j 的表达式对照，有

$$q_j = \gamma_j \tag{5-47}$$

第 i 质点上的地震作用，也就是第 i 质点上的惯性力：

$$F_i(t) = -m_i(\ddot{x}_g(t) + \ddot{x}_i(t)) \tag{5-48}$$

式中 m_i——i 质点的质量；

$\ddot{x}_i(t)$——i 质点的相对加速度。

由式（5-44），有

$$\ddot{x}_i(t) = \sum_{j=1}^n \gamma_j\ddot{\Delta}_j(t)X_{ji} \tag{5-49}$$

由式（5-45）及式（5-47）得 $1 = \sum_{j=1}^n \gamma_j X_{ji}$，则 $\ddot{x}_g(t)$ 可以表示为

$$\ddot{x}_g(t) = \ddot{x}_g(t)\sum_{j=1}^n \gamma_j X_{ji} \tag{5-50}$$

将式（5-49）和式（5-50）代入式（5-48）得

$$F_i(t) = -m_i\sum_{j=1}^n \gamma_j X_{ji}(\ddot{x}_g(t) + \ddot{\Delta}_j(t)) \tag{5-51}$$

于是，j 振型 i 质点的地震作用最大值可以表示为

$$F_{ji} = m_i\gamma_j X_{ji}|\ddot{x}_g(t) + \ddot{\Delta}_j(t)|_{\max} \tag{5-52}$$

取 $G_i = m_i g$，再令

$$\alpha_j = \frac{|\ddot{x}_g(t) + \ddot{\Delta}_j(t)|_{\max}}{g} \tag{5-53}$$

于是，式（5-52）可以写成

$$F_{ji}=\alpha_j\gamma_j X_{ji}G_i \tag{5-54}$$

式中　F_{ji}——j 振型 i 质点的地震作用最大值；

　　　α_j——对应于 j 振型自振周期的水平地震影响系数；

　　　G_i——集中于 i 质点的重力荷载代表值。

利用振型分解反应谱法，可以确定多质点体系各质点对应于每一振型的最大地震作用，但是，相应于各振型的最大地震作用不会在同一时刻出现，则将各振型最大反应直接相加的值一般会偏大。《抗震规范》给出了"平方和再开方"的组合公式，即结构的最大水平地震作用效应 S 为

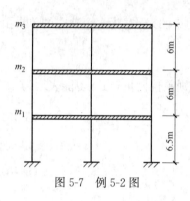

图 5-7　例 5-2 图

$$S=\sqrt{\sum_{j=1}^{n}S_j^2} \tag{5-55}$$

式中　S_j——由 j 振型水平地震作用标准值产生的作用效应。

【例 5-2】　试用振型分解反应谱法计算图 5-7 所示三层钢筋混凝土框架结构在多遇地震作用下的各楼层地震剪力 V_i。集中于楼盖和屋盖处的重力荷载代表值分别为 $m_1=116.62t$，$m_2=110.85t$，$m_3=59.45t$；设防烈度为 8 度，第二组，Ⅱ 类场地，阻尼比 $\zeta=0.05$。已知结构的主振型和自振周期分别为

$$\begin{Bmatrix}X_{11}\\X_{12}\\X_{13}\end{Bmatrix}=\begin{Bmatrix}1.000\\1.593\\1.815\end{Bmatrix};\quad \begin{Bmatrix}X_{21}\\X_{22}\\X_{23}\end{Bmatrix}=\begin{Bmatrix}1.000\\-0.051\\-0.997\end{Bmatrix};\quad \begin{Bmatrix}X_{31}\\X_{32}\\X_{33}\end{Bmatrix}=\begin{Bmatrix}1.000\\-1.985\\2.166\end{Bmatrix}$$

$$T_1=0.716s,\qquad T_2=0.257s,\qquad T_3=0.131s$$

【解】　（1）各振型的地震作用与内力

Ⅱ 类场地，第二组，查表 5-2 有 $T_g=0.40s$，

8 度多遇地震，查表 5-1 有 $\alpha_{max}=0.16$

第 1 振型：

$T_1=0.716s$，$T_g<T_1<5T_g$

第 1 振型水平地震影响系数：$\alpha_1=\left(\dfrac{T_g}{T_1}\right)^{0.9}\alpha_{max}=\left(\dfrac{0.40}{0.716}\right)^{0.9}\times0.16=0.095$

第 1 振型的振型参与系数：

$$\gamma_1=\frac{\sum m_i X_{1i}}{\sum m_i X_{1i}^2}=\frac{59.45\times1.815+110.85\times1.593+116.62\times1.0}{59.45\times1.815^2+110.85\times1.593^2+116.62\times1.0^2}=0.676$$

第 1 振型对应的各质点水平地震作用：

$F_{1i}=\alpha_1\gamma_1 X_{1i}G_i$

$F_{13}=0.095\times0.676\times1.815\times(59.45\times9.8)=67.909kN$

$F_{12}=0.095\times0.676\times1.593\times(110.85\times9.8)=111.134kN$

$F_{11}=0.095\times0.676\times1.000\times(116.62\times9.8)=73.395kN$

第 1 振型对应的各层层间剪力：

$V_{13} = F_{13} = 67.909\text{kN}$

$V_{12} = F_{13} + F_{12} = 67.909 + 111.134 = 179.043\text{kN}$

$V_{11} = F_{13} + F_{12} + F_{11} = 67.909 + 111.134 + 73.395 = 252.438\text{kN}$

第 2 振型：

$T_2 = 0.257\text{s}$, $0.1\text{s} < T_2 < T_g$,

第 2 振型水平地震影响系数：$\alpha_2 = \alpha_{max} = 0.16$

第 2 振型的振型参与系数：

$$\gamma_2 = \frac{\sum m_i X_{2i}}{\sum m_i X_{2i}^2} = \frac{59.45 \times (-0.997) + 110.85 \times (-0.051) + 116.62 \times 1.0}{59.45 \times (-0.997)^2 + 110.85 \times (-0.051)^2 + 116.62 \times 1.0^2} = 0.294$$

第 2 振型对应的各质点水平地震作用

$F_{2i} = \alpha_2 \gamma_2 X_{2i} G_i$

$F_{23} = 0.16 \times 0.294 \times (-0.997) \times (59.45 \times 9.8) = -27.324\text{kN}$

$F_{22} = 0.16 \times 0.294 \times (-0.051) \times (110.85 \times 9.8) = -2.606\text{kN}$

$F_{21} = 0.16 \times 0.294 \times 1.000 \times (116.62 \times 9.8) = 53.761\text{kN}$

第 2 振型对应的各层层间剪力：

$V_{23} = F_{23} = -27.324\text{kN}$

$V_{22} = F_{23} + F_{22} = -27.324 - 2.606 = -29.930\text{kN}$

$V_{21} = F_{23} + F_{22} + F_{21} = -27.324 - 2.606 + 53.761 = 23.831\text{kN}$

第 3 振型：

$T_3 = 0.131\text{s}$, $0.1\text{s} < T_3 < T_g$

第 3 振型水平地震影响系数：$\alpha_3 = \alpha_{max} = 0.16$

第 3 振型的振型参与系数：

$$\gamma_3 = \frac{\sum m_i X_{3i}}{\sum m_i X_{3i}^2} = \frac{59.45 \times 2.166 + 110.85 \times (-1.985) + 116.62 \times 1.0}{59.45 \times 2.166^2 + 110.85 \times (-1.985)^2 + 116.62 \times 1.0^2} = 0.030$$

第 3 振型对应的各质点水平地震作用

$F_{3i} = \alpha_3 \gamma_3 X_{3i} G_i$

$F_{33} = 0.16 \times 0.030 \times 2.166 \times (59.45 \times 9.8) = 6.057\text{kN}$

$F_{32} = 0.16 \times 0.030 \times (-1.985) \times (110.85 \times 9.8) = -10.351\text{kN}$

$F_{31} = 0.16 \times 0.030 \times 1.000 \times (116.62 \times 9.8) = 5.486\text{kN}$

第 3 振型对应的各层层间剪力：

$V_{33} = F_{33} = 6.057\text{kN}$

$V_{32} = F_{33} + F_{32} = 6.057 - 10.351 = -4.294\text{kN}$

$V_{31} = F_{33} + F_{32} + F_{31} = 6.057 - 10.351 + 5.486 = 1.192\text{kN}$

（2）各层层间剪力（内力组合）

$$V_3 = \sqrt{V_{13}^2 + V_{23}^2 + V_{33}^2} = \sqrt{67.909^2 + (-27.324)^2 + 6.057^2} = 73.450\text{kN}$$

$$V_2 = \sqrt{V_{12}^2 + V_{22}^2 + V_{32}^2} = \sqrt{179.043^2 + (-29.930)^2 + (-4.294)^2} = 181.578\text{kN}$$

$$V_1 = \sqrt{V_{11}^2 + V_{21}^2 + V_{31}^2} = \sqrt{252.438^2 + 23.831^2 + 1.192^2} = 253.563 \text{kN}$$

5.3.5 底部剪力法

采用振型分解反应谱法求解地震作用精度较高，但是需确定结构各阶周期与振型，运算过程十分烦琐，而且质点较多时，只能通过计算机才能进行。为了简化计算，提出了底部剪力法。《抗震规范》规定，对于高度不超过 40m，以剪切变形为主且质量和刚度沿高度分布比较均匀的结构，可采用底部剪力法计算水平地震作用。

底部剪力法把地震作用当作等效静力作用在结构上，以此计算结构的最大地震反应。该方法首先计算地震产生的结构底部最大剪力，然后将该剪力分配到结构各质点上作为地震作用。

1. 底部剪力

由式（5-54），j 振型 i 质点的地震作用为

$$F_{ji} = \alpha_j \gamma_j X_{ji} G_i \tag{5-56}$$

j 振型结构底部剪力 V_{j1} 等于各质点水平地震作用之和

$$V_{j1} = \sum_{i=1}^{n} F_{ji} = \sum_{i=1}^{n} \alpha_j \gamma_j X_{ji} G_i = \alpha_1 G \sum_{i=1}^{n} \frac{\alpha_j}{\alpha_1} \gamma_j X_{ji} \frac{G_i}{G} \tag{5-57}$$

由地震作用效应组合公式（5-55），可得结构总水平地震作用，即结构底部剪力 F_{Ek} 为

$$F_{\text{Ek}} = \sqrt{\sum_{j=1}^{n} V_{j1}^2} = \alpha_1 G \sqrt{\sum_{j=1}^{n} \left(\sum_{i=1}^{n} \frac{\alpha_j}{\alpha_1} \gamma_j X_{ji} \frac{G_i}{G} \right)^2} \tag{5-58}$$

令 $C = \sqrt{\sum_{j=1}^{n} \left(\sum_{i=1}^{n} \frac{\alpha_j}{\alpha_1} \gamma_j X_{ji} \frac{G_i}{G} \right)^2}$，定义等效总重力荷载代表值 $G_{\text{eq}} = CG$，则上式可写成

$$F_{\text{Ek}} = \alpha_1 G_{\text{eq}} \tag{5-59}$$

式中 α_1——相应于结构基本周期的水平地震影响系数；

       C——等效总重力荷载换算系数。对于单质点体系取为 1，无穷质点体系取 0.75，对于一般多质点体系，《抗震规范》取 0.85；

       G——结构总重力荷载代表值。$G = \sum\limits_{i=1}^{n} G_i$，$G_i$ 为 i 质点的重力荷载代表值；计算地震作用时，建筑的重力荷载代表值应取结构和构配件自重标准值和各可变荷载组合值之和。各可变荷载的组合值系数，应按表 5-3 采用。需要注意的是，硬钩吊车的吊重较大时，组合值系数应按实际情况采用。

组合值系数 表 5-3

可变荷载种类	组合值系数
雪荷载	0.5
屋面积灰荷载	0.5
屋面活荷载	不计入
按实际情况计算的楼面活荷载	1.0

续表

可变荷载种类		组合值系数
按等效均布荷载计算的楼面活荷载	藏书库、档案库	0.8
	其他民用建筑	0.5
起重机悬吊物重力	硬钩吊车	0.3
	软钩吊车	不计入

2. 各质点的地震作用

建筑结构在地震作用下的振动以基本振型为主，基本振型接近一斜直线。在底部剪力法求解中，仅考虑基本振型，并取基本振型为倒三角形分布，则质点对应于第 1 振型的相对位移 X_{1i} 与质点高度 H_i 成正比，设 η 为比例常数，则 $X_{1i} = \eta H_i$。从而，由式（5-54）有

$$F_i = F_{1i} = \alpha_1 \gamma_1 X_{1i} G_i = \alpha_1 \gamma_1 \eta H_i G_i \tag{5-60}$$

结构底部剪力等于各质点水平地震作用之和

$$F_{Ek} = \sum_{i=1}^{n} F_i = \sum_{i=1}^{n} \alpha_1 \gamma_1 X_{1i} G_i = \alpha_1 \gamma_1 \eta \sum_{i-1}^{n} (H_i G_i) \tag{5-61}$$

于是有

$$\alpha_1 \gamma_1 \eta = \frac{1}{\sum_{j=1}^{n} (H_j G_j)} F_{Ek} \tag{5-62}$$

将式（5-62）代入式（5-60）有

$$F_i = \frac{H_i G_i}{\sum_{j=1}^{n} (H_j G_j)} F_{Ek} \tag{5-63}$$

地震作用下各楼层水平地震层间剪力为

$$V_i = \sum_{k=i}^{n} F_k \tag{5-64}$$

3. 顶部附加地震作用

当结构层数较多时，由公式（5-63）计算得到的作用在结构上部质点的水平地震作用往往小于振型分解反应谱法的结果，特别是基本周期较长的结构相差较大。《抗震规范》规定自振周期大于 $1.4T_g$ 的建筑，取顶部附加水平地震作用 ΔF_n 作为集中的水平力加在结构的顶部来加以修正。

$$\Delta F_n = \delta_n F_{Ek} \tag{5-65}$$

从而，式（5-63）改写为

$$F_i = \frac{H_i G_i}{\sum_{j=1}^{n} (H_j G_j)} F_{Ek}(1 - \delta_n) \tag{5-66}$$

式中　δ_n——顶部附加地震作用系数，多层钢筋混凝土和钢结构房屋可按表 5-4 采用，其他房屋可采用 0.0。

顶部附加地震作用系数 δ_n　　　　表 5-4

$T_g(s)$	$T_1>1.4T_g$	$T_1\leqslant1.4T_g$
$T_g\leqslant0.35$	$0.08T_1+0.07$	
$0.35<T_g\leqslant0.55$	$0.08T_1+0.01$	0.0
$T_g>0.55$	$0.08T_1-0.02$	

采用底部剪力法时，突出屋面的屋顶间、女儿墙、烟囱等的地震作用效应，宜乘以增大系数 3，此增大部分不应往下传递，但与该突出部分相连的构件应予计入；采用振型分解法时，突出屋面部分可作为一个质点。

【例 5-3】 试用底部剪力法计算【例 5-2】图示结构在水平地震作用下的层间剪力，所有条件同【例 5-2】。

【解】 （1）总水平地震作用

由 $T_1=0.716s$，$T_g<T_1<5T_g$

水平地震影响系数：$\alpha_1=\left(\dfrac{T_g}{T_1}\right)^{0.9}\alpha_{max}=\left(\dfrac{0.40}{0.716}\right)^{0.9}\times0.16=0.095$

等效重力荷载代表值：

$$G_{eq}=0.85\sum_{i=1}^{n}m_ig=0.85\times(59.45+110.85+116.62)\times9.8=2390.044kN$$

总水平地震作用：$F_{Ek}=\alpha_1G_{eq}=0.095\times2390.044=227.054kN$

（2）顶部附加地震作用

$T_1=0.716s>1.4T_g=1.4\times0.40=0.56s$

则由表 5-4 有：$\delta_n=0.08T_1+0.01=0.08\times0.716+0.01=0.0673$

顶部附加地震作用力：$\Delta F_n=\delta_nF_{Ek}=0.0673\times227.054=15.281kN$

（3）各质点水平地震作用

$\sum G_iH_i=59.45\times9.8\times17.5+110.85\times9.8\times12.5+116.62\times9.8\times6.5$

　　　　$=31203.494kN$

$F_{Ek}-\Delta F_n=227.054-15.281=211.773kN$

$F_3=\dfrac{G_3H_3}{\sum G_iH_i}(F_{Ek}-\Delta F_n)+\Delta F_n=\dfrac{59.45\times9.8\times17.5}{31203.494}\times211.773+15.281$

　　　$=84.477kN$

$F_2=\dfrac{G_2H_2}{\sum G_iH_i}(F_{Ek}-\Delta F_n)=\dfrac{110.85\times9.8\times12.5}{31203.494}\times211.773=92.159kN$

$F_1=\dfrac{G_1H_1}{\sum G_iH_i}(F_{Ek}-\Delta F_n)=\dfrac{116.62\times9.8\times6.5}{31203.494}\times211.773=50.418kN$

（4）各层层间剪力

$V_3=F_3=84.477kN$

$V_2=F_2+F_3=92.159+84.477=176.636kN$

$V_2=F_1+F_2+F_3=50.418+92.159+84.477=227.054kN$

5.4 扭转地震作用

地震扭转效应是一个十分复杂的问题。一般情况下，宜采用较规则的结构体型，减小扭转效应。体型复杂的结构，质量和刚度分布明显不均匀、不对称的结构，其质量中心和刚度中心不重合。在水平地震作用下，惯性力的合力通过结构的质量中心，而结构抵抗水平地震作用的抗侧力的合力通过结构的刚度中心。所以除发生平移振动外，还会发生扭转振动。即使对于平面规则的结构，由于施工、使用等原因所产生的偶然偏心也可能引起地震扭转效应及地震地面运动的扭转分量。

《抗震规范》规定，在水平地震作用下，建筑结构的扭转耦联地震效应应符合下列要求：

1. 规则结构不进行扭转耦联计算时，平行于地震作用方向的两个边榀各构件，其地震作用效应应乘以增大系数。一般情况下，短边可按 1.15 采用，长边可按 1.05 采用；当扭转刚度较小时，周边各构件宜按不小于 1.3 采用。角部构件宜同时乘以两个方向各自的增大系数。

2. 按扭转耦联振型分解法计算时，各楼层可取两个正交的水平位移和一个转角共三个自由度，并应按下列公式计算结构的地震作用和作用效应。确有依据时，尚可采用简化计算方法确定地震作用效应。

1) j 振型 i 层的水平地震作用标准值，应按下列公式确定：

$$F_{xji} = \alpha_j \gamma_{tj} X_{ji} G_i \tag{5-67}$$

$$F_{yji} = \alpha_j \gamma_{tj} Y_{ji} G_i \quad (i=1,2,\cdots,n; j=1,2,\cdots,m) \tag{5-68}$$

$$F_{tji} = \alpha_j \gamma_{tj} r_i^2 \varphi_{ji} G_i \tag{5-69}$$

式中　F_{xji}、F_{yji}、F_{tji}——分别为 j 振型 i 层的 x 方向、y 方向和转角方向的地震作用标准值；

$\quad\quad\quad$ X_{ji}、Y_{ji}——分别为 j 振型 i 层质心在 x、y 方向的水平相对位移；

$\quad\quad\quad$ φ_{ji}——j 振型 i 层的相对扭转角；

$\quad\quad\quad$ r_i——i 层转动半径，可取 i 层绕质心的转动惯量除以该层质量的商的正二次方根；

$\quad\quad\quad$ γ_{tj}——计入扭转的 j 振型的参与系数，可按下列公式确定：

当仅取 x 方向地震作用时

$$\gamma_{tj} = \sum_{i=1}^{n} X_{ji} G_i \Big/ \sum_{i=1}^{n} (X_{ji}^2 + Y_{ji}^2 + \varphi_{ji}^2 r_i^2) G_i \tag{5-70}$$

当仅取 y 方向地震作用时

$$\gamma_{tj} = \sum_{i=1}^{n} Y_{ji} G_i \Big/ \sum_{i=1}^{n} (X_{ji}^2 + Y_{ji}^2 + \varphi_{ji}^2 r_i^2) G_i \tag{5-71}$$

当取与 x 方向斜交的地震作用时，

$$\gamma_{tj} = \gamma_{xj} \cos\theta + \gamma_{yj} \sin\theta \tag{5-72}$$

式中　γ_{xj}、γ_{yj}——分别由式（5-70）、式（5-71）求得的参与系数；

$\quad\quad\quad$ θ——地震作用方向与 x 方向的夹角。

2）单向水平地震作用下的扭转耦联效应，可按下列公式确定：

$$S_{EK} = \sqrt{\sum_{j=1}^{m}\sum_{k=1}^{m}\rho_{jk}S_jS_k} \tag{5-73}$$

$$\rho_{jk} = \frac{8\sqrt{\zeta_j\zeta_k}(\zeta_j+\lambda_T\zeta_k)\lambda_T^{1.5}}{(1+\lambda_T^2)^2+4\zeta_j\zeta_k(1+\lambda_T^2)\lambda_T+4(\zeta_j^2+\zeta_k^2)\lambda_T^2} \tag{5-74}$$

式中 S_{EK}——地震作用标准值的扭转效应；

S_j、S_k——分别为 j、k 振型地震作用标准值的效应，可取前 9～15 个振型；

ζ_j、ζ_k——分别为 j、k 振型的阻尼比；

ρ_{jk}——j 振型与 k 振型的耦联系数；

λ_T——k 振型与 j 振型的自振周期比。

3）双向水平地震作用下的扭转耦联效应，可按下列公式中的较大值确定：

$$S_{EK} = \sqrt{S_x^2+(0.85S_y)^2} \tag{5-75}$$

或

$$S_{EK} = \sqrt{S_y^2+(0.85S_x)^2} \tag{5-76}$$

式中 S_x、S_y——分别为 x 向、y 向单向水平地震作用按式（5-73）计算的扭转效应。

5.5 建筑结构的竖向地震作用

震害观察表明，高烈度地区的竖向地震地面运动相当可观。地震后从现场观察到，不少砖烟囱的掉头是断裂后一段段跳起落下将烟囱冲成碎块散落于四周的。对不同高度的砖烟囱、钢筋混凝土烟囱、高层建筑的竖向地震反应分析结果表明：结构竖向地震内力 N_E 与重力荷载产生的结构构件内力 N_G 的比值 $\eta = N_E/N_G$，沿结构高度由下往上逐渐增大；在烟囱上部，设防烈度为 8 度时，$\eta=50\%\sim90\%$，在 9 度时 η 可达到或超过 1，即在烟囱上部可产生拉应力。335m 高的电视塔上部，设防烈度为 8 度时，$\eta=138\%$。高层建筑上部，设防烈度为 8 度时，$\eta=50\%\sim110\%$。为此，《抗震规范》规定：设防烈度为 8 度和 9 度时的大跨度结构、长悬臂结构、烟囱和类似的高耸结构，设防烈度为 9 度时的高层建筑，应考虑竖向地震作用。各国抗震规范对竖向地震作用的计算方法大致可以分为以下三种：

1）静力法，取结构或构件重量的一定百分数作为竖向地震作用方向；

2）按反应谱方法计算竖向地震作用；

3）规定结构或构件所受的竖向地震作用为水平地震作用的某一百分数。

我国抗震规范按结构类型的不同规定了三种不同的方法。

1. 高层建筑与高耸结构的竖向地震作用

《抗震规范》对这类结构的竖向地震作用计算采用了反应谱法。

（1）竖向地震影响系数的取值

大量地震地面运动记录资料的分析研究结果表明：

1）竖向最大地面加速度 a_{vmax} 与水平最大地面加速度 a_{max} 的比值大多在 1/2～2/3 的范围内；

2）用上述地面运动加速度记录计算所得的竖向地震和水平地震的平均反应谱的形状

相差不大。

因此《抗震规范》规定：竖向地震影响系数与周期的关系曲线可以沿用水平向地震影响系数曲线；其竖向地震影响系数最大值 a_{vmax} 为水平地震影响系数最大值 a_{max} 的 65%。

（2）竖向地震作用标准值的计算

根据大量用振型分解反应谱法和时程分析法的计算实例发现：在这类结构的地震反应中，第 1 振型起主要作用，而且，第 1 振型接近于直线。一般的高层建筑和高耸结构竖向振动的基本自振周期均在 $0.1 \sim 0.2s$ 范围内，即处在地震影响系数最大值的范围内。为此，可得到结构总竖向地震作用标准值 F_{EVk} 和质点 i 的竖向地震作用标准值 F_{Vi}（图 5-8）分别为

$$F_{EVk} = a_{vmax} G_{eq} \tag{5-77}$$

$$F_{Vi} = \frac{G_i H_i}{\sum G_j H_j} F_{EVk} \tag{5-78}$$

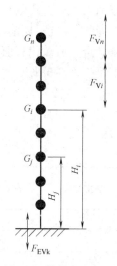

图 5-8 结构竖向地震
作用计算简图

式中 F_{EVk}——结构总竖向地震作用标准值；

F_{Vi}——质点 i 的竖向地震作用标准值；

a_{vmax}——竖向地震影响系数最大值，可取水平地震影响系数最大值的 65%；

G_{eq}——结构等效总重力荷载代表值，可取其重力荷载代表值的 75%。

（3）楼层的竖向地震作用效应，可按各构件承受的重力荷载代表值的比例分配。

综上所述，竖向地震作用的计算步骤为：

1）用式（5-77）计算结构总的竖向地震作用标准值 F_{EVk}，也就是计算竖向地震所产生的结构底部轴向力；

2）用式（5-78）计算各楼层的竖向地震作用标准值 F_{Vi}，也就是将结构总的竖向地震作用标准值 F_{EVk} 按倒三角形分布分配到各楼层；

3）计算各楼层由竖向地震作用产生的轴向力，第 i 层的轴向力 N_{Vi} 为：

$$N_{Vi} = \sum_{k=i}^{n} F_{Vk} \tag{5-79}$$

4）将竖向地震作用产生的轴向力 N_{Vi} 按该层各竖向构件（柱、墙等）所承受的重力荷载代表值的比例分配到各竖向构件。

2. 平板网架和大跨度屋架结构的竖向地震作用计算

用反应谱法和时程分析法对不同类型的平板网架和跨度大于 24m 的屋架进行计算分析，若令

$$\mu_i = F_{iEV}/F_{iG} \tag{5-80}$$

式中 F_{iEV}——第 i 杆件的竖向地震作用的内力；

F_{iG}——第 i 杆件重力荷载作用下的内力。

从大量计算实例中可以总结出以下规律：

1）各杆件的 μ 值相差不大，可取其最大值 μ_{max} 作为设计依据；

2）比值 μ_{max} 与设防烈度和场地类别有关；

3）当结构竖向自振周期 $T_V > $ 特征周期 T_g 时，μ 值随跨度增大而减小，但在常用跨

度范围内，μ 值减小不大，可以忽略跨度的影响。

为此，《抗震规范》规定：平板网架和跨度大于 24m 屋架的竖向地震作用标准值 F_{Vi} 可取其重力荷载代表值 G_i 和竖向地震作用系数 λ 的乘积，即 $F_{Vi} = \lambda G_i$；竖向地震作用系数 λ 可按表 5-5 采用。

3. 长悬臂和其他大跨度结构

长悬臂和其他大跨度结构的竖向地震作用标准值，设防烈度为 8 度和 9 度时可分别取该结构、构件重力荷载代表值的 10% 和 20%，即 $F_{Vi} = 0.1$（或 0.2）G_i。

竖向地震作用系数 λ 表 5-5

结构类型	设防烈度	场地类别		
		I	II	III、IV
平板网架、钢屋架	8	可不计算(0.10)	0.08(0.12)	0.10(0.15)
	9	0.15	0.15	0.20
钢筋混凝土屋架	8	0.10(0.15)	0.13(0.19)	0.13(0.19)
	9	0.20	0.25	0.25

注：括号中数值用于设计基本地震加速度为 $0.30g$ 的地区。

5.6 公路桥梁地震作用

5.6.1 公路桥梁的抗震设防

为确保重点和节约投资，《公路桥梁抗震设计规范》JTG/T 2231-01—2020 将公路桥梁分为 A 类、B 类、C 类和 D 类四个抗震设防类别，A 类抗震设防要求和类别最高，B 类、C 类和 D 类抗震设防类别依次降低。桥梁抗震设防类别应按表 5-6 确定。对抗震救灾以及在经济、国防上具有重要意义的桥梁或破坏后修复（抢修）困难的桥梁，应提高抗震设防类别。

公路桥梁抗震采用两水准设防、两阶段设计；地震作用分为 E1 和 E2 两种。其中 E1 地震作用是工程场地重现期较短的地震作用，在第一阶段抗震设计中采用；E2 地震作用是工程场地重现期较长的地震作用，在第二阶段抗震设计中采用。

各抗震设防类别桥梁在 E1 和 E2 地震作用下，桥梁抗震设防目标应符合表 5-7 要求。抗震设防分类中的 A 类、B 类和 C 类桥梁应采用两水准抗震设防，D 类桥梁可采用一水准抗震设防。在不同抗震设防烈度下的桥梁抗震措施等级应按表 5-8 确定。

E1 地震作用下，要求各类桥梁在弹性范围工作，结构强度和刚度基本保持不变。E2 地震作用下，A 类桥梁局部可发生开裂，裂缝宽度也可超过容许值，但混凝土保护层应保持完好，因地震过程的持续时间比较短，地震后，在结构自重作用下，地震过程中开展的裂缝一般可以闭合，不影响使用，结构整体反应还在弹性范围。B 类、C 类桥梁在 E2 地震作用下要求不倒塌，且结构强度不能出现大幅度降低，对钢筋混凝土桥梁墩柱，其抗弯承载能力降低幅度不应超过 20%。

在 E2 地震作用下，斜拉桥和悬索桥如允许桥塔进入塑性，将产生较大变形，从而使结构受力体系发生大的变化，例如，可能出现部分斜拉索或吊杆不受力的情况，甚至导致桥梁垮塌等严重后果。采用减隔震设计的桥梁，主要通过减隔震装置耗散地震能量，就能够有效降低结构的地震响应，使桥梁墩柱不进入塑性状态，此外，如允许桥梁墩柱进入塑性状态形成塑性铰，将导致结构的耗能体系混乱，还可能导致过大的结构位移和计算分析上的困难。因此规定，B类、C类中的斜拉桥和悬索桥以及采用减隔震设计的桥梁抗震设防目标应按A类桥梁要求执行。

各桥梁抗震设防类别适用范围　　　　　　　　　　　　　　　　　表 5-6

桥梁抗震设防类别	适用范围
A类	单跨跨径超过150m的特大桥
B类	单跨跨径不超过150m的高速公路、一级公路上的桥梁， 单跨跨径不超过150m的二级公路上的特大桥、大桥
C类	二级公路上的中桥、小桥， 单跨跨径不超过150m的三、四级公路上的特大桥、大桥
D类	三、四级公路上的中桥、小桥

各设防类别桥梁抗震设防目标　　　　　　　　　　　　　　　　　表 5-7

桥梁抗震设防类别	设防目标			
	E1 地震作用		E2 地震作用	
	震后使用要求	损伤状态	震后使用要求	损伤状态
A类	可正常使用	结构总体反应在弹性范围，基本无损伤	不需修复或经简单修复可继续使用	可发生局部轻微损伤
B类、C类	可正常使用	结构总体反应在弹性范围，基本无损伤	经临时加固后可供维持应急交通使用	不致倒塌或产生严重结构损伤
D类	可正常使用	结构总体反应在弹性范围，基本无损伤		

各类公路桥梁抗震设防措施等级　　　　　　　　　　　　　　　　表 5-8

桥梁分类	抗震设防烈度					
	Ⅵ	Ⅶ		Ⅷ		Ⅸ
	0.05g	0.1g	0.15g	0.2g	0.3g	0.4g
A类	二级	三级	四级	四级	更高，专门研究	
B类	二级	三级	三级	四级	四级	四级
C类	一级	二级	二级	三级	三级	四级
D类	一级	二级	二级	三级	三级	四级

注：表中 g 为重力加速度。

5.6.2　公路桥梁地震作用的一般规定

公路桥梁地震作用可以用设计加速度反应谱、设计地震动时程和设计地震动功率谱表征。一般情况下，公路桥梁可只考虑水平向地震作用，直线桥可分别考虑顺桥向 X 和横桥向 Y 的地震作用。A类桥梁、抗震设防烈度为Ⅸ度地区的桥梁、抗震设防烈度为Ⅷ度地区且竖向地震作用引起的地震效应很显著的桥梁应同时考虑顺桥向 X、横桥向 Y 和竖向 Z 的地震作用。在抗震设防烈度为Ⅷ度地区，拱式结构、长悬臂结构、大跨度结构以及其他一些特殊复杂结构对竖向地震作用可能较为敏感，需要考虑竖向地震作用。

采用反应谱法或功率谱法同时考虑三个正交方向（水平向 X、Y 和竖向 Z）的地震作用时，可分别单独计算 X 向地震作用在 i 计算方向产生的最大效应 E_{iX}、Y 向地震作用在 i 计算方向产生的最大效应 E_{iY} 与 Z 向地震作用在 i 计算方向产生的最大效应 E_{iZ}。在 i 计算方向总的设计最大地震作用效应 E_i 按下式求取：

$$E_i = \sqrt{E_{iX}^2 + E_{iY}^2 + E_{iZ}^2} \tag{5-81}$$

当采用时程分析法时，应同时输入三个方向分量的一组地震动时程计算地震作用效应。

A 类桥梁、抗震设防烈度为Ⅸ度地区的 B 类桥梁，应根据专门的工程场地地震安全性评价确定地震作用。抗震设防烈度为Ⅷ度地区的 B 类桥梁，宜根据专门的工程场地地震安全性评价确定地震作用。工程场地地震安全性评价应满足以下要求：

1）当桥梁一联内场地存在地质不连续或地形特征可能造成各桥墩的地震动参数显著不同，或桥梁一联总长超过 600m 时，宜采用多点非一致激励考虑地震动的空间变化，包括波传播效应、相干效应和不同塔、墩基础的场地差异。也可采用等效一致激励，取场地包络反应谱或包络功率谱。

2）桥梁工程场地距发生 6.5 级以上地震潜在危险的断裂 30km 以内时，应给出三个方向平动分量的地震动参数。A 类桥梁工程场地地震安全性评价应符合以下要求：考虑近断裂效应，包括上盘效应、破裂的方向性效应；注意设计加速度反应谱长周期段的可靠性；给出顺断裂走向和垂直断裂走向 2 个水平分量的地震动参数。B 类桥梁工程场地地震安全性评价中，要选定适当的设定地震，考虑近断裂效应。

5.6.3　公路桥梁设计加速度反应谱

设计加速度反应谱 $S(T)$（图 5-9）应由下式确定：

$$S = \begin{cases} S_{max}(0.6T/T_0 + 0.4) & T < T_0 \\ S_{max} & T_0 \leqslant T \leqslant T_g \\ S_{max}(T_g/T) & T_g < T \leqslant 10 \end{cases} \tag{5-82}$$

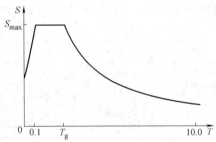

图 5-9　水平设计加速度反应谱

式中　T——结构自振周期（s）；

T_0——反应谱直线上升段最大周期，取 0.1s；

T_g——特征周期（s）；

S_{max}——水平设计加速度反应谱最大值（g）。

设计加速度反应谱的特征周期 T_g，按桥梁工程场地所在地区在现行《中国地震动参数区划图》GB 18306—2015 上查取后，应根据场地类别进行调整，水平、竖向分量的特征周期应分别按表 5-9 和表 5-10 取值。

水平向设计加速度反应谱特征周期调整表（s）　　　　　　　　　　　表 5-9

区划图上的特征周期(s)	场地类别				
	I_0	I_1	Ⅱ	Ⅲ	Ⅳ
0.35	0.20	0.25	0.35	0.45	0.65
0.40	0.25	0.30	0.40	0.55	0.75
0.45	0.30	0.35	0.45	0.65	0.90

竖向设计加速度反应谱特征周期调整表（s） 表 5-10

区划图上的特征周期(s)	场地类别				
	I_0	I_1	II	III	IV
0.35	0.15	0.20	0.25	0.30	0.55
0.40	0.20	0.25	0.30	0.35	0.60
0.45	0.25	0.30	0.40	0.50	0.75

设计加速度反应谱最大值 S_{max} 由下式确定：

$$S_{max} = 2.5 C_i C_s C_d A \qquad (5-83)$$

式中　C_i——抗震重要性系数，按表 5-11 取值；

　　　C_s——场地系数，水平向和竖向分别按表 5-12、表 5-13 取值；

　　　C_d——阻尼调整系数。除有专门规定外，结构的阻尼比 ζ 应取值 0.05。阻尼调整系数 C_d 应按下式取值

$$C_d = 1 + \frac{0.05 - \zeta}{0.08 + 1.6\zeta} \geq 0.55 \qquad (5-84)$$

当由上式计算得到的阻尼调整系数 C_d 的值小于 0.55 时，取 0.55。

　　　A——水平向设计基本地震动加速度峰值，按表 5-14 取值。设计基本地震动加速度指的是重新期为 475 年的地震动加速度的设计值。

各类桥梁的抗震重要性系数 C_i 表 5-11

桥梁分类	E1 地震作用	E2 地震作用
A 类	1.0	1.7
B 类	0.43(0.5)	1.3(1.7)
C 类	0.34	1.0
D 类	0.23	—

注：高速公路和一级公路上的 B 类大桥、特大桥，其抗震重要性系数取 B 类括号内的值。

水平向场地系数 C_s 表 5-12

场地类型	抗震设防烈度					
	VI	VII		VIII		IX
	0.05g	0.1g	0.15g	0.2g	0.3g	0.4g
I_0	0.72	0.74	0.75	0.76	0.85	0.90
I_1	0.80	0.82	0.83	0.85	0.95	1.00
II	1.00	1.00	1.00	1.00	1.00	1.00
III	1.30	1.25	1.15	1.00	1.00	1.00
IV	1.25	1.20	1.10	1.00	0.95	0.90

竖向场地系数 C_s 表 5-13

场地类型	抗震设防烈度					
	VI	VII		VIII		IX
	0.05g	0.1g	0.15g	0.2g	0.3g	0.4g
I_0	0.6	0.6	0.6	0.6	0.6	0.6
I_1	0.6	0.6	0.6	0.6	0.7	0.7
II	0.6	0.6	0.6	0.6	0.7	0.8
III	0.7	0.7	0.7	0.8	0.8	0.8
IV	0.8	0.8	0.8	0.9	0.9	0.8

抗震设防烈度和基本地震动加速度峰值 A 对照表　　　表 5-14

设防烈度	Ⅵ	Ⅶ	Ⅷ	Ⅸ
A	$0.05g$	$0.10(0.15)g$	$0.20(0.30)g$	$0.40g$

5.6.4　设计地震动时程

已做地震安全性评价的桥梁工程场地，设计地震动时程应根据专门的工程场地地震安全性评价的结果确定。未做地震安全性评价的桥梁工程场地，可根据《公路桥梁抗震设计规范》JTG/T 2231-01—2020 设计加速度反应谱，合成与其匹配的设计加速度时程，通过调整使其反应谱与《公路桥梁抗震设计规范》JTG/T 2231-01—2020 设计加速度反应谱匹配。每个周期对应的反应谱幅值的相对误差应小于 5% 或绝对误差应小于 $0.01g$。

考虑到地震动的随机性，设计加速度时程不应少于三组，且应保证任意两组间同方向时程由式（5-85）定义的相关系数 ρ 的绝对值小于 0.1。

$$|\rho| = \left| \frac{\sum_j a_{1j} a_{2j}}{\sqrt{\sum_j a_{1j}^2} \cdot \sqrt{\sum_j a_{2j}^2}} \right| \tag{5-85}$$

式中　a_{1j} 和 a_{2j}——分别为时程 a_1 和 a_2 第 j 个时间点的值。

已做地震安全性评价的桥梁工程场地，设计地震动功率谱要根据专门的工程场地地震安全性评价的结果确定。未做地震安全性评价的桥梁工程场地，可根据设计地震震级、距离，选用适当的衰减关系推算。

5.6.5　规则桥梁地震作用计算

单跨跨径不超过 150m 的圬工或混凝土拱桥、下部结构为混凝土结构的梁桥，适用于《公路桥梁抗震设计规范》JTG/T 2231-01—2020。而对于斜拉桥、悬索桥、单跨跨径超过 150m 的梁桥和拱桥，除满足规范外，还应专门进行研究。

根据桥梁结构在地震作用下动力响应的复杂程度，可将桥梁分为两类，即规则桥梁和非规则桥梁。对于规则桥梁的抗震分析、设计与校核，根据目前积累的大量震害经验及理论研究成果，采用简化计算方法和设计校核步骤就可以很好地把握其在地震作用下的动力响应特性，并使设计的结构满足规范预期的性能要求。对于非规则桥梁，由于其动力响应特性复杂，采用简化计算方法不能很好地把握其动力响应特性，因此要采用比较复杂的分析方法和设计校核过程来确保其在实际地震作用下的性能满足设计要求。

显然，要满足规则桥梁的定义，桥梁结构应在跨数、几何形状、质量分布、刚度分布以及桥梁工程场地的地质条件等方面服从一定的限制。具体来讲，要求桥梁的跨数不应太多，跨径不宜太大（避免轴力过高）；在桥梁纵向和横向上的质量分布、刚度分布以及几何形状都不应有突变，相邻桥墩的刚度差异不应太大，桥墩长细比应处于一定范围；桥梁工程场地的地形、地质没有突变，而且场地不会有发生液化和地基失效的危险等等。对弯桥和斜桥，要求其最大圆心角和斜交角应处于一定范围。对安装有减隔震支座和（或）阻尼器的桥梁，则不属于规则桥梁。为了便于实际操作，对规则桥梁给出了一些具体规定。迄今为止，国内还没有对规则桥梁结构的定义范围做专门研究，借鉴国外一些桥梁抗震设计规范的规定并结合国内已有的一些研究成果，规定表 5-15 限定范围内的桥梁属于规则桥梁。不在此表限定范围内的桥梁，都属于非规则桥梁。由于拱桥的地震反应较复杂，其动响应一般不由第 1 阶振型控制，将拱桥列为非规则桥梁。

规则桥梁的定义　　　　　　　　　　　　　　　　　　　　　　表 5-15

参　数	参数值				
单跨最大跨径	≤90m				
墩　高	≤30m				
单墩计算高度与直径或宽度比	大于 2.5 且小于 10				
跨　数	2	3	4	5	6
曲线桥梁圆心角 φ 及半径 R	单跨 $\varphi<30°$ 且一联累计 $\varphi<90°$，同时曲梁半径 $R\geq20b$（b 为桥宽）				
跨与跨间最大跨长比	≤3	≤2	≤2	≤1.5	≤1.5
轴压比	<0.3				
跨与跨间桥墩最大刚度比	—	≤4	≤4	≤3	≤2
支座类型	普通板式橡胶支座、盆式支座（铰接约束）和墩梁固结等。使用滑板支座、容许普通板式橡胶支座与梁底或墩顶滑动、减隔震支座等属于非规则桥梁				
下部结构类型	桥墩为单柱墩、双柱架墩、多柱排架墩				
地基条件	不易冲刷、液化和侧向滑移的场地，远离断层				

1. 规则桥梁地震力的计算

规则桥梁水平地震力的计算，采用反应谱方法计算时，分析模型中应考虑上部结构、支座、桥墩及基础等刚度的影响。在地震作用下，规则桥梁重力式桥墩顺桥向和横桥向的水平地震力，采用反应谱方法计算时，可按式（5-86）计算。其结构计算简图如图 5-10 所示。

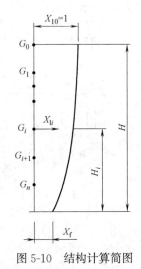

图 5-10　结构计算简图

$$E_{i\mathrm{hp}}=S_{\mathrm{hi}}\gamma_1 X_{\mathrm{li}}G_i/g \tag{5-86}$$

式中　$E_{i\mathrm{hp}}$——作用于桥墩质点 i 的水平地震力（kN）；

S_{hi}——相应水平方向的加速度反应谱值；

γ_1——桥墩顺桥向或横桥向的基本振型参与系数，按下式计算：

$$\gamma_1=\dfrac{\sum\limits_{i=0}^{n}X_{\mathrm{li}}G_i}{\sum\limits_{i=0}^{n}X_{\mathrm{li}}^2G_i}; \tag{5-87}$$

式中　X_{li}——桥墩基本振型在第 i 分段重心处的相对水平位移，对于实体桥墩，当 $H/B>5$ 时，$X_{\mathrm{li}}=X_{\mathrm{f}}+\dfrac{1-X_{\mathrm{f}}}{H}H_i$（一般适用于顺桥向）；$H/B<5$ 时，$X_{\mathrm{li}}=X_{\mathrm{f}}+\left(\dfrac{H_i}{H}\right)^{1/3}(1-X_{\mathrm{f}})$（一般适用于横桥向）；

X_{f}——考虑地基变形时，顺桥向作用于支座顶面或横桥向作用于上部结构质心上的单位水平力在一般冲刷线或基础顶面引起的水平位移与支座顶面或上部结构质心处的水平位移之比值；

H_i——一般冲刷线或基础顶面至墩身各分段重心处的垂直距离（m）；

H——桥墩计算高度，即一般冲刷线或基础顶面至支座顶面或上部结构质心的垂直距离（m）；

B——顺桥向或横桥向的墩身最大宽度（m）（图 5-11）；

$G_{i=0}$——桥梁上部结构重力（kN），对于简支梁桥，计算顺桥向地震力时相应于墩顶固定支座的一孔梁的重力；计算横桥向地震力时为相邻两孔梁重力的一半；

$G_{i=1,2,3\cdots}$——桥墩墩身各分段的重力（kN）。

规则桥梁的地震反应以一阶振型为主，可将结构等效为单自由度模型，模型中应考虑上部结构、支座、桥墩及基础等刚度的影响，按单振型反应谱方法进行 E1 和 E2 地震作用下结构的内力和变形计算。

对桥面不连续简支梁桥，其顺桥向和横桥向水平地震力可采用下列简化方法计算，其计算简图如图 5-12 所示。

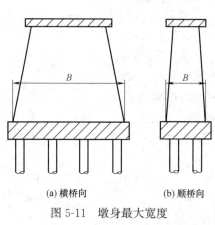

(a) 横桥向　　　　(b) 顺桥向

图 5-11　墩身最大宽度

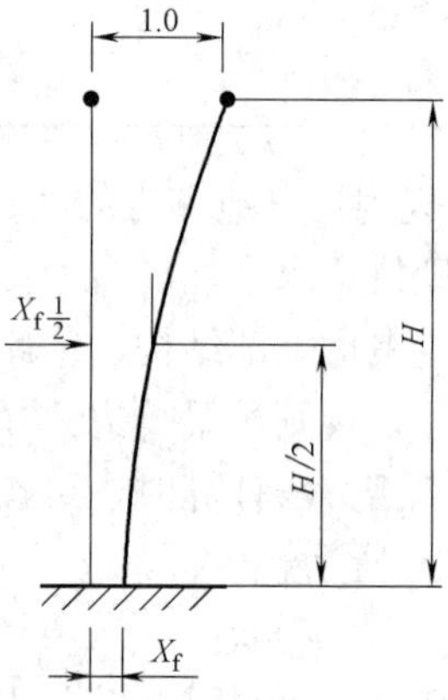

图 5-12　柱式墩计算简图

$$E_{ktp} = SM_t \tag{5-88}$$

$$M_t = M_{sp} + \eta_{cp} M_{cp} + \eta_p M_p \tag{5-89}$$

$$\eta_{cp} = X_0^2 \tag{5-90}$$

$$\eta_p = 0.16(X_0^2 + X_f^2 + 2X_{f\frac{1}{2}}^2 + X_f X_{f\frac{1}{2}} + X_0 X_{f\frac{1}{2}}) \tag{5-91}$$

式中　E_{ktp}——顺桥向作用于固定支座顶面或横桥向作用于上部结构质心处的水平地震力（kN）；

S——根据结构基本周期计算出的反应谱值；

M_t——换算质点质量（t）；

M_{sp}——桥梁上部结构的质量（t），相应于墩顶固定支座的一孔梁的质量；

M_{cp}——盖梁的质量（t）；

M_p——墩身质量（t），对于扩大基础，为基础顶面以上墩身的质量；

η_{cp}——盖梁质量换算系数；

η_p——墩身质量换算系数；

X_0——考虑地基变形时，顺桥向作用于支座顶面或横桥向作用于上部结构质心处的单位水平力在墩身计算高度 H 处引起的水平位移与单位力作用处的水平位移之比值；

X_f、$X_{f\frac{1}{2}}$——分别为考虑地基变形时，顺桥向作用于支座顶面上或横桥向作用于上部结构质心处的单位水平力在一般冲刷线或基础顶面、墩身计算高度 $H/2$ 处引起的水平位移与单位力作用处的水平位移之比值。

2. 桥台水平地震力计算

桥台的顺桥向和横桥向水平地震力可按下式计算：

$$E_{hau}=C_iC_sAG_{au}/g \tag{5-92}$$

式中　C_i、C_s——分别为抗震重要性系数和场地系数，分别按表 5-11 和表 5-12、表 5-13 取值；

A——水平向设计基本地震动加速度峰值，按表 5-14 取值；

E_{hau}——作用于台身重心处的水平地震作用力（kN）；

G_{au}——基础顶面以上台身的重力（kN）。

对于修建在基岩上的桥台，其水平地震力可按式（5-92）计算值的 80% 采用。验算设有固定支座的梁桥桥台时，还应计入由上部结构所产生的水平地震力，其值按式（5-92）计算，但 G_{au} 取一孔梁的重力。

思考与练习题

5-1　什么是地震震级？什么是地震烈度？两者有何区别？

5-2　什么是地震作用？地震作用与哪些因素有关？

5-3　地震系数和动力系数的物理意义是什么？

5-4　底部剪力法和振型分解反应谱法的基本原理和计算方法是什么？

5-5　结构的扭转地震作用效应是怎样产生的？

5-6　如何确定竖向地震作用？

5-7　公路桥梁的抗震设防是如何规定的？

5-8　规则桥梁地震作用如何计算？

5-9　一钢筋混凝土单层排架结构，简化成单质点体系，集中于屋盖处的重力荷载代表值 $G=700\text{kN}$，柱子总刚度 $EI=20\times10^4\text{kN}\cdot\text{m}^2$，柱高 4m，8 度设防，第一组，Ⅱ类场地，阻尼比 $\zeta=0.04$。计算该结构所受地震作用。

5-10　用底部剪力法计算图 5-13 所示结构在水平地震作用下的层间剪力。集中于楼盖和屋盖处的重力荷载代表值分别 $m_1=96.62\text{t}$，$m_2=90.85\text{t}$，$m_3=45.45\text{t}$；设防烈度为 8 度，第二组，Ⅱ类场地，阻尼比 $\zeta=0.04$。

5-11　试用振型分解反应谱法计算上题图示三层钢筋混凝土框架结构在多遇地震作用下的各楼层地震剪力 V_i。集中于楼盖和屋盖处的重力荷载代表值分别 $m_1=118.4\text{t}$，$m_2=106.9\text{t}$，$m_3=58.45\text{t}$；设防烈度为 8 度，第二组，Ⅱ类场地，阻尼比 $\zeta=0.05$。

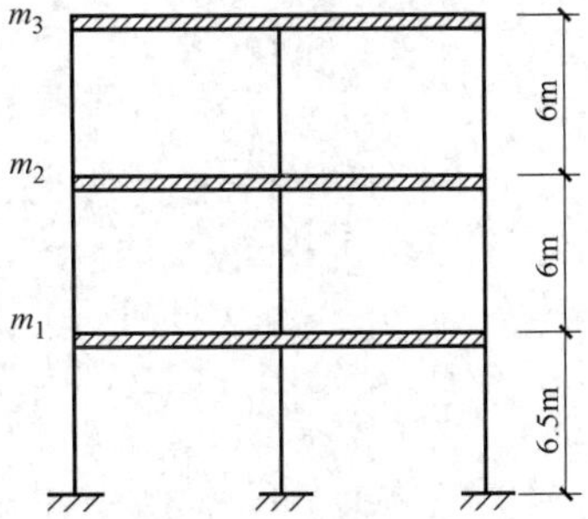

图 5-13　习题 5-10 图

第 6 章

其他荷载作用

6.1 温度作用

6.1.1 温度作用特征与原理

固体的温度发生变化时，体内会产生膨胀或收缩的热变形，当其受到周围约束不能自由变形时，就会产生应力，这个应力称为温度应力，也叫热应力。因此从广义上说，温度变化也是一种荷载作用。温度作用是指结构或构件内温度的变化，属于可变的间接作用。

引起温度作用的因素很多，通常温度作用应考虑气温变化、太阳辐射及使用热源等因素，作用在结构或构件上的温度作用应采用温度的变化来表示。在土木工程领域会遇到大量温度作用的问题。例如工业建筑的生产车间，由于外界温度的变化，直接影响到屋面板混凝土内部的温度分布，产生不同的温度应力和温度变形；各类结构物温度伸缩缝的设置方法以及大小和间距等的优化设计，必须建立在对温度应力和变形的准确计算上；还有诸如板壳的热应力和热应变，相应的翘曲和稳定问题；地基低温变形引起基础的破裂问题；构件热残余应力的计算；温度变化下断裂问题的分析计算；热应力下构件的合理设计问题；浇筑大体积混凝土，例如高层建筑筏板基础的浇捣，水化热温升和散热阶段的温降引起贯穿裂缝；对混合结构的房屋，因屋面温度应力引起开裂渗漏；浅埋结构土的温度梯度影响等。

在结构构件任意截面上的温度分布（图 6-1a），一般认为可以由三个分量叠加组成：①均匀分布的温度分量 ΔT_u（图 6-1b）；②沿截面线性变化的温度分量（梯度温差）ΔT_{My} 和 ΔT_{Mz}（图 6-1c、d），一般采用截面边缘的温度差表示；③非线性变化的温度 ΔT_E（图 6-1e）。结构和构件的温度作用即指这三个分量的变化，对超大型结构、由不同材料部件组成的结构等特殊情况，尚需考虑不同结构部件之间的温度变化。对大体积结构，尚需考虑整个温度场的变化。

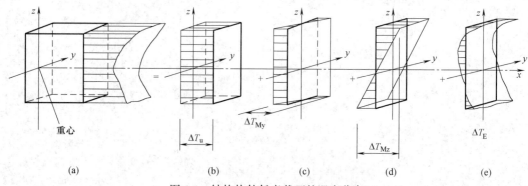

图 6-1 结构构件任意截面的温度分布

建筑结构设计时，应首先采取有效构造措施来减少或消除温度作用效应，如设置结构的活动支座或节点、设置温度缝、采用隔热保温措施等。当结构或构件在温度作用和其他可能组合的荷载共同作用下产生的效应（应力或变形）可能超过承载能力极限状态或正常使用极限状态时，比如结构某一方向平面尺寸超过伸缩缝最大间距或温度区段长度、结构约束较大、房屋高度较高等，结构设计中一般应考虑温度作用。混凝土结构在进行温度作用效应分析时，可考虑混凝土开裂等因素引起的结构刚度的降低。混凝土材料的徐变和收缩效应，可根据经验将其等效为温度作用。

6.1.2 基本气温

基本气温时气温的基准值，是确定温度作用所需的最主要的气象参数。气温是指气象台站标准百叶箱内测量所得按小时定时记录的温度。基本气温根据当地气象台站记录所得的最高温度月的月平均最高气温和最低温度月的月平均最低气温值资料，经统计分析确定。月平均最高气温和月平均最低气温可假定其服从极值 I 型分布，基本气温取极值分布中平均重现期为 50 年的值。

统计分析基本气温时，选取的月平均最高气温和月平均最低气温资料一般应取最近30 年的数据。当无法满足时，不宜少于 10 年的资料。温度作用的组合值系数、频遇值系数和准永久值系数可分别取 0.6、0.5 和 0.4。

当地没有气温资料时，可根据附近地区规定的基本气温，通过气象和地形条件对比分析确定。对于金属结构等对气温变化比较敏感的结构，宜考虑极端气温的影响，基本气温的月平均最高气温和月平均最低气温可根据当地气候条件适当增加或降低。

对于热传导速率较慢且体积较大的混凝土及砌体结构，结构温度接近当地月平均气温，可直接采用月平均最高气温和月平均最低气温作为基本气温。对于热传导速率较快的金属结构或体积较小的混凝土结构，它们对气温的变化比较敏感，这些结构要考虑昼夜气温变化的影响，必要时应对基本气温进行修正。

6.1.3 温度应力的计算

温度的变化会对结构内部产生一定的影响，其影响的计算应根据不同结构类型区别对待。静定结构在温度变化时不对温度变形产生约束，故不产生内力。但由于材料具有热胀冷缩的性质，可使静定结构自由地产生符合其约束条件的位移，这种位移可按下式计算

$$\Delta_{kt} = \sum \alpha t_0 \omega_{\overline{N}_k} + \sum \alpha \Delta_t \omega_{\overline{M}_k} / h \tag{6-1}$$

式中　Δ_{kt}——结构中任一点 K 沿任意方向 k-k 的位移；

　　　α——材料的线膨胀系数（材料每升高 1℃ 的相对变形）；

　　　t_0——杆件轴线处的温度变化。若设杆件体系上侧温度升高为 t_1，下侧温度升高为 t_2，截面高度为 h，h_1 和 h_2 分别表示杆轴至上、下边缘的距离，并设温度沿截面高度为线性变化（即假设温度变化时横截面仍保持为平面），则由几何关系可得杆件轴线处的温度升高 $t_0 = (t_1 h_2 + t_2 h_1)/h$，若杆件轴截面对称于形心轴，即 $h_1 = h_2 = h/2$，则上式变为 $t_0 = (t_1 + t_2)/2$；

　　　Δ_t——杆件上下侧温差的绝对值；

　　　h——杆截面高度；

　　　$\omega_{\overline{N}_k}$——杆件的 $\overline{N}_k$ 图的面积，$\overline{N}_k$ 图为虚拟状态下轴力大小沿杆件的分布图；

　　　$\omega_{\overline{M}_k}$——杆件的 $\overline{M}_k$ 图的面积，$\overline{M}_k$ 图为虚拟状态下弯矩大小沿杆件的分布图。

对超静定结构，由于存在多余约束，当温度改变时引起的温度变形会受到约束，从而在结构内产生内力，这也是超静定结构不同于静定结构的特征之一。超静定结构的温度作用效应，一般可根据变形协调条件，按结构力学方法计算。

桥梁结构当要考虑温度作用时，应根据当地具体情况、结构物使用的材料和施工条件等因素计算由温度作用引起的结构效应。各种结构的线膨胀系数规定如表 6-1 所示。

线膨胀系数　　　　　　　　　　　　表 6-1

结构种类	线膨胀系数(以摄氏度计)
钢结构	0.000 012
混凝土和钢筋混凝土及预应力混凝土结构	0.000 010
混凝土预制块砌体	0.000 009
石砌体	0.000 008

计算桥梁结构因均匀温度作用引起外加变形或约束变形时，应从受到约束时的结构温度开始，考虑最高和最低有效温度的作用效应。如缺乏实际调查资料，公路混凝土结构和钢结构的最高和最低有效温度标准值可按表 6-2 取用。

公路桥梁结构的有效温度标准值（℃）　　　　　　　表 6-2

气温分区	钢桥面板钢桥		混凝土桥面板钢桥		混凝土桥、石桥	
	最高	最低	最高	最低	最高	最低
严寒地区	46	−43	39	−32	34	−23
寒冷地区	46	−21	39	−15	34	−10
湿热地区	46	−9(−3)	39	−6(−1)	34	−3(0)

注：表中括号内数值适用于昆明、南宁、广州、福州地区。

6.2　变形作用

这里的变形，指的是由于外界因素的影响，如结构支座移动或不均匀沉降等，使得结构被迫发生变形。如果结构体系为静定结构，则允许构件产生符合其约束条件的位移，此时不会产生内力；若结构体系为超静定结构，则多余约束会束缚结构的自由变形，从而产生内力。因而从广义上说，这种变形作用也是荷载。

由于工程实际中遇到的多是超静定问题，在这种情况下，由于变形作用引起的内力问题必须引起我们足够的重视，譬如支座的下沉或转动引起结构的内力；地基不均匀沉降使得上部结构产生次应力，严重时会使房屋开裂；构件的制造误差使得强制装配时产生内力等等。

常见的一种变形作用就是地基变形引起的。在软土、填土、冲沟、古河道、暗渠以及各种不均匀地基上建造结构物，或者地基虽然比较均匀，但是荷载差别过大、结构物刚度悬殊时，都会由于差异沉降而引起结构内力。地基不均匀沉降会引起砌体结构房屋产生裂缝，如砌体墙中下部区域常出现正八字形裂缝，这是由于建筑物中部沉降大，两端沉降小，结构中下部受拉、端部受剪，墙体由于剪力形成的主拉应力破裂，使裂缝呈正八字形；又如砌体房屋窗脚处常因应力集中产生裂缝，这是纯剪裂缝的一种，当地基差异沉降比较集中时，由于窗间墙受竖向压力，灰缝沉陷大，而窗台部分上部为自由面，从而在相交的窗脚处产生裂缝。

对于混凝土结构而言，还有两种特殊的变形作用，即徐变和收缩。混凝土在长期外力作用下产生随时间而增长的变形称为徐变。通常情况下，混凝土往往与钢筋组成钢筋混凝土构件而共同承受荷载，当构件承受不变荷载的长期作用后，混凝土将产生徐变。由于钢筋与混凝土的黏结作用，两者将协调变形，于是混凝土的徐变将迫使钢筋的应变增加，钢筋的应力也随之增大。可见，由于混凝土徐变的存在，钢筋混凝土构件的内力将发生重分布，当外荷载不变时，混凝土应力减小而钢筋应力增加。另外，混凝土在空气中结硬时其体积会缩小，这种现象称为混凝土的收缩，收缩是混凝土在不受力情况下因体积变化而产生的变形。若混凝土不能自由收缩，则混凝土内产生的拉应力将导致混凝土裂缝的产生。在钢筋混凝土构件中，由于钢筋和混凝土的黏结作用，钢筋将缩短而受压；混凝土的收缩变形受到钢筋的阻碍而不能自由发生，使得混凝土承受拉力。当混凝土收缩较大而构件截面配筋又较多时，这种变形作用往往使得混凝土构件产生收缩裂缝。

由上述分析可知，所谓变形作用，其实质就是结构由于种种原因引起的变形受到多余约束的阻碍，从而导致结构产生内力。对于变形作用引起的结构内力和位移计算，只需遵循力学的基本原理求解，也即根据静力平衡条件和变形协调条件求解即可。下面仍以超静定杆系结构支座发生位移后引起的内力作一说明。

【例 6-1】 图 6-2（a）为超静定体系，支座 B 发生了水平位移 a 和下沉 b，绘出刚架的弯矩图。

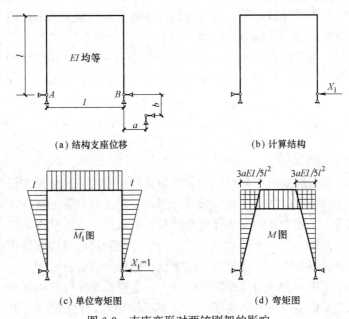

（a）结构支座位移　　　　　　　（b）计算结构

（c）单位弯矩图　　　　　　　（d）弯矩图

图 6-2　支座变形对两铰刚架的影响

【解】 选取图 6-2（b）所示基本结构，沿多余约束力 X_1 方向的已知位移是 $-a$，故力法方程为

$$\delta_{11}X_1+\Delta_{1c}=-a$$

由单位未知力的作用情况（图 6-2c）可算出

$$\delta_{11}=\sum\int \overline{M}_1^2\,\frac{\mathrm{d}x}{EI}=\frac{5l^3}{3EI}$$

而基本结构由支座位移引起的位移 Δ_{1c} 可由变形体系的虚功原理求得，即

$$\Delta_{1c}=-\sum\overline{R}c$$

其中 $\overline{R}$ 为基本结构中发生位移的支座反力，c 为对应方向上的位移。在本算例中，只

有一个 $\overline{R}$，其对应的位移为 b，但在未知力和 $X_1=1$ 作用下，$\overline{R}$ 值为零，故 $\Delta_{1c}=0$。

于是解得多余未知力为

$$X_1=-3aEI/5l^3$$

最终弯矩图按 $M=\overline{M}_1X_1$ 绘出，如图 6-2（d）所示。

对于地下结构而言，还有一种特殊的变形作用，即所谓地层弹性抗力的存在，这也是地下结构区别于地面结构的显著特点之一。因为地面结构在外力作用下可以自由变形而不受介质的约束，但地下结构在外荷载作用下发生变形，还同时受到周围地层的约束，地下结构的变形导致地层发生与之协调的变形时，地层就对地下结构产生了反作用力。这一反作用力的大小同地层发生变形的大小有关，一般假设反作用力的大小与地层变形呈线弹性关系，并把这一反作用力称为弹性抗力。

在地下结构的各种计算方法中，如何确定弹性抗力的大小及其作用范围（抗力区），历来有两种理论：一种是局部变形理论，认为弹性地基上某点处施加的外力只会引起该点的变形（沉陷）；另一种是共同变形理论，认为作用于弹性地基上一点的外力，不仅使该点发生沉陷，而且会引起附近地基也发生沉陷。一般来说，后一种理论较为合理，但由于局部变形理论的计算方法比较简单，也尚能满足工程设计的精度要求，所以至今仍多采用局部变形理论来计算地层弹性抗力。

需要注意的是在地下结构中，岩土介质的流变作用，使得作用在结构上的荷载逐渐增加，这部分荷载称之为蠕变压力。这种压力由于涉及面广，计算复杂，在此不再赘述。

6.3　爆炸作用

6.3.1　爆炸的基本概念

爆炸一般指在极短时间内，释放出大量能量，产生高温，并放出大量气体，在周围介质中造成高压的化学反应或状态变化。爆炸作用是一种比较复杂的荷载。一般来说，如果在足够小的容积内以极短的时间突然释放出能量，以致产生一个从爆源向有限空间传播出去的一定幅度的压力波，即在该环境内发生了爆炸。这种能量可以是原来就以各种形式储存于该系统中，也可以是核能、化学能、电能或压缩能等等。

爆炸发生在空气中，会瞬间压缩周围的空气，足够快和足够强的压缩将形成空气冲击压力波。爆炸的类型很多，例如炸药爆炸（常规武器爆炸、核爆炸）、煤气爆炸、粉尘爆炸、锅炉爆炸、矿井下瓦斯爆炸、汽车等物体燃烧时引起的爆炸等。非核爆炸产生的空气冲击波的作用时间常短促，一般仅几毫秒，在传播过程中强度减小得很快，也比较容易削弱，其对结构物的作用比起核爆炸冲击波要小得多。因此在设计可能遭遇到类似爆炸作用的结构物时，必须考虑爆炸的空气冲击波荷载。

6.3.2　爆炸荷载的计算

爆炸对建筑物的破坏程度与爆炸类型、爆炸源能量大小、爆炸距离及周围环境、建筑物本身的振动特性等有关，精确度量爆炸荷载的大小较为困难。爆炸荷载的大小主要取决于爆炸当量和结构离爆炸源的距离。

当冲击波与结构相遇时，会引起压力、密度、温度和质点速度迅速变化，从而作为一种荷载施加于结构上，此荷载是冲击波所遇到的结构的几何形状、大小和所处方位的强函数。一般来说，爆炸产生的空气冲击波根据结构所处地面和地下位置不同，其作用也不一样，因此爆炸作用应对地面结构和地下结构区分对待。

爆炸冲击波对结构产生的荷载主要分为两种，即冲击波超压和冲击波动压。爆炸发生在空气介质中时，反应区内瞬时形成的极高压力与周围未扰动的空气处于极端的不平衡状态，于是形成一种高压波从爆心向外运动，这是一个强烈挤压邻近空气并不断向外扩展的压缩空气层，它的前沿，又称波阵面，犹如一道运动着的高压气体墙面。这种由于气体压缩而产生的压力即为冲击波超压。此外，由于空气质点本身的运动也将产生一种压力，即冲击波动压。假设爆炸冲击波运行时碰到一封闭结构，在直接遭遇冲击波的墙面（称为前墙）上冲击波产生正反射，前墙瞬时受到骤然增大的反射超压，在前墙附近产生高压区，而此时作用于前墙上的冲击波动压值为零。这时的反射超压峰值可按如下公式计算：

$$K_f = \frac{\Delta P_f}{\Delta P} \tag{6-2}$$

式中　ΔP_f——最大的反射超压（kPa）；

　　　ΔP——入射波波阵面上的最大超压（kPa）；

　　　K_f——反射系数，取值 2～8。

爆炸冲击波除作用于结构正面产生超压外，还绕过结构运动，对结构产生动压作用。由于结构形状不同，墙面相对于气流流动方向的位置也不同，因而不同墙面所受到的动压作用压力值也不同。这个差别可用试验确定的表面阻力系数 C_d 来表示。这样动压作用引起的墙面压力等于 $C_d \cdot q(t)$，因此前墙压力从 ΔP_f 衰减到 $\Delta P(t) + C_d \cdot q(t)$，以后整个前墙上单位面积平均压力 $\Delta P_1(t)$ 可由下式表示：

$$\Delta P_1(t) = \Delta P(t) + C_d \cdot q(t) \tag{6-3}$$

式中　$\Delta P_1(t)$——整个前墙单位面积平均压力（kPa）；

　　　C_d——表面阻力系数，由试验确定，对矩形结构取 1.0；

　　　$q(t)$——冲击波产生的动压（kPa）。

对结构的顶盖、侧墙及背墙上每一点压力自始至终为冲击波超压与动压作用之和，计算公式同式（6-3）。所不同的是，由于涡流等原因，侧墙、顶盖和背墙在冲击波压力作用下受到吸力作用，因此 C_d 取负值。所以对矩形结构来讲，作用于前墙和后墙上的压力波不仅在数值大小上有差别，而且作用时间也不尽相同。因此结构受到巨大挤压作用，同时由于前后压力差，使得整个结构受到巨大的水平推力，可能使整个结构平移和倾覆。

对于细长形目标如烟囱、塔楼以及桁架杆件等，它们的横向线性尺寸很小，结构四周作用有相同的冲击波超压值和不同的动压值，整个结构所受的合力就只有动压作用。因此由于动压作用，这种细长形结构容易遭到抛掷和弯折。

位于岩土介质中的地下结构所受到的来自地面爆炸产生的荷载与许多因素有关，主要有：①地面空气冲击波压力参数，它引起岩土压缩波向下传播；②压缩波在自由场中传播时的参数变化；③压缩波遇到结构时产生反射，这个反射压力取决于波与结构的相互作用。一般对埋入岩土介质中的地下结构，荷载的确定采用简化的综合反射系数法，这种方法是一种半经验性质的实用方法，考虑了压缩波在传播过程中的衰减。它是根据地面冲击波超压计算出作用在结构上的动载峰值，然后再换算成等效静载。

地下结构周围的岩土材料一般由土体颗粒、水分和空气三相介质构成。对非饱和土体，其变形性能主要取决于颗粒骨架，并由它承受外加荷载，因此压缩波在非饱和土体中传播时衰减相对要大些。而对饱和土体，主要靠水分来传递外加荷载，因此压缩波在饱和土体中传播时衰减很少。

对于地下结构，深度 h 处压缩波峰值压力 P_h 计算公式为：

$$P_h = \Delta P_d e^{-\alpha h} \tag{6-4}$$

式中　ΔP_d——地面空气冲击波超压（kPa）；

　　　　h——距地表的深度（m）；

　　　　α——衰减系数，对土取 0.03～0.1（适用于核爆炸，对普通爆炸衰减的速率要大得多）。

结构顶盖动载峰值 P_1 的计算：

$$P_1 = K_f \cdot P_h \tag{6-5}$$

式中　P_h——顶盖深度处自由场压力峰值（kPa）；

　　　　K_f——综合反射系数，对饱和土中的结构取 1.8；对非饱和土，K_f 值取决于结构埋深和结构的外包尺寸及形状，比较复杂。

对于结构侧墙动载峰值 P_2 的计算，认为作用在侧墙上的动载与同一深度处的自由场侧压相同，其峰值计算式为：

$$P_2 = \xi \cdot P_h \tag{6-6}$$

式中　ξ——压缩波作用下的侧压系数，取值如表 6-3 所示。

压缩波作用下的侧压系数 　　　　　　　　　　　　表 6-3

岩土介质类别		侧压系数 ξ
碎石土		0.15～0.25
砂土	地下水位以上	0.25～0.35
	地下水位以下	0.70～0.90
粉土		0.33～0.43
黏土	坚硬、硬塑	0.20～0.40
	可塑	0.40～0.70
	软、流塑	0.70～1.0

底板动载峰值计算如下：

$$P_3 = \eta \cdot P_1 \tag{6-7}$$

式中　η——底压系数，对非饱和土中的结构 $\eta = 0.5～0.75$，对饱和土 η 取 0.8～1.0。

根据上述计算的结构各自的动载峰值，再根据结构的自振频率以及动载的升压时间查阅有关图表得到荷载系数，最后可以计算作用在结构上的等效静载。

需要说明的是，上述荷载计算公式（6-4）、公式（6-5）和公式（6-6）同《人民防空地下室设计规范》GB 50038—2005 公式基本一致，所不同的是规范在计算压缩波峰值压力 P_h 时采用的计算公式较为复杂，另外计算参数多，且取值大多基于经验，而本教材主要是侧重于基本概念，因此采用的计算方法是考虑压缩波衰减的简化经验反射系数法。

【例 6-2】　某土中浅埋双跨隧道结构如图 6-3 所示，已知地面空气冲击波荷载超压峰

值 $\Delta P_d = 15\text{kPa}$，结构埋深 2m，地下水位距离地表 2.3m，土质为天然湿度粉土。试按综合反射系数法确定作用于结构顶面和底板的动载。

【解】 (1) 顶板荷载

顶板埋深 $h = 2\text{m}$，则该处自由场压缩波峰压为：

$$P_h = \Delta P_d e^{-ah} = 15 \times e^{-0.05 \times 2} = 13.6\text{kPa}$$

由于结构外包尺寸较大且结构位于水下，故综合反射系数 K_f 取 1.8，顶板的动载峰值为：

$$P_1 = K_f \cdot P_h = 1.8 \times 13.6 = 24.5\text{kPa}$$

(2) 底板荷载

因处于水下，底压系数取 0.8，有

$$P_3 = \eta \cdot P_1 = 0.8 \times 24.5 = 19.5\text{kPa}$$

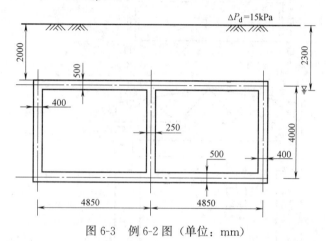

图 6-3　例 6-2 图（单位：mm）

6.4　制动力与冲击力

6.4.1　汽车制动力

汽车制动力是为克服汽车在桥上刹车时的惯性力在车轮与路面之间而产生的滑动摩擦力。由于在桥上一列车同时刹车的概率极小，制动力也按纵向折减，折减系数与车辆荷载设计相同。对于铁路桥梁，《铁路桥涵设计规范》TB 10002—2017 规定列车制动力或牵引力按作用在桥跨范围的竖向静活载的 10% 计算。对于公路桥梁，只考虑制动力。根据《公路桥涵设计通用规范》JTG D60—2015 规定，一个设计车道上由汽车荷载产生的制动力标准值按规定的车道荷载在加载长度上计算的总重力的 10% 计算，但公路-Ⅰ级汽车荷载的制动力标准值不得小于 165kN；公路-Ⅱ级汽车荷载的制动力标准值不得小于 90kN。同向行驶双车道、三车道和四车道的汽车荷载制动力标准值分别为一个设计车道制动力标准值的 2 倍、2.34 倍和 2.68 倍。

制动力（或牵引力）的方向为顺行车方向（或逆行车方向），其着力点在车辆的重心位置，一般为桥面以上 1.2m 或铁路桥梁轨顶处以上 2m。在计算墩台时，可移至支座中心处（铰或滚轴中心）或滑动、橡胶、摆动支座的底板面上，在计算刚架桥、拱桥时，可移至桥面上，但不计由此而产生的力矩和竖向力。

6.4.2 吊车制动力

在工业厂房中常有桥式吊车（图 6-4），吊车在运行中的刹车也会产生制动力。因此设计有吊车厂房结构时，需考虑吊车的纵向和横向水平制动力。

吊车纵向水平制动力是吊车桥架沿厂房纵向运行时制动引起的惯性力产生的，其大小受制动轮与轨道间的摩擦力的限制，当制动惯性力大于制动轮与轨道间的摩擦力时，吊车轮将在轨道上滑动。经实测，吊车轮与钢轨间的摩擦系数一般小于 0.1，所以吊车纵向水平荷载可按一边轨道上所有刹车轮的最大轮压之和的 10% 采用。制动力的作用点位于刹车轮与轨道的接触点，方向与行车方向一致。

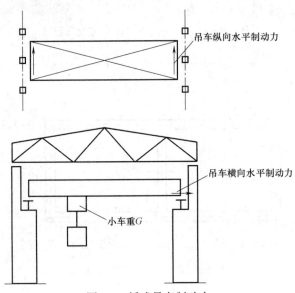

图 6-4 桥式吊车制动力

吊车横向水平制动力是吊车小车及起吊物沿桥架在厂房横向运行时制动所引起的惯性力。该惯性力与吊钩种类和起吊物重量有关，一般硬钩吊车比软钩吊车制动加速度大。另外，起吊物越重，一般运行速度越慢，制动产生的加速度则较小，故《荷载规范》规定，吊车横向水平荷载按下式计算：

$$T_{\mathrm{x}} = \alpha_{\mathrm{H}}(Q_1 + Q)g \tag{6-8}$$

式中 Q_1——横向行驶的小车重量；

$\quad\quad Q$——吊车的额定起重量；

$\quad\quad g$——重力加速度；

$\quad\quad \alpha_{\mathrm{H}}$——横向水平荷载系数，或称小车制动力系数。对于硬钩吊车取 0.2；对于软钩吊车，当额定起重量≤10t 时，取 0.12，当额定起重量为 16～50t 时，取 0.1，当额定起重量≥75 t 时，取 0.08。

6.4.3 汽车冲击力

车辆以一定速度在桥梁上行驶时，由于桥面不平整、车轮不圆和发动机抖动等原因，会引起桥梁结构的振动，这种动力效应通常称为冲击作用。在这种情况下，运行中的车辆荷载对桥梁结构所引起的应力和变形比同样大小的静荷载所引起的要大。

钢桥、钢筋混凝土桥、预应力混凝土桥及圬工拱桥等上部构造和钢支座、板式橡胶支座、盆式橡胶支座及钢筋混凝土柱式墩台，应计算汽车的冲击作用。

汽车荷载的冲击力可用汽车荷载乘以冲击系数 μ 来计算。冲击系数是根据在已建成的实桥上所做的振动试验的结果分析整理而确定的，设计中可按不同结构种类和跨度大小选用相应的冲击系数。式（6-9）和式（6-10）中分别列出了公路、铁路桥梁结构的部分冲击系数值。

对于公路桥梁汽车荷载冲击系数可按下式计算：

当 $f<1.5\text{Hz}$ 时，　　　　　　　　$\mu=0.05$

当 $1.5\text{Hz}\leqslant f\leqslant 14\text{Hz}$ 时，　$\mu=0.1767\ln f-0.0157$ 　　　　(6-9)

当 $f>14\text{Hz}$ 时，　　　　　　　　$\mu=0.45$

式中　f——结构基频（Hz）。

汽车荷载的局部加载及 T 梁、箱梁悬臂板上的冲击系数采用 1.3。

对于铁路钢筋混凝土、混凝土、石砌的桥跨结构及涵洞、刚架桥，当其顶上填土厚度 $h\geqslant 1\text{m}$（从轨底算起）时不计冲击力；当 $h<1\text{m}$ 时，按下式计算：

$$1+\mu=1+\alpha\left(\frac{6}{30+L}\right) \tag{6-10}$$

式中　α——$\alpha=4(4-h)\leqslant 2$；

　　　L——桥跨长度或（局部）构件的影响线加载长度。

鉴于结构物上的填料能起缓冲和扩散冲击荷载的作用，对拱桥、涵洞以及重力式墩台，当填料厚度（包括路面厚度）等于或大于 500mm 时，《公路桥涵设计通用规范》JTG D60—2015 规定可以不计冲击作用。

6.5 离 心 力

位于曲线上的桥梁，当弯桥的曲线半径等于或小于 250m 时，应计算汽车荷载引起的离心力。离心力等于车辆荷载的标准值 P（不计冲击力）乘以离心力系数 C，即

$$H=CP \tag{6-11}$$

其中离心力系数

$$C=\frac{v^2}{127R} \tag{6-12}$$

式中　v——计算车速（km/h）；

　　　R——弯道半径（m）。

计算多车道桥梁的汽车离心力时，车辆荷载标准值应按规定折减。离心力的着力点在车辆的重心处，一般取为桥面以上 1.2m。有时为了计算方便也可移至桥面上，而不计由此引起的力矩。

6.6 预 加 力

以特定的方式在结构的构件上预先施加的、能产生与构件所承受的外荷载效应相反的

应力状态的力称为预加力。在混凝土构件上，在受载受拉区预加压力能延缓构件的开裂，从而提高构件截面的刚度和正常使用阶段的承载能力，降低截面高度，减少构件自重，增加构件的跨越能力。习惯上将建立了与外荷载效应相反的应力状态的构件称为预应力构件。

预加力的施加方式多种多样，主要取决于结构设计和施工的特点，以下介绍几种主要方式。

1. 外部预加力和内部预加力

当结构杆件中的预加力来自结构之外时，所加的预加力称为外部预加力，对混凝土拱桥拱顶用千斤顶施加水平预压力、在连续梁的支点处用千斤顶施加反力，使结构内力呈有利分布等属于此类。当混凝土结构构件中的预加力是通过张拉和锚固设置在结构构件中的高强度钢筋，使构件中产生与外荷载效应相反的应力状态的，所加的预加力称为内部预加力。外部预加力常用于结构内力调整，内部预加力则为钢筋混凝土构件施加预加力的常规方式。

2. 先张法预加力和后张法预加力

先张拉高强度钢筋，后浇筑包裹钢筋的混凝土，待混凝土达到设计强度，钢筋和混凝土之间具有可靠的黏结力后，放松钢筋，钢筋变形的弹性恢复受钢筋周围混凝土阻碍而传给混凝土的力为先张法预加力。先浇筑混凝土，混凝土中预留放置预应力筋的孔道，待混凝土达到设计强度后张拉力筋，并通过锚固措施将钢筋受力后的弹性变形锁住并传给混凝土的力为后张法预加力，图 6-5 显示了后张法预加力工艺流程。

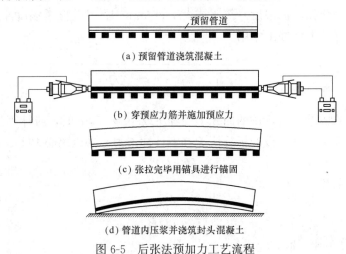

（a）预留管道浇筑混凝土

（b）穿预应力筋并施加预应力

（c）张拉完毕用锚具进行锚固

（d）管道内压浆并浇筑封头混凝土

图 6-5　后张法预加力工艺流程

由于先张法预加力和管道灌浆的后张法预加力是通过钢筋与混凝土之间的黏结力传给混凝土的，故也称有黏结预加力。而管道不灌浆的后张法预加力是通过构件两端的锚具对混凝土施加预应力的，故也称无黏结预加力。

预应力混凝土构件预加力的大小取决于构件在正常使用阶段的截面材料的控制应力、截面的极限承载能力和抗裂性等因素，在上述条件下确定了预应力钢筋面积 A_y 后，预加力 $N_y = A_y \sigma_k$，其中 σ_k 为张拉控制应力，由于混凝土和预应力钢筋的物理力学特征和所采用的预应力钢筋的锚具的特性，在构件的预应力张拉阶段和正常使用阶段将发生与张拉工艺相对应的预应力损失 σ_l，所以预加力是随时间变化而减小的。

对于先张法预应力混凝土构件，预应力会发生的损失有：温差损失 σ_{l3}、弹性压缩损失 σ_{l1}、钢筋松弛损失 σ_{l4}、混凝土收缩徐变损失 σ_{l5}。对于后张法预应力混凝土构件，会发生的预应力损失有：摩阻损失 σ_{l2}、锚具损失 σ_{l1}、预应力钢筋分批张拉损失、钢筋松弛损失 σ_{l4}、混凝土收缩徐变损失 σ_{l5}。总预应力损失约占张拉控制应力 σ_k 的 1/3。跨径 138m 的重庆长江大桥，后张法预应力钢筋的张拉控制应力 σ_k 为 1280MPa，其各项预应力损失（单位为 MPa）如表 6-4 所示。

重庆长江大桥预应力钢筋应力损失　　　　　　表 6-4

损失项目	σ_{l1}	σ_{l2}	σ_{l4}	σ_{l5}	σ_{l6}	总和
损失量(MPa)	88	44.3	46.1	52.2	166.1	396.7

后张法预加力（先浇筑混凝土后张拉钢筋）的工艺流程如图 6-5 所示。在浇筑的混凝土中，按预应力钢筋的设计位置预留管道或明槽，如图 6-5（a）所示；待混凝土养护结硬到一定强度后，将预应力钢筋穿入孔道，并利用构件作为加力台座，使用千斤顶对预应力钢丝进行张拉，如图 6-5（b）所示；在张拉钢筋的同时，构件混凝土受压，钢筋张拉完毕后，用锚具将钢筋锚固在构件的两端，如图 6-5（c）所示；然后在管道内压浆，使构件混凝土与钢筋黏结成整体以防止钢筋锈蚀，并增加构件的刚度，如图 6-5（d）所示。后张法主要是靠锚具传递和保持预加力的。

后张法多用于大跨度桥梁，它不需要专门的张拉台座，一般宜于在施工场地预制或在桥位上就地浇筑。预应力钢筋可按照设计要求，根据构件的内力变化而布置成合理的曲线形式。但后张法的施工工艺比较复杂，锚固钢筋用的锚具耗钢量大。

3. 预弯梁预加力

预弯梁预加力是通过钢梁与混凝土之间的黏结构造将钢梁的弹性恢复力施加于混凝土上，弹性恢复力利用屈服强度很高的钢梁预先弯曲产生弹性变形而获得。

预弯钢筋-混凝土组合简支梁的施工工艺如下：预先在弯曲梁的 $L/4$ 处施加两个等同的集中荷载；当钢梁被压到挠度为零时，在钢梁的下翼缘浇筑高强度等级混凝土；混凝土经养护达到强度要求后，撤除钢梁上的集中力，钢梁回弹，所浇筑的混凝土就受到钢梁回弹产生的压力作用；然后浇筑腹板和上翼缘混凝土。通过这种工艺得到的钢梁与混凝土的组合构件为预弯梁预应力构件。

思考与练习题

6-1　温度作用和变形作用，在超静定结构和静定结构中的作用效应有什么不同？

6-2　基本气温的含义是什么？

6-3　结构构件任意截面上的温度分布包含哪些分量？

6-4　公路桥梁汽车荷载冲击系数与什么有关？

6-5　车辆荷载制动力与冲击力有哪些折减情况？其作用位置在何处？

6-6　如何理解爆炸作用？

6-7　某土中浅埋双跨隧道结构如图 6-6 所示，已知地面空气冲击波荷载超压峰值 $\Delta P_d = 10\text{kPa}$，结构埋深 3m，地下水位距离地表 3.3m，土质为天然湿度粉土。试按综合反射系数法确定作用于结构顶面和底板的动载。

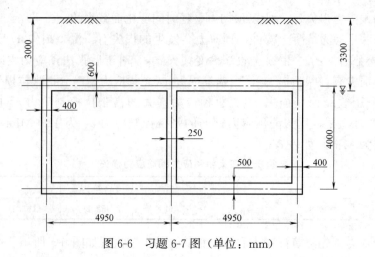

图 6-6 习题 6-7 图（单位：mm）

6-8 位于曲线上的桥梁，当弯道桥的曲线半径为 200m 时，计算车辆行驶速度为 60km/h 时的离心力及离心力所产生的倾覆力矩。

第 7 章

荷载统计分析与荷载效应组合设计

7.1　荷载统计分析的概率模型

7.1.1　荷载随机过程模型

一般来说，工程结构中的各种荷载不但具有随机性质，而且其数值还随时间变化。因此，荷载的统计与分析采用随机过程模型较为切合实际。在一个确定的设计基准期 T 内，对荷载随机过程进行一次连续观测所获得的结果，称为随机过程的一个样本函数，如图 7-1 所示。

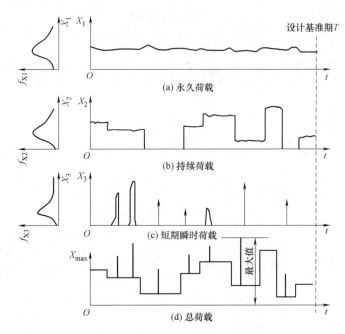

图 7-1　典型的荷载随机过程模型

荷载随机过程在任一时间的取值，称为截口随机变量或任意时点荷载，其概率密度函数如图 7-1（a）～（c）左侧图形所示。

目前，在工程结构荷载研究中，为了简化起见，对于常见的永久荷载、楼面活荷载、风荷载、雪荷载、公路及桥梁人群荷载等，一般都采用平稳二项随机过程模型；而对于车辆荷载，则常用滤过泊松过程模型。

由于结构可靠性分析中荷载采用随机变量的概率模型，为了与此相适应，我国《建筑结构可靠性设计统一标准》GB 50068—2018（以下简称建筑《统一标准》）和《公路工程结构可靠性设计统一标准》JTG 2120—2020（以下简称公路《统一标准》）在荷载统计分析时，都将荷载随机过程 $\{Q(t), t \in [0, T]\}$ 转化为设计基准期 T 内的荷载最大值

$$Q_T = \max_{t \in [0, T]} Q(t) \tag{7-1}$$

因 T 已规定，故 Q_T 是一个与时间参数 t 无关的随机变量。

7.1.2　荷载统计的平稳二项随机过程

7.1.2.1　基本假定与统计分析方法

在荷载的平稳二项随机过程模型中，通常将荷载的样本函数模型化为等时段的矩形波

函数（图 7-2），其基本假定为：

①　按荷载每变动一次作用在结构上的时间长短，将设计基准期 T 等分为 r 个相等的时段 τ，$\tau = T/r$；

②　在每个时段 τ 内，荷载出现〔即 $Q(t) > 0$〕的概率均为 p，不出现〔即 $Q(t) = 0$〕的概率均为 $q = 1 - p$（p，q 为常数）；

③　在每个时段 τ 内，荷载出现时，

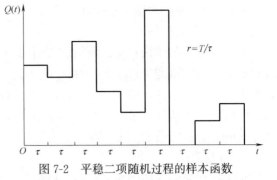

图 7-2　平稳二项随机过程的样本函数

其幅值是非负的随机变量，且在不同时段上的概率分布是相同的，这一概率分布称为任意时点荷载的概率分布，其分布函数记为 $F_Q(x) = P[Q(t) \leqslant x, t \in \tau]$；

④　不同时段 τ 上的荷载幅值随机变量是相互独立的，并且与荷载在时段 τ 上是否出现无关。

由上述假定，可根据荷载变动一次的平均持续时间 τ 或在 T 内的变动次数 r、在每个时段内荷载出现的概率 p 以及任意时点荷载的概率分布 $F_Q(x)$ 等三个统计要素，先确定住一时段内的荷载概率分布函数 $F_{Q\tau}(x)$，进而导出荷载在设计基准期 T 内最大值 Q_T 的概率分布函数 $F_{QT}(x)$。

$$
\begin{aligned}
F_{Q\tau}(x) &= P[Q(t) \leqslant x, t \in \tau] \\
&= P[Q(t) > 0] \cdot P[Q(t) \leqslant x, t \in \tau \mid Q(t) > 0] + \\
&\quad P[Q(t) = 0] \cdot P[Q(t) \leqslant x, t \in \tau \mid Q(t) = 0] \\
&= p \cdot F_Q(x) + q \cdot 1 = p \cdot F_Q(x) + (1 - p) = 1 - p[1 - F_Q(x)] \quad (x \geqslant 0) \quad (7\text{-}2)
\end{aligned}
$$

$$
\begin{aligned}
F_{QT}(x) &= P[Q_T \leqslant x] = P[\max_{t \in [0, T]} Q(t) \leqslant x, t \in T] \\
&= \prod_{j=1}^{r} P[Q(t) \leqslant x, t \in \tau_j] = \prod_{j=1}^{r} \{1 - p[1 - F_Q(x)]\} \\
&= \{1 - p[1 - F_Q(x)]\}^r \quad (x \geqslant 0) \quad (7\text{-}3)
\end{aligned}
$$

设荷载在 T 年内的平均出现次数为 m，则 $m = pr$。对于在每一时段内必然出现的荷载，其 $Q(t) > 0$ 的概率 $p = 1$，此时 $m = r$，则由式（7-3）得

$$
F_{QT}(x) = [F_Q(x)]^m \quad (7\text{-}4)
$$

对于在每一时段内不一定都出现的荷载，$p < 1$，若式（7-3）中的 $p[1 - F_Q(x)]$ 项充分小，则

$$
\begin{aligned}
F_{QT}(x) &= \{1 - p[1 - F_Q(x)]\}^r \approx \{e^{-p[1 - F_Q(x)]}\}^r \\
&= \{e^{-[1 - F_Q(x)]}\}^{pr} \approx \{1 - [1 - F_Q(x)]\}^{pr}
\end{aligned}
$$

由此得

$$
F_{QT}(x) \approx [F_Q(x)]^m \quad (7\text{-}5)
$$

上述分析表明，对各种荷载，平稳二项随机过程 $\{Q(t) \geqslant 0, t \in [0, T]\}$ 在设计基准期 T 内最大值 Q_T 的概率分布函数 $F_{QT}(x)$ 均可表示为任意时点分布函数 $F_Q(x)$ 的 m 次方，式中的各个参数需经调查统计分析得到。

7.1.2.2　典型常遇荷载统计特性

① 永久荷载 G

永久荷载（如结构自重）取值在设计基准期 T 内基本不变，从而随机过程可转化为与时间无关的随机变量 $\{G(t)=G，t\in[0,T]\}$，其样本函数如图 7-3 所示。它在整个设计基准期内持续出现，即 $p=1$。荷载一次出现的持续时间 $\tau=T$，在设计基准期内的时段数 $r=T/\tau=1$，则 $m=pr=1$，$F_{QT}(x)=F_Q(x)$。经统计可认为永久荷载的设计基准期内任意时点分布函数 $F_Q(x)$ 服从正态分布。

② 可变荷载

对于可变荷载（如楼面活荷载、风荷载、雪荷载等），其样本函数的共同特点是荷载一次出现的时间 $\tau<T$，在设计基准期内的时段数 $r>1$，且在 T 内至少出现一次，所以平均出现次数 $m=pr\geqslant1$。不同的可变荷载，其统计参数 τ、p 以及任意时点荷载的概率分布函数 $F_Q(x)$ 都是不同的，但均可认为服从极值 Ⅰ 型分布。

1）楼面持久性活荷载 $L_i(t)$

持久性活荷载是指楼面上经常出现，而在某个时段内（例如房间内二次搬迁之间）其取值基本保持不变的荷载，如住宅内的家具、物品，工业房屋内的机器、设备和堆料，还包括常在人员自重等。它在设计基准期内的任何时刻都存在，故 $p=1$。经过对全国住宅、办公楼使用情况的调查分析可知，用户每次搬迁后的平均持续时间约为 10 年，即 $\tau=10$，若设计基准期取 50 年，则有 $r=T/\tau=50/10=5$，$m=pr=5$，相应得出的荷载随机过程样本函数如图 7-4 所示。

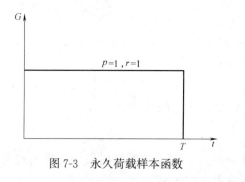

图 7-3　永久荷载样本函数

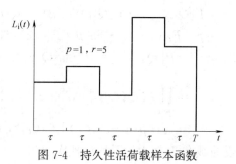

图 7-4　持久性活荷载样本函数

2）楼面临时性活荷载 $L_r(t)$

临时性活荷载是指楼面上偶尔出现的短期荷载，如聚会的人群、维修时工具和材料的堆积、室内扫除时家具的集聚等。对于临时性活荷载，由于持续时间很短，在设计基准期内的荷载值变化幅度较大，要取得在单位时间内出现次数的平均率及其荷载值的统计分布，实际上是比较困难的。为了便于利用平稳二项随机过程模型，可通过对用户的查询，了解到最近若干年内的最大一次脉冲波，以此作为该时段内的最大荷载 L_{rs} 并作为荷载统计的对象，偏于安全地取 $m=5$（已知 $T=50$ 年），即 $\tau=10$，则其样本函数与持久性活荷载相似（图 7-5）。

3）风荷载 $W(t)$

对于工程结构（尤其是高耸的柔性结构）来说，风荷载是一种重要的直接水平作用，它对结构设计与分析有着重要影响。取风荷载为平稳二项随机过程，按它每年出现一次最大值考虑，则当 $T=50$ 年时，在 $[0,T]$ 内年最大风荷载共出现 50 次；在一年时段内，年最大风荷

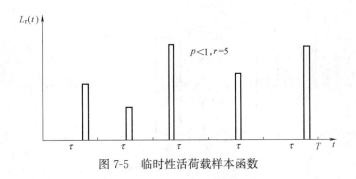

图 7-5　临时性活荷载样本函数

载必然出现，因此 $p=1$，则 $m=pr=50$。年最大风荷载随机过程的样本函数如图 7-6 所示。

图 7-6　年最大风荷载样本函数

4）雪荷载 $S(t)$

雪荷载是房屋屋面结构的主要荷载之一。在统计分析中，雪荷载是采用基本雪压作为统计对象的。各个地区的地面年最大雪压是一个随机变量。与结构承载能力设计相适应，需要首先考虑每年的设计基准期内可能出现的雪压最大值。与设计基准期相比，年最大雪压持续时间仍属短暂，因此，采用滤过泊松过程描述更符合实际情况。为了应用简便，建筑《统一标准》仍取雪荷载为平稳二项随机过程。此时，按它每年出现一次，当 $T=50$ 年时有 $r=50$；在一年时段内，年最大雪荷载必将出现，因此，$p=1$，这样 $m=pr=50$。年最大雪荷载随机过程的样本函数与图 7-6 相似。

5）人群荷载

人群荷载调查以全国 10 多个城市或郊区的 30 座桥梁为对象，在人行道上任意划出一定大小的区域和不同长度的观测段，分别连续记录瞬时出现在其上的最多人数，据此计算每平方米的人群荷载。由于行人高峰期在设计基准期内变化很大，短期实测值难以保证达到设计基准期内的最大值，故在确定人群荷载随机过程的样本函数时，可近似取每年出现一次荷载最大值。对于公路桥梁结构，设计基准期 T 为 100 年，则人群荷载在 T 内的平均出现次数 $m=100$。

需要特别指出的是，各种荷载的概率模型应该通过调查实测，根据所获得的资料和数据进行统计分析后确定，使之尽可能地反映荷载的实际情况，并不要求一律采用平稳二项随机过程这种特定的概率模型。

7.1.3　荷载统计的滤过泊松过程

在一般运行状态下，当车辆的时间间隔为指数分布时，车辆荷载随机过程可用滤过泊松（Poisson）过程来描述，其样本函数如图 7-7 所示。

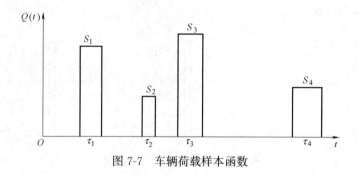

图 7-7　车辆荷载样本函数

车辆荷载随机过程 $\{Q(t),t\in[0,T]\}$ 可表达为

$$Q(t)=\sum_{n=0}^{N(t)}\omega(t;\tau_n,S_n) \tag{7-6}$$

其中，① $\{N(t),t\in[0,T]\}$ 为参数 λ 的泊松过程；

② 响应函数

$$\omega(t;\tau_n,S_n)=\begin{cases}S_n,t\in\tau_n\\0,t\notin\tau_n\end{cases}$$

其中，τ_n 为第 n 个荷载持续时间，令 $\tau_0=0$；

③ $S_n(n=1,2\cdots)$ 为相互独立的分布于 $F_Q(x)$ 的随机变量序列，称为截口随机变量，且与 $N(t)$ 互相独立，令 $S_0=0$。

滤过泊松过程最大值 Q_T 的概率分布表达式为

$$F_{QT}(x)=\mathrm{e}^{-\lambda T[1-F_Q(x)]} \tag{7-7}$$

式中 $F_Q(x)$ 为车辆荷载的任意时点分布函数，经拟合检验结果服从对数正态分布；λ 为泊松过程参数，这里为时间间隔指数分布参数的估计值。

7.2　荷载的代表值

由上节讨论可见，各种荷载都具有不同性质的变异性，其最大值 Q_T 一般为随机变量。但在设计中，不可能直接引用反映荷载变异性的各种统计参数，通过复杂的概率运算进行具体设计。因此，在设计时，考虑到结构设计的实用简便和工程人员的传统习惯，除了采用能便于设计者使用的设计表达式外，对荷载仍采用一个规定的具体取值，即称为荷载代表值。这些取值是基于概率方法或经优选确定的，能较好地反映荷载的变异性，设计时又不直接涉及其统计参数和概率运算，避免了应用上的许多困难。

结构设计时，可根据不同的设计要求，采用不同的量值作为荷载的代表值，以使之更确切地反映它在设计中的特点。一般地，永久荷载只有一种代表值，即标准值；可变荷载的代表值有标准值、频遇值、准永久值和组合值。其中，荷载标准值是主要和基本的代表值，其他代表值可在标准值的基础上乘以适当的系数后得到。当设计上有特殊要求时，公路工程各类结构的设计规范尚可规定荷载的其他代表值。对于偶然作用的代表值，尚缺乏系统的研究，可根据现场观测、试验数据或工程经验，经综合分析判断确定。荷载的各种代表值应根据其概率模型，具有明确的概率意义。

7.2.1 荷载标准值取值

荷载标准值是结构按极限状态设计时采用的荷载基本代表值，是指其在结构的使用期间，正常情况下可能出现的最大荷载值。由于荷载本身的随机性，在结构使用期间的最大荷载量值也是一个随机变量，原则上可用它的统计分布来描述。

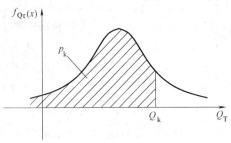

图 7-8 荷载标准值的确定

根据概率极限状态设计方法的要求，荷载标准值 Q_k 统一由设计基准期 T 内荷载最大值概率分布 $F_{QT}(x)$ 的某个分位值来确定，使其在 T 内具有不被超越的概率 p_k（图 7-8），即：

$$F_{QT}(Q_k) = P\{Q_T \leqslant Q_k\} = p_k \qquad (7\text{-}8)$$

因此，对于某类荷载，当有足够资料而有可能对其统计分布作出合理估计时，则在其设计基准期最大荷载的分布上，可根据协议的分位值，确定该荷载的代表值。目前，各国对不被超越的概率 p_k 没有统一的规定。我国对于不同荷载的标准值，其相应的 p_k 也不一致。

实际上，对于大部分自然荷载，包括风雪荷载，习惯上都以其规定的平均重现期来定义标准值，也即相对于以其重现内最大荷载分布的众值为标准值。目前，并非所有荷载都能取得充分的资料，为此，不得不从实际出发，根据已有的工程实践经验，通过分析判断后，协议一个公称值（Nominal Value）作为荷载的标准值。目前，主要是这样两种方法确定荷载的标准值。

重现期为 T_k 的荷载值，亦称为"T_k 年一遇"的值。例如，《荷载规范》在确定风荷载和雪荷载的标准值时，统计得出重现期为 50 年（即 50 年一遇）的最大风速和最大雪压，以此规定当地的基本风压和基本雪压。这种定义意味着在年分布中可能出现大于此值的概率为 $1/T_k$，即

$$F_Q(Q_k) = [F_{QT}(Q_k)]^{\frac{1}{T}} = 1 - \frac{1}{T_k} \qquad (7\text{-}9)$$

$$T_k = \frac{1}{1 - [F_{QT}(Q_k)]^{\frac{1}{T}}} = \frac{1}{1 - p_k^{\frac{1}{T}}} \qquad (7\text{-}10)$$

式（7-10）给出了重现期 T_k 与 p_k 之间的关系。如当 $T_k = 50$ 时（即 Q_k 为 50 年一遇的荷载值），$p_k = 0.346$；而当 Q_k 的不被超越概率为 $p_k = 0.95$ 时，$T_k = 975$，即 Q_k 为 975 年一遇；而当 $p_k = 0.5$ 时，即取 Q_k 为 Q_T 分布的中位值，$T_k = 72.6$，相当于 Q_k 为 72.6 年一遇。

结构或非承重构件的自重属于永久荷载，由于其变异性不大，而且多为正态分布，一般以其概率分布的平均值（即 0.5 分位值）作为荷载标准值，则 $p_k = 0.5$，由此，永久荷载标准值即可按结构设计规定的尺寸和材料或结构构件单位体积的自重（或单位面积的自重）平均值确定。对于自重变异性较大的材料和构件，如现场制作的保温材料、防水材料、找平层以及混凝土薄壁构件等，尤其是制作屋面的轻质材料，考虑到结构的可靠性，在设计中应根据该荷载对结构有利或不利，其标准值分别按材料重度的变化幅度，取其自重的上限值或下限值。

7.2.2 荷载频遇值和准永久值

荷载标准值在概率意义上仅表示它在结构使用期间可能达到的最大值，不能反映荷载（尤其是可变荷载）作为随机过程而具有随时间变异的特性。当结构按正常使用极限状态要求进行设计时，例如要求控制房屋的变形、裂缝、局部损坏以及引起不舒适的振动时，就应从不同的要求出发，来选择荷载的不同代表值。所以，对于可变荷载来说，应根据不同的设计要求，选择另外一些荷载代表值。

在可变荷载随机过程中，荷载超过某水平 Q_x 的表示方式有两种。第 1 种是用在设计基准期 T 内超过 Q_x 的总持续时间 $T_x = \sum t_i$，或其与设计基准期 T 的比率 $\mu_x = T_x/T$ 来表示，如图 7-9（a）所示。图 7-9（b）给出的是可变荷载 Q 在非零时域点荷载 Q^* 的概率分布函数 $F_{Q^*}(Q)$。则超越 Q_x 的概率 p^* 可按下式确定

$$p^* = 1 - F_{Q^*}(Q_x) \tag{7-11}$$

对于各态历经的随机过程，μ_x 可按下式确定

$$\mu_x = \frac{T_x}{T} = p^* q \tag{7-12}$$

式中，q 为荷载 Q 的非零概率。当 μ_x 为规定值时，则相应的荷载水平 Q_x 可以由下式确定

$$Q_x = F_{Q^*}^{-1}\left(1 - \frac{\mu_x}{q}\right) \tag{7-13}$$

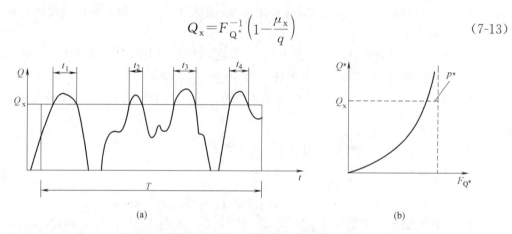

图 7-9 可变荷载按持续时间确定代表值示意图

第 2 种表示方式是用超越 Q_x 的次数 n_x 或单位时间内平均超越次数 $v_x = n_x/T$（跨阈率）来表示，如图 7-10 所示。跨阈率可以通过直接观察确定，一般也可以应用随机过程的某些特性（例如谱密度函数）来间接确定。当其任意时间点荷载的均值 μ_{Q^*} 及其跨阈率 v_m 为已知，而且荷载是高斯平稳各态历经的随机过程时，对应于跨阈率 v_x 的荷载水平 Q_x 可按下式确定

$$Q_x = \mu_{Q^*} + \sigma_{Q^*}\sqrt{\ln(v_m/v_x)^2} \tag{7-14}$$

（1）荷载频遇值

荷载频遇值指在设计基准期内结构上较频繁出现的较大荷载值，主要用于正常使用极

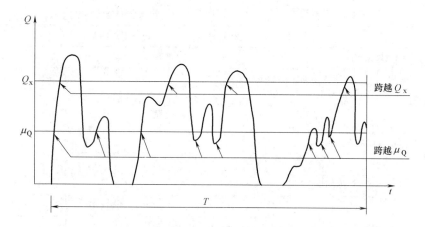

图 7-10　可变荷载按跨阈率确定代表值示意图

限状态的频遇组合中。它可根据荷载类型并按给定的正常使用极限状态的要求，由下列方式之一确定：

① 防止结构功能降低（如出现不舒适的振动时），设计时更为关心的是荷载超过某一限值的持续时间长短，则荷载频遇值应按总持续时间确定，要求 μ_x 值应相当小，国际标准 ISO 2394：2015 建议 $\mu_x < 0.1$。

② 防止结构发生局部损坏（如出现裂缝）或疲劳破坏时，主要是限制荷载超过某一限值的次数，则荷载频遇值应按平均跨阈率 v_x 确定。国际标准对平均跨阈率的取值没有作出具体的建议，设计时往往由经济因素而定。

实际上，荷载频遇值是考虑到正常使用极限状态设计的可靠性要求而对标准值的一种折减，其中折减系数称为频遇值系数 Ψ_f，可表示为

$$\Psi_f = \frac{荷载频遇值\ \Psi_f Q_k}{荷载标准值\ Q_k} \tag{7-15}$$

（2）荷载准永久值

荷载准永久值指在结构上经常作用的荷载值，它在设计基准期内的总持续时间为 T_x，其对结构的影响类似于永久荷载，主要用于正常使用极限状态的准永久组合和频遇组合中。准永久值的选择前提是使由它规定的限值 Q_x 所对应的 μ_x 达到某一可以接受的量值。对于不同类型的荷载和不同的设计要求，其 μ_x 值可能是不同的，一般取 $\mu_x \leqslant 0.5$，建议取 0.5。当 $\mu_x = 0.5$ 时，对住宅、办公楼楼面活荷载以及风、雪荷载等，准永久值相当于其任意时间点荷载概率分布的 0.5 分位值。

荷载准永久值也是对标准值的一种折减，它主要考虑荷载长期作用效应的影响，准永久值系数为 Ψ_q 为

$$\Psi_q = \frac{荷载准永久值\ \Psi_q Q_k}{荷载标准值\ Q_k} \tag{7-16}$$

由上述取值方法确定的部分常见可变荷载的频遇值系数 Ψ_f 和准永久值系数 Ψ_q 如表 7-1 所示。

建筑结构常见可变荷载的频遇值系数 Ψ_f 和准永久值系数 Ψ_q 表 7-1

可变荷载种类		适用地区	频遇值系数 Ψ_f	准永久值系数 Ψ_q
住宅、办公楼楼面活荷载		全国	0.5	0.4
屋面活荷载	不上人屋面	全国	0.5	0
	上人屋面		0.5	0.4
	屋顶花园		0.6	0.5
厂房屋面积灰荷载		全国	0.9	0.8
厂房吊车荷载	软钩吊车	全国	0.6~0.7	0.5~0.7
	硬钩吊车		0.95	0.95
雪荷载		分区Ⅰ	0.6	0.5
		分区Ⅱ	0.6	0.2
		分区Ⅲ	0.6	0
风荷载		全国	0.4	0

按严格的统计意义来确定频遇值和准永久值目前还比较困难，我国规范中提供的取值，大部分还是根据工程经验并参考国外标准的相关内容后确定的。对于同时具有持久性和临时性的可变荷载，可以直接引用该可变荷载的持久性部分，作为荷载准永久值的依据。

7.2.3 荷载组合值

当结构上同时作用有两种或两种以上的可变荷载时，由概率分析可知，各荷载最大值在同一时刻出现的概率极小。此时，起主导作用的可变荷载取标准值，其他的可变荷载代表值可采用组合值，即采用不同的组合值系数 Ψ_c 对各自标准值予以折减后的荷载值 $\Psi_c Q_k$。荷载组合值确定的原则是要求结构在单一可变荷载作用下的可靠性与在两个及其以上可变荷载作用下的可靠性保持一致。我国各种荷载组合值系数的取值可以从荷载规范中查阅。

7.3 荷载效应组合

7.3.1 荷载效应的概念与统计分析

作用在结构上的荷载 Q 对结构产生不同的反应，称为荷载效应，记作 S。它们一般是指结构中产生的内力、应力、变形等。由于荷载的随机性，荷载效应也具有随机性。

从理论上讲，荷载效应需要对真实构件截面所产生的实际内力观测值进行统计分析。但目前测试技术还不完善，以及收集这些统计数据有实际困难，使得直接进行荷载效应的统计分析难以实现。因此，荷载效应的统计分析目前还只能从较为容易的荷载统计入手。

对于线弹性结构，荷载效应 Q 与荷载 S 之间可简化地认为具有线性比例关系，即

$$S = CQ \tag{7-17}$$

式中 C——荷载效应系数，与结构形式、荷载分布及效应类型有关。

如图 7-11 所示，在均布荷载 q 作用下的简支梁，跨中弯矩 $M = \dfrac{1}{8}ql^2$，则荷载效应系

数 $C=\dfrac{1}{8}l^2$；而跨中挠度 $f=\dfrac{5}{384EI}ql^4$，则

$C=\dfrac{5}{384EI}ql^4$。

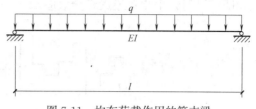

图 7-11 均布荷载作用的简支梁

与荷载的变异性相比，结构自身的变异性较小，荷载效应系数可近似认为是常数。因此，荷载效应与荷载具有相同的统计特性，并且它们统计参数之间的关系为

$$\mu_S = C\mu_Q \tag{7-18}$$

$$\delta_S = C\delta_Q \tag{7-19}$$

但在实际工程的许多情况下，荷载效应与荷载之间并不存在以上的简单线性关系，而是某种较为复杂的函数关系。例如，有的文献将两者之间的关系取为

$$S = CBQ \tag{7-20}$$

式中　B——将随时间和空间变化的实际荷载模型化为等效静力荷载的随机变量；

　　　C——反映将等效静力荷载转换为荷载效应时的影响因素的随机变量，这些影响因素包括结构计算模型的理想化、支座的嵌固程度和构件连接的刚性程度等。

当各随机变量之间统计相互独立时，荷载效应 S 的平均值和变异系数为

$$\mu_S = \mu_C\mu_B\mu_Q \tag{7-21}$$

$$\delta_S = \sqrt{\delta_C^2 + \delta_B^2 + \delta_Q^2} \tag{7-22}$$

显然，上述模式比式（7-17）更为合理，但在进行 B 和 C 的统计分析时，依然存在着实际困难，需要依靠经验人为地判断取值。

目前在结构可靠性分析中，考虑到应用简便，往往仍假定荷载效应 S 和荷载 Q 之间存在或近似存在线性比例关系，以荷载的统计规律代替荷载效应的统计规律。

7.3.2　荷载效应组合规则

结构在设计基准期内总是同时承受永久荷载及其他可变荷载，如活荷载、风荷载、雪荷载等。这些可变荷载在设计基准期内以其最大值相遇的概率是不大的，例如最大风荷载与最大雪荷载同时出现的可能性很小。因此，结构设计除了研究单个荷载效应的概率分布外，还必须研究多个荷载效应组合的概率分布问题。从统计学的观点看，荷载效应组合问题就是寻求同时出现的几种荷载效应随机过程叠加后的统计特性。下面介绍两种较为常用的荷载效应组合规则。

7.3.2.1　JCSS（Joint Committee on Structure Safety）组合规则

该规则是国际结构安全度联合委员会（JCSS）建议的一种近似规则，在 1984 年已被我国当时的《建筑结构设计统一标准》GBJ 68—84 采用，并沿用至今。其要点如下：

假定荷载效应随机过程 $\langle S_i(t), t \in [0,T] \rangle$ 均为等时段的平稳二项随机过程（$i=1, 2, \cdots, n$），每一效应 $S_i(t)$ 在 $[0,T]$ 内的总时段数记为 r_i，按 $r_1 \leqslant r_2 \leqslant \cdots \leqslant r_n$ 顺序排列。将荷载 $Q_1(t)$ 在 $[0,T]$ 内的最大值效应 $\max\limits_{t\in[0,T]} S_1(t)$（持续时段为 τ_1）与另一可变荷载 $Q_2(t)$ 在时间 τ_1 内的局部最大值效应 $\max\limits_{t\in\tau_1} S_2(t)$ 以及第三个荷载 $Q_3(t)$ 在时段 τ_2 内的局部最大值效应 $\max\limits_{t\in\tau_2} S_3(t)$（持续时段为 τ_3）相组合，如图 7-12 所示。以此类

推，即可得到 n 个相对最大综合效应 S_{mi}。

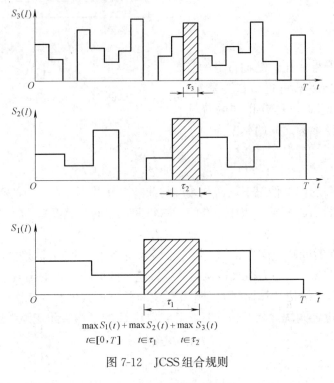

图 7-12　JCSS 组合规则

$$S_{m1} = \max_{t \in [0,T]} S_1(t) + \max_{t \in \tau_1} S_2(t) + \cdots + \max_{t \in \tau_{n-1}} S_n(t)$$

$$S_{m2} = S_1(t_0) + \max_{t \in [0,T]} S_2(t) + \max_{t \in \tau_1} S_3(t) + \cdots + \max_{t \in \tau_{n-2}} S_n(t) \qquad (7\text{-}23)$$

$$\cdots\cdots$$

$$S_{mn} = S_1(t_0) + S_2(t_0) + \cdots + \max_{t \in [0,T]} S_n(t)$$

式中　$S_i(t_0)$——荷载效应随机过程 $S_i(t)$ 的任意时间点随机变量，其分布函数
为 $F_{si}(x)$。

式（7-23）表明，S_{mi} 实际上是 n 项随机变量之和。由概率论可知，其分布函数
$F_{S_{mi}}(x)$ 应为各随机变量分布函数 $F_{s_i}(x)$ 的卷积，即

$$\left.\begin{array}{l}
F_{S_{m1}}(x) = F_{S_1}(x)^{r_1} * F_{S_2}(x)^{r_2/r_1} * \cdots * F_{S_n}(x)^{r_n/r_{n-1}} \\[2mm]
F_{S_{m2}}(x) = F_{S_1}(x) * F_{S_2}(x)^{r_2} * F_{S_3}(x)^{r_3/r_2} * \cdots * F_{S_n}(x)^{r_n/r_{n-1}} \\[2mm]
\cdots \\[2mm]
F_{S_{mn}}(x) = F_{S_1}(x) * F_{S_2}(x) * \cdots * F_{S_n}(x)^{r_n}
\end{array}\right\} \qquad (7\text{-}24)$$

在得出最大综合效应 S_{mi} 的分布函数 $F_{S_{mi}}(x)$ 后，按一次二阶矩方法计算各自的可
靠指标 $\beta_i(i=1,2,\cdots,n)$，取其中 $\beta_0 = \min\beta_i$ 的一种组合作为控制设计的最不利组合。

7.3.2.2　Turkstra 组合规则

Turkstra 组合规则是 Turkstra、Larrabee 和 Cornell 等人早期提出的一种简单组合规

则，简称 TR 规则。该规则依次将一个荷载效应在设计基准期内的最大值与其余荷载的任意时间点值相组合（图 7-13），即

$$S_{\mathrm{m}i} = S_1(t_0) + \cdots + S_{i-1}(t_0) + \max_{t \in [0,T]} S_i(t) + S_{i+1}(t_0) + \cdots + S_n(t_0) \quad (i = 1, 2, \cdots, n)$$

$$(7\text{-}25)$$

则在设计基准期内，荷载效应组合的最大值为

$$S_{\mathrm{m}} = \max(S_{\mathrm{m}1}, S_{\mathrm{m}2}, \cdots, S_{\mathrm{m}n}) \tag{7-26}$$

类似于 JCSS 组合规则，可通过卷积运算得到式（7-25）中任一组相对最大值 $S_{\mathrm{m}i}$ 的概率分布函数 $F_{S_{\mathrm{m}i}}(x)$，进而选出 β 值最小的一组作为控制荷载效应组合。

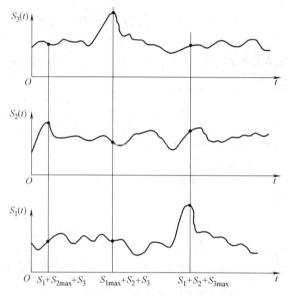

图 7-13　Turkstra 组合规则

从理论上讲，由于可能存在更为不利的组合情况，Turkstra 规则所得结果是偏于不保守的。但工程实践表明，这种规则相对简单实用，仍不失为一种较好的近似组合方法。

应当指出 JCSS 组合规则和 Turkstra 组合规则虽然能较好地反映多个荷载效应组合的概率分布问题，但涉及复杂的概率运算，所以在实际工程设计中采用还比较困难。目前的做法是在分析的基础上，结合以往设计经验，在设计表达式中采用简单可行的组合形式，并给定各种可变荷载的组合值系数。

7.3.3　我国荷载效应组合的设计状况

建筑《统一标准》和公路《统一标准》规定，工程结构设计应根据使用过程中可能出现的荷载，按承载能力极限状态、正常使用极限状态和耐久性极限状态分别进行荷载效应组合，并按各自最不利的效应组合进行设计。根据不同种类的荷载及其对结构的影响和结构所处的环境条件，设计状况可分为四种：一是持久设计状况，指在结构使用过程中一定出现，其持续期很长的状况，其持续期一般与设计使用年限为同一个数量级，适用于结构使用时的正常情况；二是短暂设计状况，指在结构施工和使用过程中出现的概率较大，而与设计使用年限相比，其持续时间很短的设计状况，适用于结构出现的临时情况，包括结构施工和维修时的情况等；三是偶然状况，指在结构使用过程中出现的概率很小，且持续

期很短的状况，适用于结构出现的异常情况，包括结构遭受火灾、爆炸、撞击时的情况等；四是地震设计状况，指结构遭受地震时的设计状况，适用于结构遭受地震时的情况。

对四种设计状况应分别进行下列极限状态设计：对四种设计状况均应进行承载能力极限状态设计；对持久设计状况尚应进行正常使用极限状态设计，并宜进行耐久性极限状态设计；对短暂设计状况和地震设计状况可根据需要进行正常使用极限状态设计；对偶然设计状况可不进行正常使用极限状态和耐久性极限状态设计。

在承载能力极限状态设计时，应根据不同的设计状况考虑不同的荷载效应组合。对持久和短暂设计状况，应采用基本组合；对偶然设计状况，应采用偶然组合；对地震设计状况，应采用地震组合。

在正常使用极限状态设计时，应根据不同的设计目的，分别采用不同的效应组合。当一个极限状态被超越时可能会产生严重的不可逆永久性损害，应采用标准组合；当一个极限状态被超越时将产生局部损害、较大变形或短暂振动，宜采用频遇组合；而当长期效应是决定性因素时，则可采用准永久组合。

思考与练习题

7-1　怎样将荷载作为平稳二项随机过程来研究和分析？

7-2　荷载有哪些代表值？是怎样确定的？分别用于什么场合？

7-3　什么是荷载效应？它与荷载有什么联系？

7-4　如何理解荷载效应组合？

第 8 章

结构构件抗力的统计特征

8.1 抗力的概念与随机特征

结构构件的抗力是指结构或结构构件承受作用效应和环境影响的能力，例如承载力、刚度、抗裂度以及材料的抗劣化能力等，记作 R。当结构设计所考虑的荷载作用效应 S 为作用内力时，对应的抗力为结构承载能力；当考虑的荷载效应为作用变形时，抗力则为构件抵抗变形的能力，即刚度。

严格地讲，结构构件的抗力与时间过程有关。例如，混凝土的腐蚀、老化、徐变等现象与时间有关；混凝土在有利环境及良好维护条件下，其强度随时间增长；钢结构的强度在不利的环境中随时间降低等。但考虑到在一般情况下，这些变化过程较为缓慢，为简化起见，可将结构构件的抗力作为与时间无关的随机变量来研究。

由于直接对各种结构或构件的抗力进行统计分析，需要做大量的实际破坏试验，而且其随机影响因素很多，所以直接统计往往难以做到。目前对抗力的统计分析一般采用间接方法，即首先对影响构件抗力的各种主要因素进行统计分析，确定其统计参数；然后通过构件抗力与这些因素的函数关系，求得构件抗力的统计参数。而构件抗力的概率分布，可根据各影响因素的概率分布类型，应用概率理论或经验判断加以确定。

在确定结构构件抗力及其各项影响因素的统计参数时，通常采用"误差传递公式"。设随机变量 X_1，X_2，$\cdots$，X_n 相互独立，并已知其统计参数，随机变量 Z 为它们的函数

$$Z = g(X_1, X_2, \cdots, X_n) \tag{8-1}$$

则 Z 的统计参数（均值、方差、变异系数）为

$$\mu_Z = g(\mu_{X_1}, \mu_{X_2}, \cdots, \mu_{X_n}) \tag{8-2}$$

$$\sigma_Z^2 = \sum_{i=1}^{n} \left[\frac{\partial g}{\partial X_i} \bigg|_\mu \right]^2 \cdot \sigma_{X_i}^2 \tag{8-3}$$

$$\delta_Z = \frac{\sigma_Z}{\mu_Z} \tag{8-4}$$

8.2 结构构件抗力不定性的影响因素

影响结构构件抗力的不定性因素很多，归纳起来主要有三大类，即：材料性能的不定性、几何参数的不定性和计算模式的不定性。这些影响因素都是随机变量，而结构构件的抗力则是这些随机变量的函数，也是一个随机变量。

8.2.1 结构构件材料性能的不定性

在工程结构中，材料和岩土的性能是指其强度、弹性模量、变形模量、泊松比、压缩模量、黏聚力、内摩擦角等物理力学性能。由于受材料品质、制作工艺、受荷情况、环境条件等因素的影响，材料性能存在不定性。结构构件的材料性能一般采用标准试件和标准试验方法确定。当利用标准试件的试验结果确定实际的材料性能时，尚应考虑实际构件与标准试件、实际工作条件与标准试验条件的差别。结构中的材料性能与标准试件材料性能的关系，应根据相应的对比试验结果通过换算系数或函数来表示，或根据工程经验来判断确定。因此，结构中材料性能的不定性，应由标准试件材料性能的不定性和试件材料性能

换算为构件材料性能的换算系数或函数的不定性两部分组成。

结构构件材料性能的不定性可采用随机变量 Ω_f 来表示，即

$$\Omega_f = \frac{f_c}{k_0 f_k} = \frac{1}{k_0} \cdot \frac{f_c}{f_s} \cdot \frac{f_s}{f_k} \tag{8-5}$$

式中　f_c——结构构件实际的材料性能值；

　　　f_s——试件材料性能值；

　　　f_k——规范规定的试件材料性能的标准值；

　　　k_0——规范规定的反映结构材料性能与试件材料性能差别的影响系数。如考虑缺陷、尺寸、施工质量、加荷速度、试验方法等因素影响的系数或其函数（一般取为定值）。

令

$$\left. \begin{array}{l} \Omega_0 = \dfrac{f_c}{f_s} \\[3mm] \Omega_1 = \dfrac{f_s}{f_k} \end{array} \right\} \tag{8-6}$$

则

$$\Omega_f = \frac{1}{k_0} \cdot \Omega_0 \cdot \Omega_1 \tag{8-7}$$

式中　Ω_0——反映结构构件材料性能与试件材料性能差别的随机变量；

　　　Ω_1——反映试件材料性能不定性的随机变量。

根据式（8-2）～式（8-4），可得 Ω_f 的平均值与变异系数为

$$\mu_{\Omega_f} = \frac{1}{k_0} \mu_{\Omega_0} \mu_{\Omega_1} = \frac{\mu_{\Omega_0} \mu_{f_s}}{k_0 f_k} \tag{8-8}$$

$$\delta_{\Omega_f} = \sqrt{\delta_{\Omega_0}^2 + \delta_{f_s}^2} \tag{8-9}$$

式中　μ_{Ω_0}、μ_{Ω_1}、μ_{f_s}——随机变量 Ω_0、Ω_1 的平均值及试件材料性能 f_s 的平均值；

　　　δ_{Ω_0}、δ_{f_s}——随机变量 Ω_0 的变异系数及试件材料性能 f_s 的变异系数。

可以看出，只要已知 Ω_0、f_s 的统计参数，便能求得 Ω_f 的统计参数。目前，Ω_0 的统计参数很难由实测得出，一般还是凭经验估计。而对于材料性能试验 f_s 的统计参数则较容易得到，这方面已做了相当多的调查与统计工作。

【例 8-1】 求 HPB300 热轧钢筋屈服强度的统计参数。已知：试件材料屈服强度的平均值 $\mu_{f_y} = 350.3\text{N}/\text{mm}^2$，标准差 $\sigma_{f_y} = 21.3\text{N}/\text{mm}^2$。经统计，构件材料与试件材料两者屈服强度比值的平均值 $\mu_{\Omega_0} = 0.92$，标准差 $\sigma_{\Omega_0} = 0.032$。规范规定的构件材料屈服强度标准值 $k_0 f_k = 300\text{N}/\text{mm}^2$。

【解】 根据已知的随机变量 f_y、Ω_0 的平均值和标准差，求得变异系数

$$\delta_{f_y} = \frac{\sigma_{f_y}}{\mu_{f_y}} = \frac{21.3}{350.3} = 0.061$$

$$\delta_{\Omega_0} = \frac{\sigma_{\Omega_0}}{\mu_{\Omega_0}} = \frac{0.032}{0.92} = 0.035$$

则由式（8-8）、式（8-9）可得，屈服强度随机变量 Ω_f 的统计参数为

$$\mu_{\Omega_\mathrm{f}}=\frac{\mu_{\Omega_0}\mu_{f_\mathrm{y}}}{k_0 f_\mathrm{k}}=\frac{0.92\times350.3}{300}=1.074$$

$$\delta_{\Omega_\mathrm{f}}=\sqrt{\delta_{\Omega_0}^2+\delta_{f_\mathrm{y}}^2}=\sqrt{0.035^2+0.061^2}=0.070$$

根据国内对各种结构材料强度性能的统计资料，按式（8-8）、式（8-9）求得的统计参数列于表8-1。

各种结构材料强度 Ω_f 的统计参数　　　　　　　　表 8-1

材料种类	材料品种及受力情况		μ_{Ω_f}	$\delta_{\Omega_\mathrm{f}}$
型钢	受拉	Q235 钢	1.08	0.08
		16Mn 钢	1.09	0.07
薄壁型钢	受拉	Q235F 钢	1.12	0.10
		Q235 钢	1.27	0.08
		20Mn 钢	1.05	0.08
钢筋	受拉	Q235F 钢	1.02	0.08
		20MnSi	1.14	0.07
		25MnSi	1.09	0.06
混凝土	轴心受压	C20	1.66	0.23
		C30	1.41	0.19
		C40	1.35	0.16
砖砌体	轴心受压		1.15	0.20
	小偏心受压		1.10	0.20
	齿缝受弯		1.00	0.22
	受剪		1.00	0.24
木材	轴心受拉		1.48	0.32
	轴心受压		1.28	0.22
	受弯		1.47	0.25
	顺纹受剪		1.32	0.22

8.2.2　结构构件几何参数的不定性

结构构件几何参数的不定性，主要是指制作尺寸偏差和安装偏差等引起的几何参数的变异性，它反映了所设计构件和制作安装后的实际构件之间几何上的差异。根据对结构构件抗力的影响程度，一般构件可仅考虑截面几何特征（如宽度、高度、有效高度、面积、面积矩、抵抗矩、惯性矩、箍筋间距等参数）的变异，而构件长度和跨度可按定值处理。

结构构件几何参数的不定性可采用随机变量 Ω_a 表达

$$\Omega_\mathrm{a}=\frac{a}{a_\mathrm{k}} \tag{8-10}$$

式中　　a——结构构件的实际几何参数值；

　　　　Ω_a——结构构件的几何参数标准值，一般取设计值。

则 Ω_a 的统计参数为

$$\mu_{\Omega_a} = \frac{\mu_a}{a_k} \tag{8-11}$$

$$\delta_{\Omega_a} = \delta_a \tag{8-12}$$

式中 μ_a、δ_a——构件几何参数的平均值及变异系数。

结构构件几何参数的概率分布类型及统计参数，应以正常生产条件下结构构件几何尺寸的实测数据为基础，运用统计方法求得。当实测数据不足时，几何参数的概率分布类型可采用正态分布，其统计参数可按有关标准规定的允许公差，经分析判断确定。一般来说，几何参数的变异性随几何尺寸的增大而减小。表 8-2 列出了我国对各类建筑结构构件几何参数进行大量实测得到的统计参数。

各种建筑结构构件几何参数 Ω_a 的统计参数   表 8-2

结构构件种类	项　目	μ_{Ω_a}	δ_{Ω_a}
型钢构件	截面面积	1.00	0.05
薄壁型钢构件	截面面积	1.00	0.05
钢筋混凝土构件	截面高度、宽度	1.00	0.02
	截面有效高度	1.00	0.03
	纵筋截面面积	1.00	0.03
	混凝土保护层厚度	0.85	0.30
	箍筋平均间距	0.99	0.07
	纵筋锚固长度	1.02	0.09
砖砌体	单向尺寸(370mm)	1.00	0.02
	截面面积(370mm×370mm)	1.01	0.02
木构件	单向尺寸	0.98	0.03
	截面面积	0.96	0.06
	截面模量	0.94	0.08

【例 8-2】 已知：预制梁截面宽度及高度的允许偏差 $\Delta b = \Delta h = -5\mathrm{mm} \sim +2\mathrm{mm}$，截面尺寸标准值 $h_k = 500\mathrm{mm}$，$b_k = 200\mathrm{mm}$，假定截面尺寸服从正态分布，合格率应达到 95%。试求预制梁截面宽度和高度的统计参数。

【解】 根据所规定的允许偏差，可估计截面尺寸的平均值为

$$\mu_b = b_k + \left(\frac{\Delta b^+ + \Delta b^-}{2}\right) = 200 + \left[\frac{2+(-5)}{2}\right] = 198.5\mathrm{mm}$$

$$\mu_h = h_k + \left(\frac{\Delta h^+ + \Delta h^-}{2}\right) = 500 + \left[\frac{2+(-5)}{2}\right] = 498.5\mathrm{mm}$$

由正态分布函数的性质可知，当合格率为 95% 时．有 $b_{min} = \mu_b - 1.645\sigma_b$，而

$$\mu_b - b_{min} = \frac{\Delta b^+ - \Delta b^-}{2} = \frac{2+5}{2} = 3.5\mathrm{mm}$$

则有

$$\sigma_b = \frac{\mu_b - b_{min}}{1.645} = \frac{3.5}{1.645} = 2.128\mathrm{mm}$$

同理

根据式（8-11）、式（8-12）可得

$$\sigma_h = \frac{\mu_h - h_{\min}}{1.645} = \frac{3.5}{1.645} = 2.128 \text{mm}$$

$$\mu_{\Omega_b} = \frac{\mu_b}{b_k} = \frac{198.5}{200} = 0.993$$

$$\mu_{\Omega_h} = \frac{\mu_h}{h_k} = \frac{498.5}{500} = 0.997$$

$$\delta_{\Omega_b} = \delta_b = \frac{\sigma_b}{\mu_b} = \frac{2.128}{198.5} = 0.011$$

$$\delta_{\Omega_h} = \delta_h = \frac{\sigma_h}{\mu_h} = \frac{2.128}{498.5} = 0.004$$

在公路工程中，根据各级公路不同的目标可靠指标，将统计的变异范围分为低、中、高三级水平（表8-3）。对水泥混凝土路面，其几何参数的不定性主要指面板厚度的变异性。而对沥青路面，几何参数不定性则指结构层的底基层厚度、基层厚度和面层厚度的变异性。由统计所得的各类路面几何参数的变异系数分别列于表8-4、表8-5。

各级公路采用的变异水平等级　　　　　表 8-3

公路技术等级	高速公路	一级公路	二级公路	三、四级公路
变异水平等级	低	低～中	中	中～高

水泥混凝土路面面板厚度的变异系数　　　　　表 8-4

变异水平	低	中	高
变异系数 δ_h（%）	2～4	5～6	7～8

沥青路面结构层厚度的变异系数　　　　　表 8-5

项　　目			变异系数（%）		
			低	中	高
底基层厚度（mm）			4～6	7～10	11～14
基层厚度（mm）			4～6	7～9	10～12
面层厚度（mm）	平地机摊铺基层	50～80mm	10～13	14～18	19～23
		90～150mm	7～10	11～13	14～16
		160～200mm	4～5	6～8	9～10
	摊铺机摊铺基层	50～80mm	5～10	11～15	16～20
		90～150mm	4～7	8～10	11～13
		160～200mm	2～3	4～6	7～8

8.2.3　结构构件计算模式的不定性

结构构件计算模式的不定性，主要是指抗力计算中采用的某些基本假定不完全符合实际和计算公式不精确等引起的变异性，有时被称为"计算模型误差"。例如，在建立结构构件计算公式时，往往采用理想弹性（或塑性）、匀质性、各向同性、平截面变形等假定；

常采用矩形、三角形等简单的截面应力图形来替代实际的曲线应力分布图形；常采用简支、固定支座等典型的边界条件代替实际边界条件；还常采用线性方法来简化计算表达式等等。所有这些近似化处理，必然会导致实际的结构构件抗力与给定公式计算的抗力之间的差异。

反映这种差异的计算模式不定性可采用随机变量 Ω_p 表示，通过试验结果和计算值的比较来确定，即

$$\Omega_p = \frac{R^0}{R^c} \tag{8-13}$$

式中　R^0——结构构件的实际抗力值，可取试验值或准确计算值；

　　　　R^c——按规范公式计算的结构构件抗力值，计算时应采用材料性能和几何尺寸的实测值，以排除 Ω_f、Ω_a 对 Ω_p 的影响。

我国规范通过对各类结构构件 Ω_p 的统计分析，求得其平均值 μ_{Ω_p} 和变异系数 δ_{Ω_p}，如表 8-6 所示。

各种结构构件计算模式 Ω_p 的统计参数　　　　表 8-6

结构构件种类	受力状态	μ_{Ω_p}	δ_{Ω_p}
钢结构构件	轴心受拉	1.05	0.07
	轴心受压（Q235F）	1.03	0.07
	偏心受压（Q235F）	1.12	0.10
薄壁型钢结构构件	轴心受压	1.08	0.10
	偏心受压	1.14	0.11
钢筋混凝土结构构件	轴心受拉	1.00	0.04
	轴心受压	1.00	0.05
	偏心受压	1.00	0.05
	受弯	1.00	0.04
	受剪	1.00	0.15
砖结构砌体	轴心受压	1.05	0.15
	小偏心受压	1.14	0.23
	齿缝受弯	1.06	0.10
	受剪	1.02	0.13
木结构构件	轴心受拉	1.00	0.05
	轴心受压	1.00	0.05
	受弯	1.00	0.05
	顺纹受剪	0.97	0.08

需要注意的是，上述三个不定性 Ω_f、Ω_a 和 Ω_p 都是无量纲的随机变量，其统计参数适用于各地区和各种使用情况。随着统计数据不断充分和统计方法不断完善，这些统计参数将会有所变化。此外，在分析结构构件的稳定、非弹性材料构件的刚度等问题时，还需要考虑荷载效应对结构构件抗力的影响。由于这已属于荷载效应与抗力不相互独立的情况，故本教材暂不论及。

8.3 结构构件抗力的统计特征

8.3.1 结构构件抗力的统计参数

1. 单一材料构件的抗力统计参数

对于单一材料（如混凝土、钢、木以及砌体等）组成的结构构件，或抗力可由单一材料确定的结构构件（如钢筋混凝土受拉构件），考虑上面两节讨论的影响抗力的主要因素，其抗力 R 的表达式为

$$R = \Omega_f \cdot \Omega_a \cdot \Omega_p \cdot R_k \tag{8-14}$$

式中 R_k——按规范规定的材料性能和几何参数标准值及抗力计算公式求得的抗力标准值，可表达为

$$R_k = k_0 f_k a_k \tag{8-15}$$

按式（8-2）～式（8-4），可求得抗力 R 的平均值为

$$\mu_R = \mu_{\Omega_f} \mu_{\Omega_a} \mu_{\Omega_p} R_k \tag{8-16}$$

为了运算方便，也可将抗力的平均值用无量纲的系数 k_R 表示，即

$$k_R = \frac{\mu_R}{R_k} = \mu_{\Omega_f} \mu_{\Omega_a} \mu_{\Omega_p} \tag{8-17}$$

抗力 R 的变异系数为

$$\delta_R = \sqrt{\delta_{\Omega_f}^2 + \delta_{\Omega_a}^2 + \delta_{\Omega_p}^2} \tag{8-18}$$

【例 8-3】 试求木结构受弯杆件抗力的统计参数 k_R 和 δ_R。

【解】 由表 8-1、表 8-2、表 8-6 可知，$\mu_{\Omega_f} = 1.47$，$\delta_{\Omega_f} = 0.25$，$\mu_{\Omega_a} = 0.94$，$\delta_{\Omega_a} = 0.08$；$\mu_{\Omega_p} = 1.00$，$\delta_{\Omega_p} = 0.05$。将这些数值代入式（8-17）和式（8-18），得出抗力的统计参数为

$$k_R = 1.47 \times 0.94 \times 1.00 = 1.382$$

$$\delta_R = \sqrt{0.25^2 + 0.08^2 + 0.05^2} = 0.267$$

2. 多种材料构件的抗力统计参数

对于由几种材料组成的结构构件，如钢筋混凝土构件，抗力 R 可采用下列形式表达

$$R = \Omega_p R_p \tag{8-19}$$

$$R_p = R(f_{c1} a_1, f_{c2} a_2, \cdots, f_{cn} a_n) \tag{8-20}$$

将式（8-5）、式（8-10）代入式（8-20），得

$$R_p = R(\Omega_{f1} k_{01} f_{k1} \cdot \Omega_{a1} a_{k1}, \cdots, \Omega_{fn} k_{0n} f_{kn} \cdot \Omega_{an} a_{kn}) \tag{8-21}$$

式中 R_p——由计算公式确定的构件抗力值，它是综合各种材料性能和几何参数不定性的函数；

f_{ci}——构件中第 i 种材料的实际性能值；

a_i——与第 i 种材料相应的构件实际几何参数；

Ω_{fi}——构件中第 i 种材料的材料性能随机变量；

k_{0i}——反映构件第 i 种材料的材料性能差异的影响系数；

f_{ki}——构件中第 i 种材料的性能标准值；

Ω_{ai}——与第 i 种材料相应的构件几何参数随机变量；

a_{ki}——与第 i 种材料相应的构件几何参数标准值。

同样由式（8-2）～式（8-4）可得，R_p 的统计参数为

$$\mu_{R_p}=R(\mu_{f_{c1}}\mu_{a1},\cdots,\mu_{f_{cn}}\mu_{an}) \tag{8-22}$$

$$\sigma^2_{R_p}=\sum_{i=1}^{n}\left[\frac{\partial R_p}{\partial X_i}\bigg|_\mu\right]^2\cdot\sigma^2_{x_i} \tag{8-23}$$

$$\delta_{R_p}=\frac{\sigma_{R_p}}{\mu_{R_p}} \tag{8-24}$$

从而，结构构件抗力 R 的统计参数可按下式计算

$$k_R=\frac{\mu_R}{R_k}=\frac{\mu_{\Omega_p}\mu_{R_p}}{R_k} \tag{8-25}$$

$$\delta_R=\sqrt{\delta^2_{\Omega_p}+\delta^2_{R_p}} \tag{8-26}$$

其中

$$R_k=R(k_{01}f_{k1}a_{k1},\cdots,k_{0n}f_{kn}a_{kn}) \tag{8-27}$$

【例 8-4】 试求钢筋混凝土轴心受压短柱抗力的统计参数 k_R 和 δ_R。已知：C30 混凝土，$f_{ck}-20.1\text{N/mm}^2$，$\mu_{\Omega_{f_c}}=1.41$，$\delta_{\Omega_{f_c}}=0.19$；HRB335（20MnSi）钢筋，$f_{yk}=335\text{N/mm}^2$，$\mu_{\Omega_{f_y}}=1.14$，$\delta_{\Omega_{f_y}}=0.07$；截面尺寸 $b_k=h_k=400\text{mm}$，$\mu_{\Omega_b}=\mu_{\Omega_h}=1.0$，$\delta_{\Omega_b}=\delta_{\Omega_h}=0.02$；配筋率 $\rho'=0.015$，$\mu_{\Omega_{A'_s}}=1.0$，$\delta_{\Omega_{A'_s}}=0.03$，$\mu_{\Omega_p}=1.0$，$\delta_{\Omega_p}=0.05$。

【解】 按规范计算公式，轴心受压短柱抗力计算值为

$$R_p=f_cbh+f_yA'_s$$

利用式（8-21）～式（8-24），有

$$\begin{aligned}\mu_{R_p}&=\mu_{f_c}\mu_b\mu_h+\mu_{f_y}\mu_{A'_s}=\mu_{\Omega_{f_c}}f_{ck}\mu_{\Omega_b}b_k\mu_{\Omega_h}h_k+\mu_{\Omega_{f_y}}f_{yk}\mu_{\Omega_{A'_s}}\cdot A'_{sk}\\&=1.41\times20.1\times1\times400\times1\times400+1.14\times335\times1\times0.015\times400\times400\\&=5451.12\text{kN}\end{aligned}$$

$$\sigma^2_{R_p}=\mu^2_b\mu^2_h\sigma^2_{f_c}+\mu^2_{f_c}\mu^2_h\sigma^2_b+\mu^2_{f_c}\mu^2_b\sigma^2_h+\mu^2_{A'_s}\sigma^2_{f_y}+\mu^2_{f_y}\sigma^2_{A'_s}$$

令

$$C=\frac{\mu_{A'_s}}{\mu_b\mu_h}\cdot\frac{\mu_{f_y}}{\mu_{f_c}}=\rho'\frac{\mu_{\Omega_{f_y}}f_{yk}}{\mu_{\Omega_{f_c}}f_{ck}}=0.015\times\frac{1.14\times335}{1.41\times20.1}=0.202$$

则可得

$$\begin{aligned}\delta^2_{R_p}=\frac{\sigma^2_{R_p}}{\mu^2_{R_p}}&=\frac{\delta^2_{\Omega_{f_c}}+\delta^2_{\Omega_b}+\delta^2_{\Omega_h}+C^2(\delta^2_{\Omega_{f_y}}+\delta^2_{\Omega_{A'_s}})}{(1+C)^2}\\&=\frac{0.19^2+0.02^2+0.02^2+0.202^2\cdot(0.07^2+0.03^2)}{(1+0.202)^2}=0.026\end{aligned}$$

由式（8-25）、式（8-26），可得

$$k_R=\frac{\mu_R}{R_k}=\frac{\mu_{\Omega_p}\mu_{R_p}}{f_{ck}b_kh_k+f_{yk}A'_{sk}}=\frac{1.0\times5451120}{20.1\times400\times400+335\times0.015\times400\times400}=1.356$$

$$\delta_R=\sqrt{\delta^2_{\Omega_p}+\delta^2_{R_p}}=\sqrt{0.05^2+0.026^2}=0.169$$

对于各种结构构件抗力的统计参数 k_R 和 δ_R，均可参照【例8-3】和【例8-4】的计算方式求得，经适当选择后列于表8-7中。

各种结构构件抗力 R 的统计参数 表 8-7

结构构件种类	受力状态	k_R	δ_R
钢结构构件	轴心受拉（Q235F）	1.13	0.12
	轴心受压（Q235F）	1.11	0.12
	偏心受压（Q235F）	1.21	0.15
薄壁型钢结构构件	轴心受压（Q235F）	1.21	0.15
	偏心受压（Q235F）	1.20	0.15
钢筋混凝土结构构件	轴心受拉	1.10	0.10
	轴心受压（短柱）	1.33	0.17
	小偏心受压（短柱）	1.30	0.15
	大偏心受压（短柱）	1.16	0.13
	受弯	1.13	0.10
	受剪	1.24	0.19
砖结构砌体	轴心受压	1.21	0.25
	小偏心受压	1.26	0.30
	齿缝受弯	1.06	0.24
	受剪	1.02	0.27
木结构构件	轴心受拉	1.42	0.33
	轴心受压	1.23	0.23
	受弯	1.38	0.27
	顺纹受剪	1.23	0.25

8.3.2 结构构件抗力的概率分布

由式（8-19）、式（8-21）可知，结构构件抗力 R 是多个随机变量的函数。如果已知每个随机变量的概率分布，则可以通过多维积分求出抗力 R 的概率分布。不过，目前在数学上会遇到较大的困难。因而有时采用模拟方法（如 Monte-Carlo 模拟法）来推求抗力的概率分布函数。

在实际工程中，常根据概率论原理假定抗力的概率分布函数。概率论中的中心极限定理指出，若随机变量序列 X_1，X_2，…，X_n 中的任何一个都不占优势，当 n 充分大时，无论 X_1，X_2，…，X_n 具有怎样的分布，只要它们相互独立，并满足定理条件，则 $Y = \sum_{i=1}^{n} X_i$ 近似服从正态分布。如 $Y = X_1 X_2 \cdots X_n$，则 $\ln Y = \sum_{i=1}^{n} \ln X_i$。当 n 充分大时，$\ln Y$ 也近似服从正态分布，则 Y 近似服从对数正态分布。由于抗力 R 的计算模式多为 $R = X_1 X_2 X_3 \cdots$ 或 $R = X_1 X_2 + X_3 X_4 X_5 + X_6 X_7 + \cdots$ 等形式，因此实际上可近似认为，无论 X_1，X_2，…，X_n 为何种概率分布，结构构件抗力 R 的概率分布类型均可假定为对数正态分布。这样处理比较简便，能满足采用一次二阶矩方法分析结构可靠性的精度要求。

思考与练习题

8-1 影响结构抗力的因素有哪些？

8-2 结构构件材料性能的不定性与哪些因素有关？反映材料性能不定性的随机变量有哪几个？其

代表什么意义？

8-3 结构构件计算模式的不定性是怎样产生的？

8-4 结构构件抗力的不定性反映了什么问题？

8-5 求 HPB300 热轧钢筋屈服强度的统计参数。已知：试件材料屈服强度的平均值 $\mu_{f_y}=305.5\text{N/mm}^2$，标准差 $\sigma_{f_y}=19.3\text{N/mm}^2$。经统计，构件材料与试件材料两者屈服强度比值的平均值 $\mu_{\Omega_0}=0.92$，标准差 $\sigma_{\Omega_0}=0.032$。规范规定的构件材料屈服强度标准值 $k_0 f_k=300\text{N/mm}^2$。

8-6 根据《混凝土结构工程施工验收规范》GB 50204—2015，预制梁截面宽度及高度的允许偏差 $\Delta b=\Delta h=-5\sim+2\text{mm}$，截面尺寸标准值 $h_k=500\text{mm}$，$b_k=200\text{mm}$，假定截面尺寸服从正态分布，若使合格率达到 97%。试求预制梁截面宽度和高度的统计参数。

8-7 求钢筋混凝土轴心受压短柱抗力的统计参数 k_R 和 δ_R，使用 C30 混凝土，$f_{ck}=26.1\text{N/mm}^2$，$\mu_{\Omega_{f_c}}=1.41$，$\delta_{\Omega_{f_c}}=0.19$；HRB335（20MnSi）钢筋，$f_{yk}=335\text{N/mm}^2$，$\mu_{\Omega_{f_y}}=1.5$，$\delta_{\Omega_{f_y}}=0.2$；截面尺寸 $b_k=h_k=400\text{mm}$，$\mu_{\Omega_b}=\mu_{\Omega_h}=1.1$，$\delta_{\Omega_b}=\delta_{\Omega_h}=0.01$；配筋率 $\rho'=0.015$，$\mu_{\Omega_{A_s'}}=1.1$，$\delta_{\Omega_{A_s'}}=0.02$，$\mu_{\Omega_p}=1.1$，$\delta_{\Omega_p}=0.03$。

第 9 章

结构可靠性与分析方法

9.1 土木工程结构设计方法的历史与发展

土木工程结构设计方法是随着人们对工程中各种参数的不确定性认识的提高和工程经验的积累而不断发展和完善的。在早期的工程结构中，保证结构的安全主要是依赖经验。随着科学的发展和技术的进步，土木工程结构设计在结构理论上经历了从弹性理论到极限状态理论的转变，在设计方法上经历了从定值法到概率法的发展。

9.1.1 容许应力设计法

19 世纪以后，材料力学、弹性力学和材料试验科学迅速发展，比较理想的弹性材料——钢得到广泛应用，Navier 等人提出了基于弹性理论的容许应力设计法。该方法将工程结构材料都作为弹性体，用材料力学或弹性力学方法计算结构或构件在使用荷载作用下的应力，要求截面内任何一点的应力不得超过材料的容许应力，即

$$\sigma \leqslant [\sigma] \tag{9-1}$$

材料的容许应力 $[\sigma]$，由材料破坏试验所确定的极限强度（如混凝土）或流限（如钢材）f，除以安全系数 K 而得，即

$$[\sigma] = \frac{f}{K} \tag{9-2}$$

式中的安全系数 K 是根据经验确定的，其值在各个历史时期不同，而且在不同的规范中也不尽相同。实践证明，这种设计方法和工程结构的实际情况有很大出入，不能正确揭示结构或构件受力性能的内在规律，现在绝大多数国家已不再采用。

9.1.2 破损阶段设计法

针对容许应力法的缺陷，20 世纪 30 年代，苏联学者格沃兹捷夫、帕斯金尔纳克等经过研究提出了按破损阶段进行计算的设计方法。这种方法按破损阶段进行构件计算，并假定构件材料均已达到塑性状态，依据截面所能抵抗的破损内力建立计算公式。以受弯构件正截面承载能力计算为例，要求作用在截面上的弯矩 M 乘以安全系数 K 后，不大于该截面所能承担的极限弯矩 M_u，即

$$KM \leqslant M_u \tag{9-3}$$

与容许应力法相比，破损阶段设计法考虑了结构材料的塑性性能，更接近于构件截面的实际工作情况。但该法仍然采用了笼统的总安全系数 K 来估计使用荷载的超载及材料的离散性，因而得不到明确的可靠性概念，并且在确定安全系数时仍带有很大的经验性。

9.1.3 多系数极限状态设计法

随着对荷载和材料变异性的研究，人们逐渐认识到各种荷载对结构产生的效应以及结构的抗力均非定值，在 20 世纪 50 年代提出了多系数的极限状态设计法。这一方法的特点是：

（1）明确提出了结构极限状态的概念，并规定了结构设计的承载能力、变形、裂缝出现和开展三种极限状态，比较全面地考虑了结构的不同工作状态。

（2）在承载能力极限状态设计中，不再采用单一的安全系数，而是采用了多个系数来分别反映荷载、材料性能及工作条件等方面随机因素的影响，其一般表达式为

$$M(\sum n_i q_{ik}) \leqslant m M_u(k_s f_{sk}, k_c f_{ck}, a, \cdots) \tag{9-4}$$

式中　q_{ik}——标准荷载或其效应；

　　　n_i——相应荷载的超载系数；

　　　m——结构构件的工作条件系数；

　f_{sk}、f_{ck}——钢筋和混凝土的标准强度；

　k_s、k_c——钢筋和混凝土的材料匀质系数；

　　　a——结构构件的截面几何特征。

（3）在标准荷载和材料标准强度取值方面，开始将荷载及材料强度作为随机变量，采用数理统计手段进行调查分析后确定。

由上述可知，多系数极限状态设计法已经具有近代可靠性理论的一些思路，相比容许应力法和破损阶段设计法有了很大进步。其安全系数的选取，已经从纯经验性到部分采用概率统计值。从设计方法的本质上看，这种方法属于一种半经验半概率的方法。依据这一方法，到20世纪70年代多数国家制定了相应的结构设计规范。

9.1.4　基于可靠性理论的概率极限状态设计法

20世纪40年代美国学者A. M. Freudenthal开创性地提出了结构可靠性理论，到20世纪60～70年代结构可靠性理论得到了很大的发展。1964年美国混凝土学会（American Concrete Institute，ACI）成立了结构安全度委员会（ACI 318委员会），开展了系统的研究。康乃尔（C. A. Cornell）在苏联学者尔然尼采工作的基础上，于1969年提出了与结构失效概率p_f相联系的可靠指标β作为衡量结构可靠性的一种统一定量指标，并建立了计算结构可靠度的二阶矩模式。1971年加拿大学者林德（N. C. Lind）提出了分项系数的概念，将可靠指标β表达成设计人员习惯采用的分项系数形式。美籍华人学者洪华生（A. H-S. Ang）对各种结构不定性作了系统分析，提出了广义可靠性概率法。1971年，由欧洲混凝土委员会（Comite Euro-International du Beton，CEB）、国际预应力混凝土协会（The Fédération internationale du béton，FIP）、国际房屋建筑协会（World Architecture Construction Federation，WACF）、国际桥梁与结构工程协会（International Association for Bridge and Structural Engineering，IABSE）、国际壳体与特种工程协会（International Association for Shell and Spatial Structures，IASS）、国际材料与结构研究所联合会（International Union of Laboratories and Experts in Construction Materials，Systems and Structures，RILEM）等组织联合成立了"国际结构安全度联合委员会（Joint Committee on Structural Safety，JCSS）"，专门研究结构可靠性和设计方法的改进，着手编制并陆续出版了《结构统一标准规范的国际体系》。1976年，JCSS推荐了拉克维茨（Rackwitz）和菲斯莱（Fiessler）等人提出的通过"当量正态化"方法以考虑随机变量实际分布的二阶矩模式。至此，结构可靠性理论开始进入实用阶段。

概率极限状态设计法，就是在可靠性理论的基础上，将影响结构可靠性的几乎所有参数都作为随机变量，运用概率论和数理统计分析全部参数或部分参数，计算结构的可靠指标或失效概率，以此设计或校核结构。国际上将这种概率设计法按其发展阶段和精确程度不同分为三个水准：

水准Ⅰ——半概率法。对荷载效应和结构抗力的基本变量部分地进行数理统计分析，并与工程经验结合引入某些经验系数，所以尚不能定量地估计结构的可靠性。我国20世纪70年代的大部分规范采用的方法都处于水准Ⅰ的水平。

水准Ⅱ——近似概率法。该法对结构可靠性赋予概率定义，以结构的失效概率或可靠指标来度量结构可靠性，并建立了结构可靠性与结构极限状态方程之间的数学关系，在计算可靠指标时考虑了基本变量的概率分布类型并采用了线性化的近似手段，在截面设计时一般采用分项系数的实用设计表达式。我国建筑《统一标准》和公路《统一标准》都采用了这种近似概率法，在此基础上颁布了各种结构设计的新规范。

水准Ⅲ——全概率法。这是完全基于概率论的结构整体优化设计方法，要求对整个结构采用精确的概率分析，求得结构最优失效概率作为可靠度的直接度量。由于这种方法无论在基础数据的统计方面还是在可靠性计算方面都很不成熟，目前还只是处于研究探索阶段。

基于以上关于土木工程结构设计方法的演变过程的介绍和鉴于我国目前采用的基于可靠性的概率极限状态设计方法，本章将重点介绍结构可靠性的基本原理和分析方法。

9.2 结构可靠性与可靠指标

9.2.1 结构的功能要求

土木工程结构设计的基本目标，是在一定的经济条件下，赋予结构以足够的可靠性，使结构建成后在规定的设计使用年限内能满足设计所预定的各种功能要求。一般说来，房屋建筑、公路、桥梁、隧道等结构必须满足的功能要求可概括为以下三方面：

（1）安全性。结构能承受在施工和使用期间可能出现的各种作用（如各类外加荷载、温度变化、支座移动、基础沉降、混凝土收缩、徐变等）；当发生火灾时，在规定的时间内可保持足够的承载力；当发生爆炸、撞击、人为错误等偶然事件时，结构能保持必要的整体稳固性，不出现与起因不相称的破坏后果，防止出现结构的连续倒塌。

（2）适用性。结构在正常使用时应保持良好的使用性能，其变形、裂缝或振动性能等均不超过规定的限度。如列车轨道或吊车梁变形过大就会影响正常运行，水池开裂时则影响蓄水。

（3）耐久性。结构在正常使用、维护的情况下应具有足够的耐久性能。如混凝土保护层不得过薄、裂缝不得过宽而引起钢筋锈蚀，混凝土不得风化、不得在化学腐蚀环境下影响结构预定的设计使用年限等。

结构在预定的期限内，在正常使用条件下，若能同时满足上述要求，则称该结构是可靠的。因此，可以将结构的安全性、适用性和耐久性统称为结构的可靠性。

9.2.2 结构的设计基准期与设计使用年限

结构的设计基准期与设计使用年限是两个不同的概念。结构的设计基准期 T 是为确定可变作用及与时间有关的材料性能等的取值而选用的时间参数，它不等同于结构的设计使用年限。我国针对不同的工程结构，规定了不同的设计基准期，如建筑结构为 50 年，桥梁结构为 100 年，水泥混凝土路面结构不大于 30 年，沥青混凝土路面结构不大于 15 年。

设计使用年限是结构在正常设计、正常施工、正常使用和维护下所应达到的使用年限。结构设计时，必须规定结构的设计使用年限。在这一规定时期内，结构或结构构件只需进行正常的维护而不需要进行大修就能按预期目的使用，以完成预定的功能。所谓"正常维护"包括必要的检测、防护及维修。如达不到这个年限，则说明在设计、施工、使用与维护的某一环节上出现了非正常情况，应及时查找原因。结构可靠性或失效概率就是对结构的设计使用年限而言的，当结构的实际使用年限超过设计使用年限后，结构失效概率将会比设计时的预期值增大，但并不意味着该结构立即丧失功能或报废。表 9-1 给出了建筑《统一标准》规定的各类建筑结构设计使用年限，表 9-2 给出的是《城市桥梁设计规范》CJJ 11—2011（2019 年版）规定的各类桥梁结构设计使用年限。

建筑结构设计使用年限分类　　　　　　　　　　　　　　表 9-1

类别	设计使用年限（年）
临时性结构	5
易于替换的结构构件	25
普通房屋和构筑物	50
纪念性建筑和特别重要的建筑结构	100

城市桥梁结构的设计使用年限　　　　　　　　　　　　　表 9-2

类别	设计使用年限（年）
小桥	30
中桥、重要小桥	50
特大桥、大桥、重要中桥	100

9.2.3 结构的极限状态

当整个结构或结构的一部分进入某一特定状态，而不能满足设计规定的某一功能要求时，则称此特定状态为该功能的极限状态。极限状态是判断结构是否满足某种功能要求的标准，是结构可靠（有效）或不可靠（失效）的临界状态。结构的极限状态往往以结构的某种效应，如内力、应力、变形等超过规定的标志值为依据。

我国建筑《统一标准》将极限状态分为承载能力极限状态、正常使用极限状态和耐久性极限状态三类，公路《统一标准》将极限状态分为承载能力极限状态和正常使用极限状态两类。对于结构的各种极限状态，均应规定明确的标志及限值。

根据设计中要考虑的结构功能，结构的极限状态在原则上可以分为承载能力极限状态和正常使用极限状态。

1. 承载能力极限状态

这类极限状态对应于结构或结构构件达到最大承载能力或产生不适于继续承载的变形。当结构或结构构件出现下列状态之一时，即认为超过了承载能力极限状态：

（1）结构构件或其连接因超过材料强度而破坏（如轴心受压构件中混凝土达到轴心抗压强度、构件钢筋因锚固长度不足而被拔出等），或因过度变形而不适于继续承受荷载。结构构件由于塑性变形过大而使其几何形状发生显著改变，这时虽未达到最大承载能力，但已彻底不能使用，故应属于达到这类极限状态；

（2）整个结构或其一部分作为刚体失去平衡（如雨篷、烟囱等倾覆，挡土墙滑移等）；

（3）由于某些截面或构件的破坏而使结构变为机动体系；

（4）结构或结构构件丧失稳定（如压屈等）；

（5）结构因局部破坏而发生连续倒塌；

（6）地基丧失承载能力而破坏（如失稳等）；

（7）结构或结构构件的疲劳破坏。疲劳破坏是在使用中由于荷载多次重复作用而使构件丧失承载能力。

2. 正常使用极限状态

这类极限状态对应于结构或结构构件达到正常使用的某项规定限值。当结构或结构构件出现下列状态之一时，即认为超过了正常使用极限状态：

（1）影响正常使用或外观的变形；

（2）影响正常使用的局部损坏（包括裂缝过宽等）；

（3）影响正常使用的振动；

（4）影响正常使用的其他特定状态（如混凝土腐蚀、结构相对沉降量过大等）。

3. 耐久性极限状态

（1）影响承载能力和正常使用的材料性能劣化；

（2）影响耐久性能的裂缝、变形、缺口、外观、材料削弱等；

（3）影响耐久性能的其他特定状态。

在结构设计时，应考虑到所有可能的极限状态，以保证结构具有足够的安全性、适用性和耐久性，并按不同的极限状态采用相应的可靠性水平进行设计。承载能力极限状态出现的概率应当控制得很低，因为其可能会导致人身伤亡和财产的大量损失。正常使用极限状态可理解为结构或结构构件使用功能的破坏或损害，或由于结构上的动态作用导致人体不舒适，或由于其他各种原因使结构丧失其应有功能的各种状态。与承载能力极限状态相比较，由于其危害较小，故允许出现的概率可以相对较高，但仍应予以足够的重视。因为结构构件的过大变形虽然一般不会导致破坏，但是会造成房屋内粉刷层剥落、填充墙和隔断墙开裂以及屋面积水等不良后果，过大的变形也会造成用户心理上的不安全感，而且在个别结构设计实例中也可能会上升到主导地位。理论上讲，足够的耐久性要求已包含在一段时间内的安全性和适用性要求中。出于实用的原因，增加与耐久性有关的极限状态内容是有用且需要的。

9.2.4　结构可靠性与可靠性

结构的可靠性是安全性、适用性和耐久性的统称，它可定义为：结构在规定的时间内，在规定的条件下，完成预定功能的能力。结构可靠性是结构的可靠性的概率度量，其比较明确的定义是结构在规定的时间内和规定的条件下，完成预定功能的概率。

上述所谓"规定的时间"，是指结构应该达到的设计使用年限；"规定的条件"是指结构正常设计、正常施工、正常使用和维护条件，不考虑人为错误或过失的影响，也不考虑结构任意改建或改变使用功能等情况；"预定功能"是指结构设计所应满足的各项功能要求。

结构能完成预定功能的概率也称"可靠概率"，表示为 p_s，而结构不能完成预定功能的概率称为"失效概率"，表示为 p_f。按定义，结构的可靠概率和失效概率显然是互补的，即有

$$p_s + p_f = 1 \tag{9-5}$$

由于结构的失效概率比可靠概率具有更明确的物理意义，加之计算和表达上的方便，

习惯上常用失效概率来度量结构的可靠性。失效概率 p_f 越小，表明结构的可靠性越高；反之，失效概率 p_f 越大，则结构的可靠性越低。

按极限状态进行结构设计时，可以针对功能所要求的各种结构性能（如强度、刚度、裂缝等），建立包括各种变量（荷载、材料性能、几何尺寸等）的函数，称为结构的功能函数，即

$$Z = g(X_1, X_2, \cdots, X_n) \tag{9-6}$$

实际上，在进行结构可靠性分析时，总可以将上述各种变量从性质上归纳为两类综合随机变量，即结构抗力 R 和所承受的荷载效应 S，则结构的功能函数可表示为

$$Z = g(R, S) = R - S \tag{9-7}$$

显然，结构总可能出现下列三种情况（图 9-1）：

当 $Z > 0$ 时，结构处于可靠状态；

当 $Z < 0$ 时，结构处于失效状态；

当 $Z = 0$ 时，结构处于极限状态。

则可以将

$$Z = R - S = 0 \tag{9-8}$$

称为结构的极限状态方程，它是结构失效的标准。

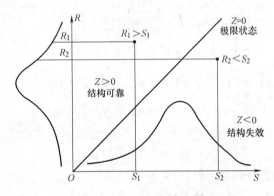

图 9-1　结构所处的状态

由于结构抗力 R 和荷载效应 S 均为随机变量，因此要绝对保证结构可靠（$Z \geqslant 0$）是不可能的。从概率的观点，结构设计的目标就是使结构 $Z < 0$ 的概率（即失效概率 p_f）足够小，以达到人们可以接受的程度。

若已知结构抗力 R 和荷载效应 S 的联合概率密度函数为 $f_{RS}(r, s)$，则由概率论可知，结构的失效概率为

$$p_f = P\{Z < 0\} = P\{R - S < 0\} = \iint\limits_{r<s} f_{RS}(r, s) \mathrm{d}r \mathrm{d}s \tag{9-9}$$

假定 R、S 相互独立，相应的概率密度函数为 $f_R(r)$ 及 $f_S(s)$，则有

$$p_f = \iint\limits_{r<s} f_R(r) \cdot f_S(s) \mathrm{d}r \mathrm{d}s = \int_0^{+\infty} \left[\int_0^s f_R(r) \mathrm{d}r \right] \cdot f_S(s) \mathrm{d}s$$

$$= \int_0^{+\infty} F_R(s) f_S(s) \mathrm{d}s \tag{9-10}$$

或

$$p_{\mathrm{f}}=\iint\limits_{r<s} f_{\mathrm{R}}(r) \cdot f_{\mathrm{S}}(s)\mathrm{d}r\mathrm{d}s=\int_0^{+\infty}\left[\int_r^{+\infty} f_{\mathrm{S}}(s)\mathrm{d}s\right] \cdot f_{\mathrm{R}}(r)\mathrm{d}r$$

$$=\int_0^{+\infty}\left[1-\int_0^r f_{\mathrm{S}}(s)\mathrm{d}s\right] \cdot f_{\mathrm{R}}(r)\mathrm{d}r=\int_0^{+\infty}\left[1-F_{\mathrm{S}}(r)\right] \cdot f_{\mathrm{R}}(r)\mathrm{d}r \tag{9-11}$$

式中 $F_{\mathrm{R}}(\cdot)$、$F_{\mathrm{S}}(\cdot)$——随机变量 R、S 的概率分布函数。

由上述可见，求解失效概率 p_{f} 会涉及复杂的数学运算，而且实际工程中 R、S 的分布往往不是简单函数，变量也不止两个，因此要精确计算出 p_{f} 值是十分困难的。目前，在近似概率法中，我国和国际上绝大多数国家都建议采用可靠指标代替失效概率来度量结构的可靠性。

9.2.5 结构可靠指标

为了说明结构可靠指标的概念，我们仍以最简单的两个随机变量情况为例。假定在功能函数 $Z=R-S$ 中，R 和 S 均服从正态分布且相互独立，其平均值和标准差分别为 μ_{R}、μ_{S} 和 σ_{R}、σ_{S}。由概率论可知，Z 也服从正态分布，其平均值和标准差分别为

$$\mu_Z=\mu_{\mathrm{R}}-\mu_{\mathrm{S}} \tag{9-12}$$

$$\sigma_Z=\sqrt{\sigma_{\mathrm{R}}^2+\sigma_{\mathrm{S}}^2} \tag{9-13}$$

则结构的失效概率为

$$p_{\mathrm{f}}=P\{Z<0\}=P\left\{\frac{Z}{\sigma_Z}<0\right\}=P\left\{\frac{Z-\mu_Z}{\sigma_Z}<-\frac{\mu_Z}{\sigma_Z}\right\} \tag{9-14}$$

上式实际上是通过标准化变换，将 Z 的正态分布 $N(\mu_Z, \sigma_Z)$ 转化为标准正态分布 $N(0, 1)$，令 $Y=\dfrac{Z-\mu_Z}{\sigma_Z}$，$\beta=\dfrac{\mu_Z}{\sigma_Z}$，则式（9-14）可改写为

$$p_{\mathrm{f}}=P\{Y<-\beta\}=\Phi(-\beta)=1-\Phi(\beta) \tag{9-15}$$

或

$$\beta=\Phi^{-1}(1-p_{\mathrm{f}}) \tag{9-16}$$

式中 $\Phi(\cdot)$——标准正态分布函数；

$\Phi^{-1}(\cdot)$——标准正态分布函数的反函数。

上述 β 与 p_{f} 的关系可以通过图 9-2 表示，图中曲线为功能函数 Z 的概率密度函数 $f_Z(z)$。因 $\beta=\mu_Z/\sigma_Z$，平均值 μ_Z 距坐标原点的距离为 $\mu_Z=\beta\sigma_Z$。如标准差 σ_Z 保持不变，β 值愈小，阴影部分的面积就愈大，即失效概率 p_{f} 愈大；反之亦然。因此，β 和 p_{f} 一样，可以作为度量结构可靠性的一个数量指标，称 β 为结构的可靠指标。由式（9-15）、式（9-16）可见，可靠指标 β 和失效概率 p_{f} 之间存在一一对应的关系，参见表 9-3。

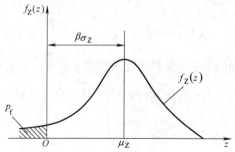

图 9-2 可靠指标 β 与失效概率 p_{f} 的关系

常用可靠指标 β 与失效概率 p_f 的对应关系 表 9-3

β	2.7	3.2	3.7	4.2	4.7
p_f	3.5×10^{-3}	6.9×10^{-4}	1.1×10^{-4}	1.3×10^{-5}	1.3×10^{-6}

当结构抗力 R 和荷载效应 S 均服从正态分布且相互独立时，由式（9-12）、式（9-13），可靠指标为

$$\beta = \frac{\mu_R - \mu_S}{\sqrt{\sigma_R^2 + \sigma_S^2}} \tag{9-17}$$

若 R、S 均服从对数正态分布且相互独立，则 $\ln R$、$\ln S$ 服从正态分布，此时结构的功能函数

$$Z = \ln\left(\frac{R}{S}\right) = \ln R - \ln S \tag{9-18}$$

也服从正态分布，则可靠指标为

$$\beta = \frac{\mu_{\ln R} - \mu_{\ln S}}{\sqrt{\sigma_{\ln R}^2 + \sigma_{\ln S}^2}} \tag{9-19}$$

式（9-19）中采用的统计参数是 $\ln R$ 和 $\ln S$ 的均值 $\mu_{\ln R}$、$\mu_{\ln S}$ 和标准差 $\sigma_{\ln R}$、$\sigma_{\ln S}$。在实际应用中，有时采用 R、S 的统计参数 μ_R、μ_S 及 σ_R、σ_S 更为方便。由概率论可以证明，若随机变量 X 服从对数正态分布，则其统计参数与 $\ln X$ 的统计参数之间有下列关系：

$$\mu_{\ln X} = \ln\mu_X - \ln\sqrt{1+\delta_X^2} \tag{9-20}$$

$$\sigma_{\ln X} = \sqrt{\ln(1+\delta_X^2)} \tag{9-21}$$

式中 δ_X——随机变量 X 的变异系数。

将式（9-20）、式（9-21）代入式（9-19），即得可靠指标的表达式为

$$\beta = \frac{\ln\dfrac{\mu_R\sqrt{1+\delta_S^2}}{\mu_S\sqrt{1+\delta_R^2}}}{\sqrt{\ln(1+\delta_R^2)+\ln(1+\delta_S^2)}} \tag{9-22}$$

当 δ_R、δ_S 都很小（小于 0.3）时，式（9-22）可进一步简化

$$\beta \approx \frac{\ln\mu_R - \ln\mu_S}{\sqrt{\delta_R^2 + \delta_S^2}} \tag{9-23}$$

从上可见，采用可靠指标 β 来描述结构的可靠性，几何意义明确、直观，并且其运算只涉及随机变量的均值和标准差，计算方便，因而在实际计算中得到广泛应用。

9.3　结构可靠性基本分析方法

从上一节关于结构可靠性基本原理的介绍可以看出，要计算结构的可靠性和失效概率需已知结构功能函数的概率分布。实际上，影响结构功能函数的基本随机变量较多，结构的功能函数往往是由多个随机变量组成的非线性函数，其概率分布确定非常困难。因此不能直接采用上一节的公式计算可靠指标，而需要作出某些近似简化后再进行计算。下面将

介绍当随机变量互相独立时，采用近似概率法（即一次二阶矩法）分析结构可靠性的两种基本方法。

9.3.1 中心点法

1. 线性功能函数情况

设结构功能函数 Z 是由若干个相互独立的随机变量 X_i 所组成的线性函数，即

$$Z = a_0 + \sum_{i=1}^{n} a_i X_i \tag{9-24}$$

式中　a_0、a_i——已知常数（$i=1, 2, \cdots, n$）。

功能函数的统计参数，即平均值和标准差为

$$\mu_Z = a_0 + \sum_{i=1}^{n} a_i \mu_{X_i} \tag{9-25}$$

$$\sigma_Z = \sqrt{\sum_{i=1}^{n} (a_i \sigma_{X_i})^2} \tag{9-26}$$

根据概率论中心极限定理，当随机变量的数量 n 较大时，可以认为 Z 近似服从正态分布，则可靠指标直接按下式计算

$$\beta = \frac{\mu_Z}{\sigma_Z} = \frac{a_0 + \sum_{i=1}^{n} a_i \mu_{X_i}}{\sqrt{\sum_{i=1}^{n} (a_i \sigma_{X_i})^2}} \tag{9-27}$$

进而按式（9-15）求得结构的失效概率 p_f。

2. 非线性功能函数情况

设结构的功能函数为

$$Z = g(X_1, X_2, \cdots, X_n) \tag{9-28}$$

将 Z 在随机变量 X_i 的平均值（即中心点）处按泰勒级数展开，并取线性项，即

$$Z \approx g(\mu_{X_1}, \mu_{X_2}, \cdots, \mu_{X_n}) + \sum_{i=1}^{n} (X_i - \mu_{X_i}) \frac{\partial g}{\partial X_i}\bigg|_{\mu} \tag{9-29}$$

则 Z 的平均值和标准差可分别近似表示为

$$\mu_Z = g(\mu_{X_1}, \mu_{X_2}, \cdots, \mu_{X_n}) \tag{9-30}$$

$$\sigma_Z = \sqrt{\sum_{i=1}^{n} \left(\frac{\partial g}{\partial X_i}\bigg|_{\mu} \sigma_{X_i} \right)^2} \tag{9-31}$$

从而结构可靠指标为

$$\beta = \frac{\mu_Z}{\sigma_Z} = \frac{g(\mu_{X_1}, \mu_{X_2}, \cdots, \mu_{X_n})}{\sqrt{\sum_{i=1}^{n} \left(\frac{\partial g}{\partial X_i}\bigg|_{\mu} \sigma_{X_i} \right)^2}} \tag{9-32}$$

式中　$\dfrac{\partial g}{\partial X_i}\bigg|_{\mu}$——功能函数 $g(X_1, X_2, \cdots, X_n)$ 对 X_i 的偏导数在平均值 μ_{X_i} 处赋值。

中心点法的最大特点是计算简便，概念明确，但还存在以下不足：

（1）该方法没有考虑有关随机变量的实际概率分布，而只采用其统计特征值进行运

算。当变量分布不是正态或对数正态分布时，计算结果与实际情况有较大出入。

（2）对于非线性功能函数，在平均值处按泰勒级数展开不太合理，而且展开时只保留了线性项，这样势必造成较大的计算误差。

（3）对于同一问题，如采用不同形式的功能函数，可靠指标计算值可能不同，有时甚至相差较大。

【例9-1】　一伸臂梁，如图9-3所示。在伸臂端承受集中力 P，梁所能承受的极限弯矩为 M_u，若梁内由荷载产生的最大弯矩 $M > M_u$，梁发生失效。则该梁的承载功能函数为

$$Z = g(M_u, P) = M_u - \frac{1}{2}Pl$$

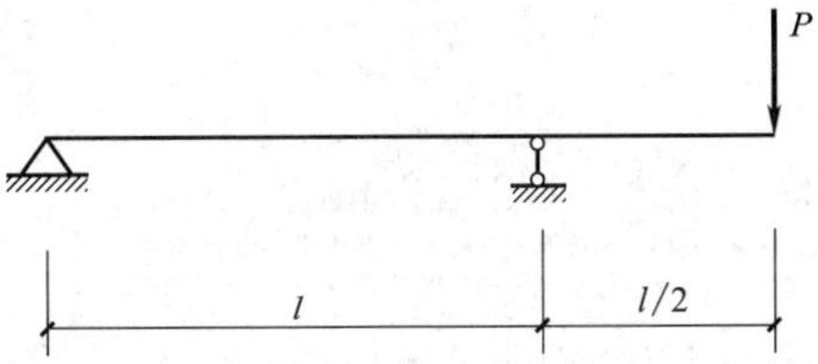

图9-3　例9-1简图

已知：$\mu_P = 4\text{kN}$，$\sigma_P = 0.8\text{kN}$；$\mu_{M_u} = 20\text{kN} \cdot \text{m}$，$\sigma_{M_u} = 2\text{kN} \cdot \text{m}$；梁跨度 l 为常数，$l = 5\text{m}$。试采用中心点法计算该梁的可靠指标。

【解】　根据该梁的功能函数形式，利用式（9-25）、式（9-26）计算 Z 的平均值和标准差

$$\mu_Z = \mu_{M_u} - \frac{1}{2}l\mu_P = 20 - \frac{1}{2} \times 5 \times 4 = 10\text{kN} \cdot \text{m}$$

$$\sigma_Z = \sqrt{\sigma_{M_u}^2 + \left(\frac{1}{2}l\sigma_P\right)^2} = \sqrt{2^2 + \left(\frac{1}{2} \times 5 \times 0.8\right)^2} = 2.828\text{kN} \cdot \text{m}$$

由此计算可靠指标

$$\beta = \frac{\mu_Z}{\sigma_Z} = \frac{10}{2.828} = 3.536$$

【例9-2】　试用中心点法求某一圆截面拉杆的可靠指标。已知各变量的平均值和标准差为：材料屈服强度 $\mu_{f_y} = 335\text{N/mm}^2$，$\sigma_{f_y} = 26.8\text{N/mm}^2$；杆件直径 $\mu_d = 14\text{mm}$，$\sigma_d = 0.7\text{mm}$；承受的拉力 $\mu_P = 25\text{kN}$，$\sigma_P = 6.25\text{kN}$。

【解】　（1）功能函数以极限荷载形式表达时

$$Z = g(f_y, d, P) = \frac{\pi}{4}d^2f_y - P$$

$$\mu_Z = g(\mu_{f_y}, \mu_d, \mu_P) = \frac{\pi}{4}\mu_d^2\mu_{f_y} - \mu_P = \frac{\pi}{4} \times 14^2 \times 335 - 25000 = 26569.2\text{N}$$

$$\left.\frac{\partial g}{\partial f_y}\right|_\mu \cdot \sigma_{f_y} = \frac{\pi}{4}\mu_d^2 \cdot \sigma_{f_y} = \frac{\pi}{4} \times 14^2 \times 26.8 = 4125.5\text{N}$$

$$\left.\frac{\partial g}{\partial d}\right|_{\mu} \cdot \sigma_d = \frac{\pi}{2}\mu_d\mu_{f_y} \cdot \sigma_d = \frac{\pi}{2} \times 14 \times 335 \times 0.7 = 5156.9\text{N}$$

$$\left.\frac{\partial g}{\partial P}\right|_{\mu} \cdot \sigma_P = -\sigma_P = -6250\text{N}$$

$$\sigma_Z = \sqrt{\sum_{i=1}^{n}\left(\left.\frac{\partial g}{\partial X_i}\right|_{\mu}\sigma_{X_i}\right)^2} = \sqrt{4125.5^2 + 5156.9^2 + (-6250)^2} = 9092.6\text{N}$$

则可靠指标为

$$\beta = \frac{\mu_Z}{\sigma_Z} = \frac{26569.2}{9092.6} = 2.922$$

（2）功能函数以应力形式表达时

$$Z = g(f_y, d, P) = f_y - \frac{4P}{\pi d^2}$$

$$\mu_Z = g(\mu_{f_y}, \mu_d, \mu_P) = \mu_{f_y} - \frac{4\mu_P}{\pi\mu_d^2} = 172.6\text{N/mm}^2$$

$$\left.\frac{\partial g}{\partial f_y}\right|_{\mu} \cdot \sigma_{f_y} = \sigma_{f_y} = 26.8\text{N/mm}^2$$

$$\left.\frac{\partial g}{\partial d}\right|_{\mu} \cdot \sigma_d = \frac{8\mu_P}{\pi\mu_d^3} \cdot \sigma_d = 16.2\text{N/mm}^2$$

$$\left.\frac{\partial g}{\partial P}\right|_{\mu} \cdot \sigma_P = -\frac{4}{\pi\mu_d^2} \cdot \sigma_P = -40.6\text{N/mm}^2$$

$$\sigma_Z = \sqrt{\sum_{i=1}^{n}\left(\left.\frac{\partial g}{\partial X_i}\right|_{\mu}\sigma_{X_i}\right)^2} = \sqrt{26.8^2 + 16.2^2 + (-40.6)^2} = 51.3\text{N/mm}^2$$

则可靠指标为

$$\beta = \frac{\mu_Z}{\sigma_Z} = \frac{172.6}{51.3} = 3.365$$

本例结果表明，当功能函数以两种形式表达时，可靠指标值相差 15%。

9.3.2 验算点法（JC法）

针对上述中心点法的主要缺点，国际结构安全度联合委员会（JCSS）推荐了一种计算结构可靠指标更为一般的方法，称为验算点法，亦称 JC 法。作为对中心点法的改进，验算点法适用范围更广，其主要特点是，对于非线性的功能函数，线性化近似不是选在中心点处，而是选在失效边界上，即以通过极限状态方程上的某一点 $P^*(X_1^*, X_2^*, \cdots, X_n^*)$ 的切平面作线性近似，以提高可靠指标的计算精度。此外，该法能考虑变量的实际概率分布，并通过"当量正态化"途径，将非正态变量 X_i 在 X_i^* 处当量化为正态变量，使可靠指标能真实反映结构的可靠性。

这里特定的点 P^* 称为设计验算点，它与结构最大可能的失效概率相对应，并且根据该点能推出实用设计表达式中的各种分项系数，因此在近似概率法中有着极为重要的作用。

为了说明验算点法的基本概念，下面先从两个正态随机变量的简单情况入手，再推广到其他一般情况。

1. 两个正态随机变量情况

设基本变量 R、S 相互独立且服从正态分布，极限状态方程为

$$Z=g(R,S)=R-S=0 \tag{9-33}$$

在 $SO'R$ 坐标系中，此方程为一条通过原点、倾角为 45° 的直线。

将两个坐标分别除以各自的标准差，变为无量纲的变量，再平移坐标系至平均值处，成为新的坐标系 $\overline{SOR}$，如图 9-4 所示。此时，极限状态方程将不再与水平轴呈 45° 夹角，并且不一定再通过 $\overline{O}$ 点。

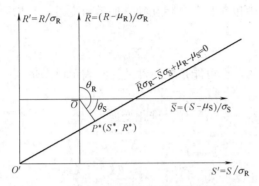

图 9-4 两个正态随机变量的可靠指标计算

这种变换相当于对一般正态变量 R、S 进行标准化，使之成为标准正态变量，即

$$\overline{R}=\frac{R-\mu_R}{\sigma_R} \qquad \overline{S}=\frac{S-\mu_S}{\sigma_S} \tag{9-34}$$

则原坐标系 $SO'R$ 和新坐标系 $\overline{SOR}$ 之间的关系为

$$R=\mu_R+\overline{R}\sigma_R \qquad S=\mu_S+\overline{S}\sigma_S \tag{9-35}$$

将式（9-35）代入 $Z=R-S=0$，可得新坐标系 $\overline{SOR}$ 中的极限状态方程为

$$Z=\overline{R}\sigma_R-\overline{S}\sigma_S+\mu_R-\mu_S \tag{9-36}$$

将上式除以法线化因子 $-\sqrt{\sigma_R^2+\sigma_S^2}$，得其标准法线式直线方程

$$\overline{R}\frac{(-\sigma_R)}{\sqrt{\sigma_R^2+\sigma_S^2}}+\overline{S}\frac{\sigma_S}{\sqrt{\sigma_R^2+\sigma_S^2}}-\frac{\mu_R-\mu_S}{\sqrt{\sigma_R^2+\sigma_S^2}}=0 \tag{9-37}$$

式中，前两项的系数为法线 $\overline{OP}^*$ 的方向余弦，最后一项即为可靠指标 β，则极限状态方程可改写为

$$\overline{R}\cos\theta_R+\overline{S}\cos\theta_S-\beta=0 \tag{9-38}$$

$$\cos\theta_R=-\frac{\sigma_R}{\sqrt{\sigma_R^2+\sigma_S^2}} \tag{9-39}$$

由解析几何可知，法线式直线方程中的常数项等于原点 $\overline{O}$ 到直线的距离 $\overline{OP}^*$。由此可见，可靠指标 β 的几何意义是在标准化正态坐标系中原点到极限状态方程直线的最短距离。而垂足 P^* 即为设计验算点（图 9-4），它是满足极限状态方程时最可能使结构失效的一组变量取值，其坐标值为

$$\overline{S}^*=\beta\cos\theta_S \qquad \overline{R}^*=\beta\cos\theta_R \tag{9-40}$$

将上式变换到原坐标系中，有

$$S^* = \mu_S + \sigma_S \beta \cos\theta_S \qquad R^* = \mu_R + \sigma_R \beta \cos\theta_R \tag{9-41}$$

因为 P^* 点在极限状态方程直线上，验算点坐标必然满足

$$Z = g(S^*, R^*) = R^* - S^* = 0 \tag{9-42}$$

在已知随机变量 S、R 的统计参数后，由式（9-39）、式（9-41）和式（9-42）即可计算可靠指标 β 和设计验算点的坐标 S^*、R^*。

2. 多个正态随机变量情况

设结构的功能函数中包含有多个相互独立的随机变量，且均服从于正态分布，则极限状态方程为

$$Z = g(X_1, X_2, \cdots, X_n) = 0 \tag{9-43}$$

该方程可能是线性的，也可能是非线性的。它表示以变量 X_i 为坐标的 n 维欧氏空间上的一个曲面。

对变量 $X_i (i=1, 2, \cdots, n)$ 作标准化变换

$$\overline{X_i} = \frac{X_i - \mu_{X_i}}{\sigma_{X_i}} \tag{9-44}$$

则在标准正态空间坐标系中，极限状态方程可表示为

$$Z = g(\mu_{X_1} + \overline{X}_1 \sigma_{X_1}, \mu_{X_2} + \overline{X}_2 \sigma_{X_2}, \cdots, \mu_{X_n} + \overline{X}_n \sigma_{X_n}) = 0 \tag{9-45}$$

此时，可靠指标 β 是坐标系中原点到极限状态曲面的最短距离 $\overline{OP}^*$，也就是 P^* 点沿其极限状态曲面的切平面的法线方向至原点 $\overline{O}$ 的长度。如图 9-5 所示为三个正态随机变量的情况，P^* 点为设计验算点，其坐标为 $(\overline{X}_1^*, \overline{X}_2^*, \overline{X}_3^*)$。

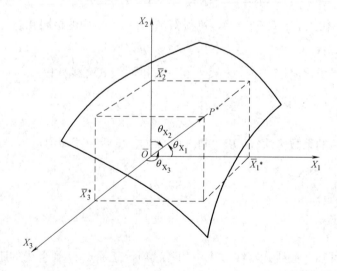

图 9-5 三个变量时可靠指标与极限状态方程的关系

将式（9-45）在 P^* 点按泰勒级数展开，并取至一次项，作类似于两个正态随机变量情况的推导，得法线 $\overline{OP}^*$ 的方向余弦为

$$\cos\theta_{X_i} = \frac{-\frac{\partial g}{\partial X_i}\bigg|_{P^*}\sigma_{X_i}}{\left[\sum_{i=1}^{n}\left(\frac{\partial g}{\partial X_i}\bigg|_{P^*}\sigma_{X_i}\right)^2\right]^{\frac{1}{2}}} \tag{9-46}$$

则

$$\overline{X}_i^* = \beta\cos\theta_{X_i} \tag{9-47}$$

由式（9-44），将上述关系变换到原坐标系中，可得 P^* 点的坐标值为

$$X_i^* = \mu_{X_i} + \sigma_{X_i}\beta\cos\theta_{X_i} \tag{9-48}$$

同时应满足

$$g(X_1^*, X_2^*, \cdots, X_n^*) = 0 \tag{9-49}$$

式（9-46）、式（9-48）和式（9-49）中有 $2n+1$ 个方程，包含 X_i^*、$\cos\theta_{X_i}(i=1$, $2, \cdots, n)$ 及 β 共 $2n+1$ 个未知量。但由于结构的功能函数 $g(\cdot)$ 一般为非线性函数，而且在求 β 之前 P^* 点是未知的，偏导数 $\frac{\partial g}{\partial X_i}$ 在 P^* 点的赋值也无法确定，因此通常采用逐次迭代法联立求解上述方程组。

3. 非正态随机变量情况

上述可靠指标 β 的计算方法适合功能函数的基本变量均服从正态分布的情况。如前所述，在结构分析中，不可能所有的变量都为正态分布。例如，材料强度和结构自重可能属于正态分布，而风荷载、雪荷载等可能服从极值 I 型分布，结构抗力服从对数正态分布。因此，在采用验算点法计算可靠指标时，就需要先将非正态变量 X_i 在验算点处转换成当量正态变量 X_i'，并确定其平均值 $\mu_{X_i'}$ 和标准差 $\sigma_{X_i'}$，其转换条件为（参见图 9-6）：

（1）在设计验算点 X_i^* 处，当量正态变量 X_i' 与原非正态变量 X_i 的概率分布函数值（尾部面积）相等，即

$$F_{X_i'}(X_i^*) = F_{X_i}(X_i^*)。 \tag{9-50}$$

（2）在设计验算点 X_i^* 处，当量正态变量 X_i' 与原非正态变量 X_i 的概率密度函数值（纵坐标）相等，即

$$f_{X_i'}(X_i^*) = f_{X_i}(X_i^*) \tag{9-51}$$

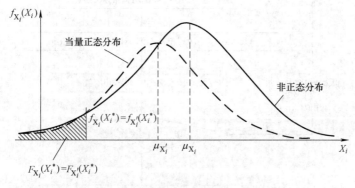

图 9-6 非正态变量的当量正态化条件

由条件（1）可得

$$F_{X_i}(X_i^*) = \Phi\left(\frac{X_i^* - \mu_{X_i'}}{\sigma_{X_i'}}\right) \tag{9-52}$$

$$\mu_{X_i'} = X_i^* - \Phi^{-1}[F_{X_i}(X_i^*)]\sigma_{X_i'} \tag{9-53}$$

由条件（2）可得

$$f_{X_i}(X_i^*) = \frac{1}{\sigma_{X_i'}}\varphi\left(\frac{X_i^* - \mu_{X_i'}}{\sigma_{X_i'}}\right) = \frac{1}{\sigma_{X_i'}}\varphi\{\Phi^{-1}[F_{X^*}(X_i^*)]\} \tag{9-54}$$

则

$$\sigma_{X_i'} = \varphi\{\Phi^{-1}[F_{X_i}(X_i^*)]\}/f_{X_i}(X_i^*) \tag{9-55}$$

式中　$\Phi(\cdot)$、$\Phi^{-1}(\cdot)$——标准正态分布函数及其反函数；

$\varphi(\cdot)$——标准正态分布的概率密度函数。

当随机变量 X_i 服从对数正态分布，且已知其统计参数 μ_{X_i}、δ_{X_i} 时，可根据上述当量化条件，并结合式（9-20）和式（9-21）推导得

$$\mu_{X_i'} = X_i^*\left(1 - \ln X_i^* + \ln\frac{\mu_{X_i}}{\sqrt{1+\delta_{X_i}^2}}\right) \tag{9-56}$$

$$\sigma_{X_i'} = X_i^*\sqrt{\ln(1+\delta_{X_i}^2)} \tag{9-57}$$

在极限状态方程中，求得非正态变量 X_i 的当量正态化参数 $\mu_{X_i'}$ 和 $\sigma_{X_i'}$ 以后，即可按正态变量的情况迭代求解可靠指标 β 和设计验算点坐标 X_i^*。应该注意，每次迭代时，由于验算点的坐标不同，故均需重新构造出新的当量正态分布。具体迭代计算框图如图9-7所示。

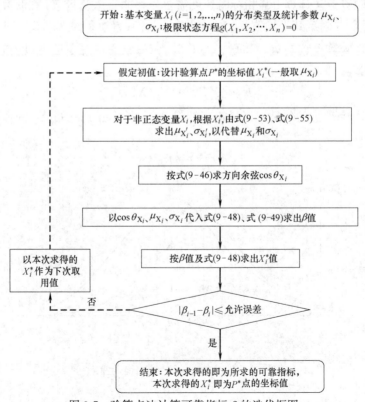

图 9-7　验算点法计算可靠指标 β 的迭代框图

【例 9-3】 已知某一均质梁抗弯的极限状态方程为

$$Z = g(f, W) = fW - M = 0$$

设材料强度 f 服从对数正态分布，$\mu_f = 262 \text{N/mm}^2$，$\delta_f = 0.10$；截面抵抗矩 W 服从正态分布，$\mu_W = 884.9 \times 10^{-6} \text{m}^3$，$\delta_W = 0.05$；承受的弯矩 $M = 128.8 \text{kN} \cdot \text{m}$（为定值）。试用验算点法求解该梁的可靠指标。

【解】 对于对数正态变量 f 进行当量化，由式（9-56）、式（9-57）得

$$\mu_{f'} = f^* \left(1 - \ln f^* + \ln \frac{\mu_f}{\sqrt{1 + \delta_f^2}} \right) = f^* (20.38 - \ln f^*)$$

$$\sigma_{f'} = f^* \sqrt{\ln(1 + \delta_f^2)} = 0.1 f^*$$

$$\sigma_W = \mu_W \delta_W = 44.245$$

则

$$-\frac{\partial g}{\partial f}\bigg|_{P^*} \cdot \sigma_{f'} = -0.1 f^* W^*, \quad -\frac{\partial g}{\partial W}\bigg|_{P^*} \cdot \sigma_W = -\mu_W \delta_W f^* = -44.245 \times 10^{-6} f^*$$

$$\cos\theta_{f'} = \frac{-0.1 f^* W^*}{\sqrt{(-0.1 f^* W^*)^2 + (-44.245 \times 10^{-6} f^*)^2}} = \frac{-0.1 W^*}{\sqrt{(-0.1 W^*)^2 + 1.9576 \times 10^{-9}}}$$

$$\cos\theta_{W'} = \frac{-44.245 \times 10^{-6} f^*}{\sqrt{(-0.1 f^* W^*)^2 + (-44.245 \times 10^{-6} f^*)^2}} = \frac{-44.245 \times 10^{-6}}{\sqrt{(-0.1 W^*)^2 + 1.9576 \times 10^{-9}}}$$

$$f^* = \mu_{f'} + \sigma_{f'} \beta \cos\theta_{f'}, \quad W^* = \mu_W + \sigma_W \beta \cos\theta_W$$

$$g(f^*, W^*) = f^* W^* - M = 0$$

由上述公式按逐次迭代求解，第一次迭代时，各变量在设计验算点的初值取 $f^* = \mu_f = 262 \text{ N/mm}^2$，$W^* = \mu_W = 884.9 \times 10^{-6} \text{ m}^3$，则有

$$-\frac{\partial g}{\partial f}\bigg|_{P^*} \cdot \sigma_{f'} = -0.1 f^* W^* = -0.1 \times 262 \times 10^3 \times 884.9 \times 10^{-6} = 23.1844$$

$$-\frac{\partial g}{\partial W}\bigg|_{P^*} \cdot \sigma_W = -0.05 f^* W^* = -0.05 \times 262 \times 10^3 \times 884.9 \times 10^{-6} = 11.5922$$

$$\cos\theta_{f'} = -0.8944, \cos\theta_{W'} = -0.4472,$$

可以求出第一次的 β 值为 4.2705，如此再类似地进入第二次迭代。表 9-4 列出了前几次迭代过程的计算结果。经三次迭代后，算得可靠指标 $\beta = 5.1510$，验算点 P^* 的坐标值 $f^* = 166.8894 \text{ N/mm}^2$，$W^* = 771.7685 \times 10^{-6} \text{ m}^3$，计算结果收敛较好。

例 9-3 迭代计算表 表 9-4

迭代次数	1	2	3	4
f^* (N/m²)	262.00×10^6	160.9182×10^6	166.4509×10^6	
W^* (m³)	884.90×10^{-6}	791.4985×10^{-6}	773.8083×10^{-6}	
$\mu_{f'}$	260.99×10^6	238.7372×10^6	241.3187×10^6	$f^* = 166.8894 \times 10^6 \text{N/m}^2$
$\sigma_{f'}$	26.20×10^6	16.0918×10^6	16.6451×10^6	$W^* = 771.7685 \times 10^{-6} \text{m}^3$
$\cos\theta_{f'}$	-0.8944	-0.8729	-0.8681	
$\cos\theta_{W'}$	-0.4472	-0.4879	-0.4964	
β	4.2705	5.1462	5.1510	

9.4 结构体系可靠性

前面讨论的可靠性，主要是针对一个构件或构件的一个截面的单一失效模式（机构，下同）而言的。实际上，一个构件有许多截面，而结构都是由多个构件组成的结构体系。即使是单个构件，其失效模式也有很多种，实质上也构成了一个系统。因此，从体系的角度来研究结构可靠性，对结构的可靠性设计更有意义，也十分必要。由于结构体系的失效总是由构件失效引起的，而失效构件可能不止一个，所以寻找结构体系可能的主要失效模式，由各构件的失效概率计算结构体系的失效概率，就成为体系可靠性分析的主要内容。可见结构体系可靠性分析要比构件的可靠性分析困难得多，至今尚未建立一套系统而完善的分析方法。本书限于篇幅，仅介绍结构体系可靠性分析的基本概念和一般分析方法。

9.4.1 结构构件的失效性质

构成整个结构的各构件（包括连接），根据其材料和受力不同，可以分为脆性和延性两类构件。

若一个构件达到失效状态后便不再起作用（图 9-8a），完全丧失其承载能力，则称为完全脆性构件。当构件达到失效状态后，仍能维持其承载能力（图 9-8b），则称为完全延性构件。

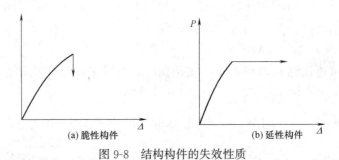

(a) 脆性构件　　　　　　　　　(b) 延性构件

图 9-8　结构构件的失效性质

构件不同的失效性质，会对结构体系的可靠性分析产生不同的影响。对于静定结构，任意构件失效将导致整个结构失效，其可靠性分析不会由于构件的失效性质不同而带来任何变化。对于超静定结构则不同，由于某一构件失效并不意味整个结构将失效，而是在构件之间导致内力重分布，这种重分布与体系的变形情况以及构件性质有关，因而其可靠性分析将随构件的失效性质不同而存在较大差异。在工程实践中，超静定结构体系一般由延性构件组成。

9.4.2 结构可靠性分析的基本体系

由于结构体系的复杂性，在分析可靠性时，常常按照结构体系失效与构件失效之间的逻辑关系，将结构体系简化为三种基本形式，即：串联体系、并联体系和串并联体系。

（1）串联体系

如果结构体系中任何一个构件失效，整个结构也失效，这种体系称为串联体系，亦称为最弱联杆体系（Weakest-link System）。如图 9-9（a）所示的静定桁架即为典型的串联体系。图 9-9（b）表示串联体系的逻辑图。不能理解为所有构件都承受相同的荷载 S。一般情况下，所有的静定结构的失效均可用串联体系表示。

（2）并联体系

在结构体系中，若单个构件失效不会引起体系失效，只有当所有构件都失效后，整个体系才失效，则称这类体系为并联体系（Parallel System），超静定结构一般具有这种性质。如图 9-10 中的两端固定梁，若将塑性铰截面作为一个元件，则当某个截面出现塑性铰后，梁仅减少一次超静定次数而未丧失承载力，只有当梁两端和跨中都形成塑性铰后，整个梁才失效。

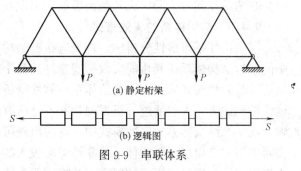

图 9-9　串联体系

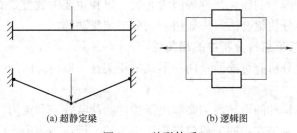

图 9-10　并联体系

在并联体系中，构件的失效性质对体系的可靠性分析影响很大。如组成构件均为脆性构件，则某一构件在失效后退出工作，原来承担的荷载全部转移给其他构件，加快了其他构件失效，因此在计算体系可靠性时，应考虑各个构件的失效顺序。而当组成构件为延性构件时，构件失效后仍能维持其原有的承载能力，不影响之后其他构件失效，所以只需考虑体系最终的失效形态。

（3）串并联体系

对实际超静定结构而言，往往有很多种失效模式，其中每一种失效模式都可用一个并联体系来模拟，然后这些并联体系又组成串联体系，构成串并联体系。

如图 9-11 所示的刚架，在荷载作用下，最可能出现的失效模式有三种，只要其中一种出现，就意味着结构体系失效，则该结构可模拟为由三个并联体系组成的串联体系，即

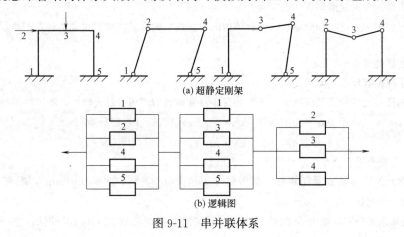

图 9-11　串并联体系

串并联体系。此时，同一失效截面可能会出现在不同的失效模式中。

9.4.3 结构体系的失效模式

在结构体系可靠性分析中，首先应根据结构特性、失效机理确定体系的失效模式。一个简单的结构体系，其可能失效模式也许达几个或几十个，面对许多较为复杂的工程结构系统，其失效模式则更多，这给体系可靠性分析带来极大困难和不便。对于工程上常用的延性结构体系，人们通过分析发现，并不是所有的失效模式都对体系可靠性产生同样的影响。在一个结构体系的失效模式中，有的出现可能性比较大，有的可能性较小，有的甚至实际上不大会出现。而对体系可靠性影响较大的是那些出现可能性较大的失效模式。于是人们提出了主要失效模式的概念，并将主要失效模式作为结构体系可靠性分析的基础。

所谓主要失效模式，是指那些对结构体系可靠性有明显影响的失效模式，它与结构形式、荷载情况和分析模型的简化条件等因素有关。寻找主要失效模式的方法常有：荷载增量法、矩阵位移法、分块组合法、失效树——分支定界法等。

9.4.4 结构体系可靠性分析中的相关性

结构体系可靠性分析有可能涉及两种形式的相关性，即构件间的相关性和失效模式间的相关性。

众所周知，单个构件的可靠性主要取决于构件的荷载效应和抗力。而对于同一结构而言，各构件的荷载效应是在相同的荷载作用下产生的，因而结构中不同构件的荷载效应是高度相关的。另一方面，由于结构内的部分或所有构件可能由同一批材料制成，构件的抗力之间也部分相关。由此可见，结构中不同构件的失效存在一定的相关性。

对超静定结构，由于相同的失效构件可能出现在不同的失效模式中，在分析结构体系可靠性时还需要考虑失效模式之间的相关性。

目前，这些相关性通常是由它们相应的功能函数间的相关系数来反映，这在一定程度上加大了结构体系可靠性分析的难度。

思考与练习题

9-1 结构的基本功能要求归纳起来有哪些？

9-2 结构有哪些极限状态？试举例说明。

9-3 什么是结构可靠性和可靠性？

9-4 可靠指标与失效概率有什么关系？

9-5 如何利用中心点法和验算点法分析结构的可靠性？验算点法计算可靠指标 β 的迭代计算过程是怎样的？

9-6 什么是验算点？

9-7 可靠指标有什么几何意义？

9-8 某钢桥一受弯构件截面抗力 R（抵抗弯矩）和荷载效应 S（最大弯矩）的统计参数为：

$$\mu_R = 2.34 \times 10^3 \text{ kN} \cdot \text{m}; \quad \mu_S = 1.16 \times 10^3 \text{ kN} \cdot \text{m}$$

$$\sigma_R = 0.281 \times 10^3 \text{ kN} \cdot \text{m}; \quad \sigma_S = 0.255 \times 10^3 \text{ kN} \cdot \text{m}$$

设 R、S 均符合正态分布，求可靠指标与失效概率。

9-9 某钢筋混凝土轴心受压短柱，截面尺寸为 $A_c = b \times h = (300 \times 500) \text{mm}^2$，配有 4 根直径为 25mm 的 HRB335 钢筋，$A_s = 1964 \text{mm}^2$。

设荷载服从正态分布，轴力 N 的平均值 $\mu_N = 1800 \text{kN}$，变异系数 $\delta_N = 0.10$。钢筋屈服强度 f_y 服从

正态分布，其平均值 $\mu_{f_y}=380\mathrm{N/mm}^2$，变异系数 $\delta_{f_y}=0.06$。

混凝土轴心抗压强度 f_c 也服从正态分布，其平均值 $\mu_{f_c}=24.80\mathrm{N/mm}^2$，变异系数 $\delta_{f_c}=0.20$。

不考虑结构尺寸的变异和计算模式的不准确性，试计算该短柱的可靠指标 β 与失效概率。

9-10 某受弯构件截面抗力 R（抵抗弯矩）和荷载效应 S（最大弯矩）的统计参数为：

$$\mu_R=3.5\times10^3\ \mathrm{kN\cdot m};\ \mu_S=1.3\times10^3\ \mathrm{kN\cdot m}$$

$$\sigma_R=0.21\times10^3\ \mathrm{kN\cdot m};\ \sigma_S=0.25\times10^3\ \mathrm{kN\cdot m}$$

设 R、S 均符合对数正态分布，求可靠指标与失效概率。

9-11 已知某一均质梁抗弯的极限状态方程为

$$Z=g(f,W)=fW-M=0$$

设材料强度 f 服从对数正态分布，$\mu_f=260\mathrm{N/mm}^2$，$\delta_f=0.10$；

截面抵抗矩 W 服从正态分布，$\mu_W=885\times10^{-6}\mathrm{m}^3$，$\delta_W=0.05$；

承受的弯矩 $M=126\mathrm{kN\cdot m}$（为定值）。试用验算点法求解该梁的可靠指标。

第10章

结构概率可靠性设计方法与实用表达式

10.1 结构可靠性要求与设计目标

10.1.1 基本要求

工程结构应符合可持续发展的要求，并符合安全可靠、经济合理、技术先进、确保质量的要求。结构的设计、施工和维护应使结构在规定的设计使用年限内以规定的可靠度满足规定的各项功能要求。规定的主要功能要求包括5个方面，分别是：

（1）能承受在施工和使用期间可能出现的各种作用；

（2）保持良好的使用性能；

（3）具有足够的耐久性能；

（4）当发生火灾时，在规定的时间内可保持足够的承载力；

（5）当发生爆炸、撞击、人为错误等偶然事件时，结构能保持必要的整体稳固性，不出现与起因不相称的破坏后果，防止出现结构的连续倒塌。

上述5项功能中，第（1）、（4）、（5）三项是对结构安全性的要求，第（2）项是对结构适用性的要求，第（3）项是对结构耐久性的要求。

10.1.2 工程结构的可持续发展

"可持续发展"越来越成为各类工程结构发展的主题，工程结构的可持续发展需要考虑经济、环境和社会三个方面的内容。

在经济方面，应尽量减少从工程的规划、设计、建造、使用、维修直至拆除等各阶段费用的总和，而不是单纯地以某一阶段的费用进行衡量。以墙体为例，如仅着眼于降低建造费用而使墙体的保暖性不够，则在使用阶段的采暖费用必然增加，就不符合可持续发展的要求。

在环境方面，要做到减少原材料和能源的消耗，减少污染。建筑工程对环境的冲击性很大。以建筑结构中大量采用的钢筋混凝土为例，减少对环境冲击的方法有提高水泥、混凝土、钢材的性能和强度，淘汰低性能和强度的材料；提高钢筋混凝土的耐久性；利用粉煤灰等作为水泥的部分替代用品（生产水泥时会产生大量的二氧化碳），利用混凝土碎块作为骨料的部分替代用品等。

在社会方面，要维护使用者的健康和提升舒适感，保护建筑工程的文化价值。可持续发展的最终目标还是发展，建筑结构的性能、功能必须能满足使用者日益提高的要求。

为了提高可持续性的应用水平，国际上正在做出努力，例如，国际标准化组织编制的国际标准或技术规程有《建筑工程的可持续性——通用原则》ISO 15392（Sustainability in Building Construction—General Principles）、《建筑施工的可持续性——施工环境性能评价方法的框架》ISO/TS 21931（Sustainability in Building Construction——Framework for Methods of Assessment for Environmental Performance of Construction Work）等。

10.1.3 结构的安全等级

合理的工程结构设计应同时兼顾结构的可靠性与经济性。若将结构的可靠性水平定得过高，会提高结构造价，不符合经济性的原则；但一味强调经济性，可靠性水平定得过低，则会使结构设计得较弱，不利于可靠性。因此，设计则应根据结构破坏可能产生的各种后果（危及人的生命、造成经济损失、产生社会影响等）的严重程度，对不同的工程结构采用不同的安全等级。我国对工程结构的安全等级划分为三级，表10-1～表10-3分别是建筑结构、公路桥涵结构和城市桥梁的安全等级。

建筑结构的安全等级 表 10-1

安全等级	破坏后果	建筑物类型
一级	很严重	重要的房屋
二级	严重	一般的房屋
三级	不严重	次要的房屋

公路桥涵结构设计安全等级 表 10-2

安全等级	破坏后果	适用对象
一级	很严重	(1)各等级公路上的特大桥、大桥、中桥； (2)高速公路、一级公路、二级公路、国防公路及城市附近交通繁忙公路上的小桥
二级	严重	(1)三、四级公路上的小桥； (2)高速公路、一级公路、二级公路、国防公路及城市附近交通繁忙公路上的涵洞
三级	不严重	三、四级公路上的涵洞

城市桥梁设计安全等级 表 10-3

安全等级	结构类型	桥涵结构
一级	重要结构	特大桥、大桥、中桥、重要小桥
二级	一般结构	小桥、重要挡土墙
三级	次要结构	挡土墙、防撞护栏

对于有特殊要求的建筑和公路工程结构，其安全等级可根据具体情况另行确定，并应符合有关专门规范的规定。

一般情况下，同一结构中各类构件的安全等级宜与整体结构同级，同一技术等级公路路面结构的安全等级也宜相同。当必要时也可调整其中部分构件或部分路面地段的安全等级，但调整后的安全等级不得低于三级（建筑结构）或其级差不得超过一级（公路桥梁结构）。

10.1.4 结构目标可靠指标

所谓目标可靠指标，是指预先给定作为结构设计依据的可靠指标，它表示结构设计应满足的可靠性要求。很显然，目标可靠指标与工程造价、使用维护费用以及投资风险、工程破坏后果等有关。如目标可靠指标定得较高，则相应的工程造价增大，而维修费用降低，风险损失减小；反之，目标可靠指标定得较低，工程造价降低，但维修费用及风险损失就会提高。因此，结构设计的目标可靠指标应综合考虑社会公众对事故的接受程度、可能的投资水平、结构重要性、结构破坏性质及其失效后果等因素，以优化方法达到最佳平衡。一般要考虑四个因素：①公众心理；②结构重要性；③结构破坏性质；④社会经济承受力。

国外曾对一些事故的年死亡率进行统计并对公众心理分析，认为胆大的人可接受的危

险率为每年 1×10^{-3}，谨慎的人允许的危险率为每年 1×10^{-4}，而当危险率为每年 1×10^{-5} 或更小时，一般人都不再考虑其危险性。因此，对于工程结构而言，可以认为年失效概率小于 1×10^{-4} 较为安全，年失效概率小于 1×10^{-5} 是安全的，而年失效概率小于 1×10^{-6} 则是很安全的。则在 50 年的设计基准期内，失效概率分别小于 5×10^{-3}、5×10^{-4} 和 5×10^{-5} 时，认为结构较安全、安全和很安全，相应的可靠指标在 $2.5\sim4.0$ 之间。

一般来说，社会经济越发达，公众对工程结构可靠性的要求就越高，因而目标可靠指标也会定得越高。

对于重要的工程结构（如核电站的安全壳、海上采油平台、国家级广播电视发射塔等），目标可靠指标应定得高些。而对于次要的结构（如临时构筑物等），目标可靠指标则可以定得相对低一些。很多国家常以一般结构的目标可靠指标为基准，对于重要结构或次要结构分别使其失效概率减小或增加一个数量级。

结构构件的实际破坏，从其性质上可分为延性破坏和脆性破坏。由于脆性破坏突然发生，没有明显预兆，破坏后果较为严重，故其目标可靠指标应高于延性破坏的目标可靠指标。

目前世界上采用近似概率法的结构设计规范，大多采用"校准法"并结合工程经验来确定结构的目标可靠指标。所谓"校准法"，就是根据各基本变量的统计参数和概率分布类型，运用可靠度的计算方法，揭示以往规范中隐含的可靠性，经综合分析和调整，以此作为确定今后设计所采用的目标可靠指标的主要依据。这种方法在总体上承认以往规范的设计经验和可靠性水平，保持了设计规范在可靠性方面的连续性，同时也充分考虑了源于客观实际的调查统计分析资料。

当然不同的极限状态下的目标可靠指标也不一样，承载能力极限状态下的目标可靠指标应高于正常使用极限状态下的目标可靠指标。

我国建筑《统一标准》和公路《统一标准》根据结构的安全等级和破坏类型，在"校准法"的基础上，规定了承载能力极限状态设计时的目标可靠指标 β 值，如表 10-4～表 10-6 所示。当承受偶然作用时结构构件的目标可靠指标应符合专门规范的规定。

建筑结构构件的目标可靠指标 β 值   表 10-4

破坏类型	安全等级		
	一级	二级	三级
延性破坏	3.7	3.2	2.7
脆性破坏	4.2	3.7	3.2

公路桥梁结构的目标可靠指标 β 值   表 10-5

破坏类型	安全等级		
	一级	二级	三级
延性破坏	4.7	4.2	3.7
脆性破坏	5.2	4.7	4.2

公路路面结构的目标可靠指标 β 值　　　　　　　表 10-6

安全等级	一级		二级	三级	
公路等级	高速	一级	二级	三级	四级
目标可靠指标	1.64	1.28	1.04	0.84	0.52

对于结构构件正常使用极限状态设计，我国建筑《统一标准》根据国际标准 ISO 2394：2015 的建议，结合国内近年来的分析研究成果，规定其目标可靠指标宜按照结构构件作用效应的可逆程度，在 0～1.5 范围内选取。可逆程度较高的结构构件取较低值，可逆程度较低的结构构件取较高值。这里的可逆程度是指产生超越正常使用极限状态的作用被移掉后，结构构件不再保持该超越状态的程度。

对结构构件耐久性极限状态设计，目标可靠指标宜根据其可逆程度取 1.0～2.0。

应当指出，在实际工程中，正常使用极限状态设计的目标可靠指标，还应根据不同类型结构的特点和工程经验加以确定。如高层建筑结构，由于其柔性较大，水平荷载作用下产生的侧移较大，很多情况下成为控制结构设计的主要因素，因此目标可靠指标宜取得相对高些。

10.2　结构概率可靠性直接设计法

由第 9 章关于可靠指标的计算分析可以看出，只要已知结构构件抗力和荷载效应的概率分布和统计参数，即可求解可靠指标和各变量在设计验算点处的坐标值，这实际上属于结构构件的可靠性复核问题。

而对于工程结构设计，可以根据上面介绍的可靠指标计算公式进行逆运算。结构概率可靠性直接设计方法，就是根据预先给定的目标可靠指标点及各基本变量的统计特征，通过可靠性计算公式反求结构构件抗力，然后进行构件截面设计。目前，国际上一些十分重要的结构（如核电站的安全壳、海上采油平台、大坝等）已开始采用。下面简要介绍这种设计方法。

如果抗力 R 和荷载效应 S 均服从正态分布，已知统计参数 κ_R、δ_R、μ_S、δ_S，且极限状态方程是线性的，则可直接求出抗力的平均值，即

$$\mu_R - \mu_S = \beta\sqrt{(\mu_R\delta_R)^2 + (\mu_S\delta_S)^2} \tag{10-1}$$

求解上式即得 μ_R，再求出抗力标准值 R_k，然后根据 R_k 进行截面设计。

对于极限状态方程为非线性，或者其中含有非正态基本变量的情况，就不能按上式简单求解，而需要利用验算点法的式（9-46）、式（9-48）、式（9-49）及式（9-53）、式（9-55）联立求解某一变量 X_i 的平均值 μ_{X_i}。不过，此时 μ_{X_i} 是待求值，如果只假定 X_i^* 还不能迭代计算 $\mu_{X_i'}$ 及 $\sigma_{X_i'}$，需采用双重迭代法才能求出 μ_{X_i} 值，计算较为复杂。但是，对于实际工程问题，在给出目标可靠指标 β 以后，需要求解的是构件抗力 R 的平均值 μ_R，而 R 一般是服从对数正态分布的，可通过当量正态化处理，得出其统计参数为

$$\mu_{R'} = R^*\left(1 - \ln R^* + \ln\frac{\mu_R}{\sqrt{1 + \delta_R^2}}\right) \tag{10-2}$$

$$\sigma_{R'} = R\sqrt{\ln(1+\delta_R^2)} \tag{10-3}$$

由式（9-57）可知，在极限状态方程为线性的情况下，$\sigma_{R'}$ 仅与 δ_R 有关，而 δ_R 是已知的，因此假定 R^* 后即可求得 $\sigma_{R'}$、$\cos\theta_{X_i}$ 等项，即采用一般迭代法就能求解 μ_R。

结构概率可靠性直接设计法的计算过程如图 10-1 所示。

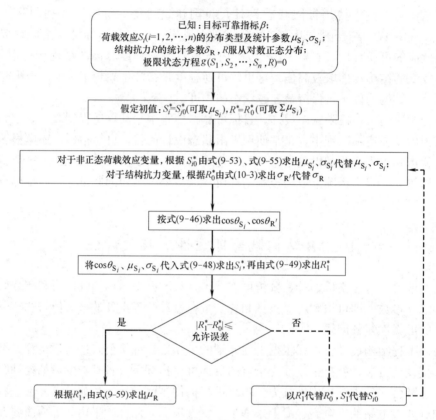

图 10-1 结构概率可靠性直接设计法计算 μ_R 的迭代框图

【例 10-1】 已知某钢拉杆，承受轴向拉力 N 服从正态分布，$\mu_N = 156\text{kN}$，$\delta_N = 0.07$；截面抗力 R 服从正态分布，$\kappa_R = 1.13$，$\delta_R = 0.12$。钢材屈服强度标准值 $f_{yk} = 235\text{N/mm}^2$，目标可靠指标 $\beta = 3.2$。试求该拉杆所需的截面面积（假定不计截面尺寸变异对计算精度的影响）。

【解】 根据式（10-1），有

$$\mu_R - \mu_N - \beta\sqrt{(\mu_R\delta_R)^2 + (\mu_N\delta_N)^2} = 0$$
$$\mu_R - 156 - 3.2 \times \sqrt{(0.12\mu_R)^2 + (156 \times 0.07)^2} = 0$$

由上式解得 $\mu_R = 262.79\text{kN}$

则抗力标准值为

$$R_k = \frac{\mu_R}{\kappa_R} = \frac{262.79}{1.13} = 232.56\text{kN}$$

由于不计截面尺寸变异对计算精度的影响，有 $R_k = f_{yk}A_s$，则拉杆截面面积为

$$A_s = \frac{R_k}{f_{yk}} = \frac{232560}{235} = 989.6 \text{mm}^2$$

【例 10-2】 已知钢筋混凝土轴心受压短柱，恒荷载产生的效应 S_G 为正态分布，$\mu_{S_G} = 623.28 \text{kN}$，$\delta_{S_G} = 0.07$；活荷载产生的效应 S_L 为极值Ⅰ型分布，$\mu_{S_L} = 823.2 \text{kN}$，$\delta_{S_G} = 0.29$；截面抗力 R 为对数正态分布，$\delta_R = 0.17$。极限状态方程为

$$Z = g(R, S_G, S_L) = R - S_G - S_L = 0$$

试求目标可靠指标 $\beta = 3.7$ 时的截面抗力平均值 μ_R。

【解】 恒荷载效应标准差 $\sigma_{S_G} = \mu_{S_G} \cdot \delta_{S_G} = 43.63 \text{kN}$，活荷载效应标准差 $\sigma_{S_L} = \mu_{S_L} \cdot \delta_{S_L} = 238.73 \text{kN}$，先假定初值 $S_G^* = \mu_{S_G} = 623.28 \text{kN}$，$S_L^* = \mu_{S_L} = 823.2 \text{kN}$，$R^* = \mu_{S_G} + \mu_{S_L} = 1446.48 \text{kN}$。

对服从极值Ⅰ型分布的变量 S_L，有

$$f_{S_L}(S_L^*) = \alpha \cdot \exp[-\alpha(S_L^* - u)] \cdot \exp\{-\exp[-\alpha(S_L^* - u)]\}$$

$$F_{S_L}(S_L^*) = \exp\{-\exp[-\alpha(S_L^* - u)]\}$$

其中，$\alpha = \frac{\pi}{\sqrt{6}\sigma_{S_L}}$，$u = \mu_{S_L} - \frac{0.5772}{\alpha}$。

运用以下公式，按图 10-1 所示的框图进行迭代计算，计算过程列于表 10-7。

$$\mu_{S_L'} = S_L^* - \Phi^{-1}[F_{S_L}(S_L^*)]\sigma_{S_L'}$$

$$\sigma_{S_L'} = \varphi\{\Phi^{-1}[F_{S_L}(S_L^*)]\}/f_{S_L}(S_L^*)$$

$$\sigma_{R'} = R^*\sqrt{\ln(1+\delta_R^2)}$$

$$\cos\theta_{S_G} = \frac{\sigma_{S_G}}{\sqrt{\sigma_{R'}^2 + \sigma_{S_G}^2 + \sigma_{S_L'}^2}}$$

$$\cos\theta_{S_L'} = \frac{\sigma_{S_L'}}{\sqrt{\sigma_{R'}^2 + \sigma_{S_G}^2 + \sigma_{S_L'}^2}}$$

$$\cos\theta_{R'} = \frac{\sigma_{R'}}{\sqrt{\sigma_{R'}^2 + \sigma_{S_G}^2 + \sigma_{S_L'}^2}}$$

$$S_G^* = \mu_{S_G} + \sigma_{S_G}\beta\cos\theta_{S_G}$$

$$S_L^* = \mu_{S_L'} + \sigma_{S_L'}\beta\cos\theta_{S_L'}$$

$$R^* = S_G^* + S_L^*$$

经五次迭代后，求得 $R^* = 2568.54 \text{kN}$，最后二次的差值 $|\Delta R^*| = 0.56 \text{kN}$，满足工程设计要求。

由式（9-48）有

$$R^* = \mu_{R'} + \sigma_{R'}\beta\cos\theta_{R'}$$

将式（10-2）、式（10-3）代入上式，经整理后得

$$\mu_R = R^*\sqrt{1+\delta_R^2} \cdot \exp[-\beta\sqrt{\ln(1+\delta_R^2)} \cdot \cos\theta_{R'}]$$

代入有关数值，可求得抗力 R 的平均值为

$$\mu_R = 2568.54 \times \sqrt{1+0.17^2} \times \exp[-3.7 \times \sqrt{\ln(1+0.17^2)} \times (-0.586)] = 3756.75 \text{kN}$$

例 10-2 迭代计算表 　　　　　　　　　　　　　　　　表 10-7

迭代次数	1	2	3	4	5	6
S_G^* (kN)	623.28	644.15	636.22	633.38	632.84	
S_L^* (kN)	823.20	1354.56	1793.10	1922.07	1935.14	
R^* (kN)	1446.48	1998.71	2429.32	2555.45	2567.98	
$\mu_{S_L'}$ (kN)	782.69	566.86	255.46	156.44	148.27	$S_G^*=622.80\text{kN}$
$\sigma_{S_L'}$ (kN)	228.24	424.63	559.55	594.89	597.82	
$\sigma_{R'}$ (kN)	210.16	337.32	410.05	431.34	433.45	$S_L^*=1935.74\text{kN}$
$\cos\theta_{S_G}$	0.129	0.080	0.063	0.059	0.059	
$\cos\theta_{S_L'}$	0.677	0.781	0.805	0.808	0.808	$R^*=2568.54\text{kN}$
$\cos\theta_{R'}$	−0.724	−0.620	−0.590	−0.586	−0.586	
ΔR^* (kN)		552.23	430.61	126.13	12.53	

10.3　结构概率可靠性设计的实用表达式

由【例 10-2】可见，采用结构概率可靠性直接设计法，虽然能够使设计的结构严格具有预先设定的目标可靠指标，但计算过程烦琐，计算工作量很大，不容易被结构工程师们所接受。因此，目前对于大量一般性的工程结构，均采用比较切实可行的可靠性间接设计法。

可靠性间接设计法的基本思路是：在确定目标可靠指标 β 以后，通过一定变换，将目标可靠指标 β 转化为单一安全系数或各种分项系数，采用广大工程师习惯的实用表达式进行工程设计，而该设计表达式具有的可靠性水平能与目标可靠指标基本一致或接近。

10.3.1　单一系数设计表达式

传统的结构设计原则是荷载效应 S 不大于结构构件的抗力 R，其安全度用安全系数 K_0 来表示。如已知变量的统计参数 μ_R、σ_R 和 μ_S、σ_S，则相应的设计表达式为

$$K_0\mu_S \leqslant \mu_R \tag{10-4}$$

在应用式（10-4）进行结构设计时，应事先确定常数 K_0，使得表达式具有与目标可靠指标 β 相同的可靠性水平。

设抗力 R、S 均服从正态分布且相互独立，结构功能函数为 $Z=R-S$，则由式（9-17）得

$$\beta=\frac{\mu_R-\mu_S}{\sqrt{\sigma_R^2+\sigma_S^2}}=\frac{\dfrac{\mu_R}{\mu_S}-1}{\sqrt{\left(\dfrac{\mu_R}{\mu_S}\right)^2\delta_R^2+\delta_S^2}}=\frac{K_0-1}{\sqrt{K_0^2\delta_R^2+\delta_S^2}} \tag{10-5}$$

由上式可解得

$$K_0=\frac{1+\beta\sqrt{\delta_R^2+\delta_S^2(1-\beta^2\delta_R^2)}}{1-\beta^2\delta_R^2} \tag{10-6}$$

当 R、S 均服从对数正态分布时，由式（9-23）得

$$\beta \approx \frac{\ln\mu_R - \ln\mu_S}{\sqrt{\delta_R^2 + \delta_S^2}} = \frac{\ln K_0}{\sqrt{\delta_R^2 + \delta_S^2}} \tag{10-7}$$

由此得

$$K_0 \approx \exp(\beta\sqrt{\delta_R^2 + \delta_S^2}) \tag{10-8}$$

当 R、S 不同时服从正态分布或对数正态分布时，与目标可靠指标 β 相对应的安全系数 K_0，可采用前述可靠性分析的中心点法或验算点法确定。

考虑到工程设计的习惯，式（10-4）改写为如下形式的设计表达式

$$KS_k \leqslant R_k \tag{10-9}$$

式中 S_k、R_k——荷载效应与结构抗力的标准值；

K——相应的设计安全系数。

荷载效应标准值与其平均值有如下关系

$$S_k = \mu_S(1 + k_S\delta_S) \tag{10-10}$$

相应地，结构抗力的标准值与平均值的关系为

$$R_k = \mu_R(1 - k_R\delta_R) \tag{10-11}$$

式中 k_S、k_R——与荷载效应及结构抗力取值的保证率有关的系数。

将式（10-10）、式（10-11）代入式（10-9），得

$$K\mu_S(1 + k_S\delta_S) \leqslant \mu_R(1 - k_R\delta_R) \tag{10-12}$$

即

$$K\frac{1 + k_S\delta_S}{1 - k_R\delta_R}\mu_S \leqslant \mu_R \tag{10-13}$$

对比式（10-4）与式（10-13），可得

$$K = K_0\frac{1 - k_R\delta_R}{1 + k_S\delta_S} \tag{10-14}$$

由上可见，采用式（10-4）或式（10-9）所示的单一系数表达式，其安全系数不仅与预定的结构目标可靠指标 β 有关，而且还与抗力 R 和荷载效应 S 的变异性有关。一般情况下，由于设计条件存在很大差异，R 和 S 的变异性也很大，因而为使设计与目标可靠指标相一致，在不同的设计条件下就需要采用不同的安全系数，这必将给实际工程设计带来极大不便。另一方面，当荷载效应 S 由多个荷载引起时，采用单一安全系数也无法反映各种荷载不同的统计特征。

10.3.2 分项系数设计表达式

为了克服单一系数表达式的不足，目前普遍的做法是将单一的安全系数分解为荷载分项系数和抗力分项系数，采用以分项系数表达的实用设计表达式，其一般形式为

$$\gamma_{0S_1}\mu_{S_1} + \gamma_{0S_2}\mu_{S_2} + \cdots + \gamma_{0S_n}\mu_{S_n} \leqslant \frac{1}{\gamma_{0R}}\mu_R \tag{10-15}$$

或

$$\gamma_{S_1}S_{1k} + \gamma_{S_2}S_{2k} + \cdots + \gamma_{S_n}S_{nk} \leqslant \frac{1}{\gamma_R}R_k \tag{10-16}$$

式中 γ_{0S_i}、γ_{0R}——与荷载效应 S_i 及抗力 R 均值相对应的分项系数；

γ_{S_i}、γ_R——与荷载效应 S_i 及抗力 R 标准值相对应的分项系数。

下面以一般的基本变量情况为例，讨论各个分项系数的确定方法。

设功能函数为

$$Z = g(X_1, X_2, \cdots, X_m, X_{m+1}, \cdots, X_n) \tag{10-17}$$

则分项系数设计表达式可表示为

$$Z = g\left(\gamma_{01}\mu_{X_1}, \gamma_{02}\mu_{X_2}, \cdots, \gamma_{0m}\mu_{X_m}, \frac{1}{\gamma_{0m+1}}\mu_{X_{m+1}}, \cdots, \frac{1}{\gamma_{0n}}\mu_{X_n}\right) \geqslant 0 \tag{10-18}$$

或

$$Z = g\left(\gamma_1 X_{1k}, \gamma_2 X_{2k}, \cdots, \gamma_m X_{mk}, \frac{1}{\gamma_{m+1}}X_{(m+1)k}, \cdots, \frac{1}{\gamma_n}X_{nk}\right) \geqslant 0 \tag{10-19}$$

式中的各分项系数均为大于或等于 1 的数值。由于各项荷载效应一般都对结构可靠性不利，因此对应的分项系数 γ_{0s} 或 $\gamma_s (s=1, 2, \cdots, m)$ 都以乘数体现；而结构抗力对结构可靠性是有利的，其分项系数 γ_{0r} 或 $\gamma_r (r=m+1, \cdots, n)$ 则以除数出现。

由结构可靠性分析的验算点法可知，验算点坐标应满足

$$g(X_1^*, X_2^*, \cdots, X_m^*, X_{m+1}^*, \cdots, X_n^*) = 0 \tag{10-20}$$

式中

$$X_i^* = \mu_{X_i} + \sigma_{X_i}\beta\cos\theta_{X_i} = \mu_{X_i}(1 + \delta_{X_i}\beta\cos\theta_{X_i}) \tag{10-21}$$

比较式（10-20）、式（10-21）与式（10-18）或式（10-19），为便于书写，令 $\alpha_i = \cos\theta_{X_i}$，则可得出各分项系数如下

$$\gamma_{0s} = 1 + \alpha_s\beta\delta_{X_s} \quad (s=1,2,\cdots,m) \tag{10-22}$$

$$\gamma_{0r} = \frac{1}{1 + \alpha_r\beta\delta_{X_r}} \quad (r=m+1,\cdots,n) \tag{10-23}$$

或

$$\gamma_s = \frac{1 + \alpha_s\beta\delta_{X_s}}{1 + k_s\delta_{X_s}} \quad (s=1,2,\cdots,m) \tag{10-24}$$

$$\gamma_r = \frac{1 - k_r\delta_{X_r}}{1 + \alpha_r\beta\delta_{X_r}} \quad (r=m+1,\cdots,n) \tag{10-25}$$

应该注意，由证明可知，满足目标可靠指标要求的上述分项系数不是唯一的，而是有无限组。因此，在实际应用时，需要按照一定的要求，先对不超过 $(n-1)$ 个基本变量选定合适的分项系数，再按条件式（10-26）确定其他分项系数。

$$\sum_{i=1}^n \alpha_i'\alpha_1 = 1 \tag{10-26}$$

式中　α_i——与变量 X_i 对应的方向余弦；

$\quad\quad \alpha_i'$——标准正态空间坐标系中，满足极限状态方程的任意一点在 $\overline{X}_i$ 轴上的投影与原点的距离为 $\alpha_i'\beta$ 时所对应的系数。

与单一系数设计表达式相比，分项系数设计表达式有了很大改进。它能较为客观地反映影响结构可靠性的各种因素，对不同的荷载效应，可根据荷载的统计特征，采用不同的荷载分项系数。而对结构抗力分项系数也可根据不同结构材料的工作性能，采用不同的数值。因此，分项系数设计表达式比较容易适应设计条件的变化，在分项系数确定的情况下，能取得与目标可靠指标较好的一致性结果，受到各国结构设计规范的普遍应用。

10.3.3　现行规范设计表达式

考虑到工程结构设计人员长期以来习惯于采用基本变量的标准值和各种系数进行结构设计，而在可靠性理论上也已建立了分项系数的确定方法。因而，我国建筑《统一标准》和公路《统一标准》都规定了在设计验算点处，把以可靠指标 β 表示的极限状态方程转化为以基本变量和相应的分项系数表达的极限状态设计实用表达式。对于表达式的各分项系数，如前所述，根据基本变量的概率分布类型和统计参数，以及规定的目标可靠指标，按优化原则，通过计算分析并结合工程经验加以确定。下面介绍这两种标准所采用的设计表达式及相应分项系数的取值规定。

1. 承载能力极限状态设计表达式

对于承载能力极限状态设计，应考虑荷载效应的基本组合，必要时尚应考虑荷载效应的偶然组合。

结构或构件按承载能力极限状态设计时，结构或构件（包括基础）的破坏或过度变形的承载能力极限状态设计，应符合下式规定：

$$\gamma_0 S_d \leqslant R_d \tag{10-27}$$

式中　γ_0——结构重要性系数；

S_d——作用组合的效应设计值；

R_d——结构或构件的抗力设计值。

整个结构或其中一部分作为刚体失去静力平衡的承载能力极限状态设计，应符合下式规定或根据不同结构按各有关设计规范规定计算：

$$\gamma_0 S_{d,dst} \leqslant R_{d,stb} \tag{10-28}$$

式中　$S_{d,dst}$——不平衡作用效应的设计值；

$R_{d,stb}$——平衡作用效应的设计值。

（1）基本组合

建筑《统一标准》规定，效应设计值 S_d 应按下式中的最不利值确定：

$$S_d = S\left(\sum_{i \geqslant 1} \gamma_{G_i} G_{ik} + \gamma_P P + \gamma_{Q_1} \gamma_{L_1} Q_{1k} + \sum_{j > 1} \gamma_{Q_j} \Psi_{cj} \gamma_{L_j} Q_{jk}\right) \tag{10-29}$$

式中　$S(\cdot)$——作用组合的效应函数，适用于作用与作用效应为线性和非线性关系的两种情况，其中"$\sum$"和"$+$"均表示组合，即同时考虑所有作用对结构的影响，不表示代数相加；

G_{ik}——第 i 个永久作用的标准值；

P——预应力作用的有关代表值；

Q_{1k}——第 1 个可变作用的标准值；

Q_{jk}——第 j 个可变作用的标准值；

γ_{G_i}——第 i 个永久作用的分项系数，当作用效应对承载力不利时取值为 1.3，当作用效应对承载力有利时取值 $\leqslant 1.0$；

γ_P——预应力作用的分项系数，当作用效应对承载力不利时取值为 1.3，当作用效应对承载力有利时取值 $\leqslant 1.0$；

γ_{Q_1}——第 1 个可变作用的分项系数，当作用效应对承载力不利时取值为 1.5，当作用效应对承载力有利时取值为 0；

γ_{Q_j}——第 j 个可变作用的分项系数，当作用效应对承载力不利时取值为 1.5，当作用效应对承载力有利时取值为 0；

γ_{L_1}、γ_{L_j}——第 1 个和第 j 个考虑结构设计使用年限的荷载调整系数，当结构设计使用年限为 5 年时取值为 0.9，当结构设计使用年限为 50 年时取值为 1.0，当结构设计使用年限为 100 年时取值为 1.1；

Ψ_{cj}——第 j 个可变作用的组合值系数。

当作用与作用效应按线性关系考虑时，建筑结构基本组合的效应设计值按下式中最不利值计算：

$$S_d = \sum_{i \geqslant 1} \gamma_{G_i} S_{G_{ik}} + \gamma_P S_P + \gamma_{Q_1} \gamma_{L_1} S_{Q_{1k}} + \sum_{j>1} \gamma_{Q_j} \Psi_{cj} \gamma_{L_j} S_{Q_{jk}} \tag{10-30}$$

式中 $S_{G_{ik}}$——第 i 个永久作用标准值的效应；

S_P——预应力作用有关代表值的效应；

$S_{Q_{1k}}$——第 1 个可变作用标准值的效应；

$S_{Q_{jk}}$——第 j 个可变作用标准值的效应。

公路《统一标准》规定的承载能力极限状态基本组合的效应设计值 S_d 的确定方法为：

$$S_d = S\left(\sum_{i \geqslant 1} \gamma_{G_i} G_{ik}, \gamma_{Q_1} \gamma_{L_1} Q_{1k}, \sum_{j>1} \gamma_{Q_j} \Psi_c \gamma_{L_j} Q_{jk}\right) \tag{10-31}$$

公路路面结构的承载能力极限状态设计，应符合下式要求：

$$\gamma_r \sum_{i=1}^n S_{Q_{ik}} \leqslant R(f_k, a_k) \tag{10-32}$$

式中 $S(\cdot)$——作用组合的效应函数；

G_{ik}——第 i 个永久作用的标准值；

Q_{1k}——第 1 个可变作用的标准值；

Q_{jk}——第 j 个可变作用的标准值；

γ_{G_i}——第 i 个永久作用的分项系数；

γ_{Q_1}——第 1 个可变作用（主导可变作用）的分项系数；

γ_{Q_j}——第 j 个可变作用的分项系数；

γ_{L_1}、γ_{L_j}——第 1 个和第 j 个考虑结构设计使用年限的荷载调整系数；

Ψ_c——可变作用的组合值系数；

γ_r——路面结构的可靠度系数；

$S_{Q_{ik}}$——路面结构第 i 个可变作用标准值的效应。

（2）偶然组合

对于偶然组合，极限状态设计表达式应按以下原则确定：偶然荷载的代表值不乘以分项系数，与偶然荷载同时出现的可变荷载，应根据观测资料和工程经验采用适当的代表值。具体的设计表达式及各种系数的取值，应符合专门规范的规定。

2. 正常使用极限状态设计表达式

建筑《统一标准》和公路《统一标准》规定，对于正常使用极限状态，应根据不同情况和设计要求，分别采用荷载效应的标准组合、频遇组合或准永久组合进行设计，使变形、裂缝等荷载效应的设计值 S_d 不超过相应的规定限值 C，极限状态设计表达式为：

$$S_d \leqslant C \tag{10-33}$$

建筑结构标准组合的效应设计值为：

$$S_d = S(\sum_{i \geqslant 1} G_{ik} + P + Q_{1k} + \sum_{j>1} \Psi_{cj} Q_{jk}) \tag{10-34}$$

当作用和作用效应按照线性关系考虑时，标准组合效应设计值为：

$$S_d = \sum_{i \geqslant 1} S_{G_{ik}} + S_P + S_{Q_{1k}} + \sum_{j>1} \Psi_{cj} S_{Q_{jk}} \tag{10-35}$$

建筑结构的频遇组合效应设计值为：

$$S_d = S(\sum_{i \geqslant 1} G_{ik} + P + \Psi_{f1j} Q_{1k} + \sum_{j>1} \Psi_{qj} Q_{jk}) \tag{10-36}$$

当作用和作用效应按照线性关系考虑时，频遇组合效应设计值为：

$$S_d = \sum_{i \geqslant 1} S_{G_{ik}} + S_P + \Psi_{f1} S_{Q_{1k}} + \sum_{j>1} \Psi_{qj} S_{Q_{jk}} \tag{10-37}$$

建筑结构的准永久组合效应设计值为：

$$S_d = S(\sum_{i \geqslant 1} G_{ik} + P + \sum_{j \geqslant 1} \Psi_{qj} Q_{jk}) \tag{10-38}$$

当作用和作用效应按照线性关系考虑时，准永久组合效应设计值为：

$$S_d = \sum_{i \geqslant 1} S_{G_{ik}} + S_P + \sum_{j \geqslant 1} \Psi_{qj} S_{Q_{jk}} \tag{10-39}$$

式中 Ψ_{f1}——在频遇组合中起控制作用的一个可变荷载频遇值系数；

Ψ_{qj}——第 j 个可变荷载的准永久值系数。

公路工程结构采用标准组合时，荷载效应设计值为：

$$S_d = S(\sum_{i \geqslant 1} G_{ik}, Q_{1k}, \sum_{j>1} \Psi_c Q_{jk}) \tag{10-40}$$

公路工程结构采用频遇组合时，荷载效应设计值为：

$$S_d = S(\sum_{i \geqslant 1} G_{ik}, \Psi_{f1} Q_{1k}, \sum_{j>1} \Psi_{qj} Q_{jk}) \tag{10-41}$$

公路工程结构采用准永久组合时，荷载效应设计值为：

$$S_d = S(\sum_{i \geqslant 1} G_{ik}, \sum_{j \geqslant 1} \Psi_{qj} Q_{jk}) \tag{10-42}$$

综上所述，现行规范设计表达式对于不同的结构可靠性要求具有很大的适应性。例如，当永久荷载和可变荷载对结构的效应符号相反时，通过调整荷载分项系数，而使可靠性达到较好的一致性；又如，当有多个可变荷载时，通过采用可变荷载的组合值系数，使结构设计的可靠性应保持一致；再如，对于重要性不同的结构，通过采用结构重要性系数，使非同等重要的结构可靠性水准不同；还如，对于不同材料、不同工作性质的结构，通过调整抗力分项系数，以适应不同材料结构可靠性水平要求不同的需要。

10.4 荷载组合的直接算式

为了更清楚地表述实际工程设计中荷载组合的方法，本节将详细讨论实际工程设计中涉及的主要荷载组合方式。

10.4.1 房屋建筑结构的荷载效应组合

验算房屋建筑结构承载力时荷载组合直接算式分为无地震作用和有地震作用两种

情况。

1）无地震作用的组合

对于基本组合，荷载效应组合的设计值 S_d 应从式（10-29）组合值中取最不利值确定。在不考虑预应力、结构设计使用年限为 50 年的情况下，设计值的计算公式为：

$$S_d = \gamma_G S_G + \gamma_{Q_1} S_{Q_{1k}} + \sum_{j>1} \gamma_{Q_j} \Psi_{cj} S_{Q_{jk}} \tag{10-43}$$

其中变量的含义与前述相同。

2）有地震作用的荷载效应组合

有地震作用的荷载效应进行组合时，应按照《建筑抗震设计规范》GB 50011—2010（2016 年版）（以下简称《抗震规范》）采用的地震组合。《抗震规范》规定的地震作用效应组合设计值应按下式确定：

$$S = \gamma_G S_{Gk} + \gamma_{Eh} S_{Ehk} + \gamma_{Ev} S_{Evk} + \Psi_w \gamma_w S_{wk} \tag{10-44}$$

式中　S——荷载效应和地震作用效应组合的设计值；

　　S_{Gk}——重力荷载代表值的效应；

　　S_{Ehk}——水平地震作用标准值的效应，尚应乘以相应的增大系数或调整系数；

　　S_{Evk}——竖向地震作用标准值的效应，尚应乘以相应的增大系数或调整系数；

　　γ_G——重力荷载分项系数；

　　γ_w——风荷载分项系数；

　　γ_{Eh}——水平地震作用分项系数；

　　γ_{Ev}——竖向地震作用分项系数；

　　Ψ_w——风荷载的组合值系数，应取 0.2。

各分项系数取值参考表 10-8。

有地震作用效应组合时荷载和作用分项系数　　　　　　　　表 10-8

所考虑的组合	γ_G	γ_{Eh}	γ_{Ev}	γ_w	说明
重力荷载及水平地震作用	1.2	1.3	—	—	
重力荷载及竖向地震作用	1.2	—	1.3	—	9 度抗震设计时考虑；水平长悬臂结构 8 度、9 度抗震设计时考虑
重力荷载、水平地震与竖向地震作用（水平地震为主）	1.2	1.3	0.5	—	9 度抗震设计时考虑；水平长悬臂结构 8 度、9 度抗震设计时考虑
重力荷载、水平地震与竖向地震作用（竖向地震为主）	1.2	0.5	1.3	—	
重力荷载、水平地震作用及风荷载	1.2	1.3	—	1.4	60m 以上的高层建筑考虑
重力荷载、水平地震作用、竖向地震作用及风荷载	1.2	1.3	0.5	1.4	60m 以上的高层建筑，9 度抗震设计时考虑；水平长悬臂结构 8 度、9 度抗震设计时考虑

注：表中"—"号表示组合中不考虑该项荷载或作用效应。

综上所述，对于一般的高层建筑结构和单层工业厂房结构的横向排架的荷载基本组合形式总结如下。

（1）高层民用建筑结构（如住宅、办公楼、医院病房等）

需要考虑的荷载有恒荷载 G、屋面活荷载 R（屋面均布活荷载或雪荷载）、楼面活荷载 Q、风荷载 w，可能对结构不利的组合式至少有以下几种。

① 屋面活荷载起控制作用的组合：

a) $1.3S_{Gk}+1.5S_{Rk}$

b) $1.3S_{Gk}+1.5S_{Rk}+1.5\times0.7S_{Qk}$

c) $1.3S_{Gk}+1.5S_{Rk}+1.5\times0.6S_{wk}$

d) $1.3S_{Gk}+1.5S_{Rk}+1.5\times0.7S_{Qk}+1.5\times0.6S_{wk}$

② 楼面活荷载起控制作用的组合：

e) $1.3S_{Gk}+1.5S_{Qk}$

f) $1.3S_{Gk}+1.5S_{Qk}+1.5\times0.7S_{Rk}$

g) $1.3S_{Gk}+1.5S_{Qk}+1.5\times0.6S_{wk}$

h) $1.3S_{Gk}+1.5S_{Qk}+1.5\times0.7S_{Rk}+1.5\times0.6S_{wk}$

③ 风荷载起控制作用的组合：

i) $1.3S_{Gk}+1.5S_{wk}$

j) $1.3S_{Gk}+1.5S_{wk}+1.5\times0.7S_{Qk}$

k) $1.3S_{Gk}+1.5S_{wk}+1.5\times0.7S_{Rk}$

l) $1.3S_{Gk}+1.5S_{wk}+1.5\times0.7S_{Rk}+1.5\times0.7S_{Qk}$

④ 当该高层民用建筑位于需要考虑地震作用的地区，尚有以下不利组合：

m) 1.2（或 1.0）$S_{Gk}+1.3S_{Ehk}$

n) 1.2（或 1.0）$S_{Gk}+1.3S_{Evk}$（9 度抗震设计时考虑；水平长悬臂结构 8 度、9 度抗震设计时考虑）

o) 1.2（或 1.0）$S_{Gk}+1.3S_{Evk}+0.5S_{Ehk}$（9 度抗震设计时考虑；水平长悬臂结构 8 度、9 度抗震设计时考虑）

p) 1.2（或 1.0）$S_{Gk}+1.3S_{Evk}+1.4\times0.2S_{wk}$（60m 以上的高层建筑考虑）

q) 1.2（或 1.0）$S_{Gk}+1.3S_{Evk}+0.5S_{Ehk}+1.4\times0.2S_{wk}$（60m 以上的高层建筑，9 度抗震设计时考虑；水平长悬臂结构 8 度、9 度抗震设计时考虑）

实际上当不考虑地震作用效应参与组合时，尚需考虑恒荷载效应可能对结构有利情况，其荷载分项系数≤1.0，在活荷载（或风荷载）起控制作用的组合中，也应考虑到风荷载（或活荷载）对承载力有利的情况，如此将增加不少荷载效应组合种类。此外，风荷载、水平地震作用有可能来自房屋的左向或右向、前向或后向等四种情况，竖向地震作用有向上或向下两种可能，因此对结构不利的组合式还将成倍增加。

（2）单层工业厂房结构的横向排架（一般软钩吊车厂房、无积灰荷载）

需要考虑的荷载有恒荷载 G、屋面活荷载 R（屋面均布活荷载或雪荷载）、吊车荷载 C（吊车水平荷载和竖向荷载）、风荷载 w，可能对结构不利的组合至少有如下诸种：

a) $1.3S_{Gk}+1.5S_{Rk}$

b) $1.3S_{Gk}+1.5S_{Ck}$

c) $1.3S_{Gk}+1.5S_{wk}$

d) $1.3S_{Gk}+1.5S_{Rk}+1.5\times0.7S_{Ck}$

e) $1.3S_{Gk}+1.5S_{Rk}+1.5\times0.6S_{wk}$

f) $1.3S_{Gk}+1.5S_{Rk}+1.5\times0.7S_{Ck}+1.5\times0.6S_{wk}$

g) $1.3S_{Gk}+1.5S_{wk}+1.5\times0.7S_{Rk}$

h) $1.3S_{Gk}+1.5S_{wk}+1.5\times0.7S_{Ck}$

i) $1.3S_{Gk}+1.5S_{wk}+1.5\times0.7S_{Rk}+1.5\times0.7S_{Ck}$

j) $1.3S_{Gk}+1.5S_{Ck}+1.5\times0.7S_{Rk}$

k) $1.3S_{Gk}+1.5S_{Ck}+1.5\times0.6S_{wk}$

l) $1.3S_{Gk}+1.5S_{Ck}+1.5\times0.7S_{Rk}+1.5\times0.6S_{wk}$

当该厂房位于地震区且属于需要进行抗震承载力验算的情况时，有以下不利组合：

m) $1.2S_{Gk}+1.3S_{Ehk}$

同样，当不考虑水平地震作用效应参与组合时，尚需考虑恒荷载效应可能对结构有利情况，其荷载分项系数取1.0。此外，风荷载、吊车水平荷载和地震水平作用各有左向或右向两种情况、多台吊车时的吊车竖向力的最大轮压和最小轮压的作用位置也可能有多种情况，因此对结构不利的组合式也将大大增加。

10.4.2　公路桥涵结构荷载组合

1. 公路桥涵荷载作用的分类

桥梁结构的设计基准期一般为100年，其荷载作用效应的计算十分重要。作用于公路桥涵结构的永久荷载、可变荷载和偶然荷载包含的主要内容如表10-9所示。

桥梁结构荷载的分类　　　　　　　　　　　　　表10-9

编号	作用分类	作用名称
1		结构自重(包括附加重力)
2		预加力
3		土的重力
4	永久作用	土侧压力
5		混凝土收缩与徐变作用
6		浮力
7		基础的变位作用
8		汽车荷载
9		汽车冲击力
10		汽车离心力
11		汽车引起的土侧压力
12		汽车制动力
13		人群荷载
14	可变作用	疲劳荷载
15		风荷载
16		流水压力
17		冰压力
18		波浪力
19		温度作用
20		支座摩阻力

编号	作用分类	作用名称
21		船舶的撞击力
22	偶然作用	漂流物的撞击力
23		汽车撞击力
24	地震作用	地震作用

公路桥涵设计时，对不同的作用应采用不同的代表值。其中，永久作用应采用标准值作为代表值，可变作用应根据不同的极限状态分别采用标准值、频遇值或准永久值作为其代表值。承载能力极限状态设计及按弹性阶段计算结构强度时应采用标准值作为可变作用的代表值。正常使用极限状态按短期效应（频遇）组合设计时，应采用频遇值作为可变作用的代表值；按长期效应（准永久）组合设计时，应采用准永久值作为可变作用的代表值。偶然作用取其标准值作为代表值。

2. 公路桥涵结构荷载作用效应组合

公路桥涵结构设计应考虑结构上可能同时出现的作用，按承载能力极限状态和正常使用极限状态进行作用效应组合，取其最不利效应组合进行设计。只有在结构上可能同时出现的作用，才进行其效应的组合。当结构或结构构件需做不同受力方向的验算时，则应以不同方向的最不利的作用效应进行组合。多个偶然作用不同时参与组合。

当可变作用的出现对结构或结构构件产生有利影响时，该作用不应参与组合。对不可能同时出现的作用或同时参与组合概率很小的作用，按表10-10规定不考虑其作用效应的组合。

施工阶段作用效应的组合，应按计算需要及结构所处条件而定，结构上的施工人员和施工机具设备均应作为临时荷载加以考虑。组合式桥梁，当把底梁作为施工支撑时，作用效应宜分两个阶段组合，底梁受荷为第一个阶段，组合梁受荷为第二个阶段。

可变作用不同时参与组合的情况　　　　　　　　　　　　　　　表 10-10

作用名称	不与该作用同时参与组合的作用
汽车制动力	流水压力、冰压力、波浪力、支座摩阻力
流水压力	汽车制动力、冰压力、波浪力
波浪力	汽车制动力、流水压力、冰压力
冰压力	汽车制动力、流水压力、波浪力
支座摩阻力	汽车制动力

1）公路桥涵结构承载能力极限状态荷载组合

公路桥涵结构按承载能力极限状态设计时，应采用以下两种作用效应组合：

（1）基本组合

永久作用的设计值效应与可变作用设计值效应相组合，其效应组合表达式为：

$$S_{ud} = \gamma_0 S \left(\sum_{i=1}^{m} \gamma_{Gi} G_{ik}, \gamma_{Q1} \gamma_L Q_{1k}, \Psi_C \sum_{j=2}^{n} \gamma_{L,j} \gamma_{Qj} Q_{jk} \right) \qquad (10\text{-}45)$$

或

$$S_{ud} = \gamma_0 S \left(\sum_{i=1}^{m} G_{G_{id}}, Q_{1d}, \sum_{j=2}^{n} Q_{jd} \right) \tag{10-46}$$

式中 S_{ud}——承载能力极限状态下作用基本组合的效应组合设计值；

$S(\cdot)$——作用组合的效应函数；

γ_0——结构重要性系数，对应于设计安全等级一级、二级和三级分别取1.1、1.0和0.9；

γ_{Gi}——第 i 个永久作用效应的分项系数，应按表10-11的规定采用；

G_{ik}、G_{id}——第 i 个永久作用的标准值和设计值；

γ_{Q1}——汽车荷载效应（含汽车冲击力、离心力）的分项系数；采用车道荷载计算时，取 $\gamma_{Q1}=1.4$，采用车辆荷载计算时，取 $\gamma_{Q1}=1.8$；当某个可变作用在效应组合中其值超过汽车荷载效应时，则该作用取代汽车荷载，其分项系数取 $\gamma_{Q1}=1.4$；对专为承受某作用而设置的结构或装置，设计时该作用的分项系数取 $\gamma_{Q1}=1.4$；计算人行道板和人行道栏杆的局部荷载，其分项系数也取 $\gamma_{Q1}=1.4$；

Q_{1k}、Q_{1d}——汽车荷载（含汽车冲击力、离心力）的标准值和设计值；

γ_{Qj}——在作用效应组合中除汽车荷载效应（含汽车冲击力、离心力）、风荷载外的其他第 j 个可变作用效应的分项系数，取 $\gamma_{Qj}=1.4$，但风荷载的分项系数取 $\gamma_{Qj}=1.1$；

Q_{jk}、Q_{jd}——在作用效应组合中除汽车荷载（含汽车冲击力、离心力）外的其他第 j 个可变作用的标准值和设计值；

Ψ_C——在作用效应组合中除汽车荷载效应（含汽车冲击力、离心力）外的其他可变作用效应的组合值系数，取 $\Psi_C=0.70$；

$\gamma_{L,j}$——第 j 个考虑结构设计使用年限的荷载调整系数。

当作用与作用效应可按线性关系考虑时，作用基本组合的效应设计值可通过作用效应代数相加计算。设计弯桥时，当离心力与制动力同时参与组合时，制动力标准值或设计值按70%取用。

永久作用效应的分项系数 表 10-11

编号	作用类别		永久作用效应分项系数	
			对结构的承载能力不利时	对结构的承载能力有利时
1	混凝土和坏工结构重力（包括结构附加重力）		1.2	1.0
	钢结构重力（包括结构附加重力）		1.1 或 1.2	
2	预加力		1.2	1.0
3	土的重力		1.2	1.0
4	混凝土的收缩及徐变作用		1.0	1.0
5	土侧压力		1.4	1.0
6	水的浮力		1.0	1.0
7	基础变位作用	混凝土和坏工结构	0.5	0.5
		钢结构	1.0	1.0

注：本表编号1中，当钢桥采用钢桥面板时，永久作用效应分项系数取1.1；当采用混凝土桥面板时，取1.2。

（2）偶然组合

永久作用标准值效应与可变作用某种代表值效应、一种偶然作用标准值效应相组合。与偶然作用同时出现的可变作用，可根据观测资料和工程经验取用适当的代表值。地震作用标准值及其表达式按现行《公路工程抗震规范》规定采用。

2）公路桥涵结构正常使用极限状态荷载组合

公路桥涵结构按正常使用极限状态设计时，应根据不同的设计要求，采用作用的频遇组合或准永久组合：

（1）频遇组合

$$S_{fd} = S\left(\sum_{i=1} G_{ik}, \Psi_{f1}Q_{1k}, \sum_{j=2}\Psi_{qj}Q_{jk}\right) \tag{10-47}$$

式中　S_{fd}——作用频遇组合的效应设计值；

Ψ_{f1}——汽车荷载（不计汽车冲击力）频遇值系数，取 0.7；

Ψ_{qj}——除汽车荷载外的其他可变作用准永久值系数，取 0.4。

（2）准永久组合

永久作用标准值效应与可变作用准永久值效应相组合，其效应组合表达式为：

$$S_{qd} = S\left(\sum_{i=1} G_{ik}, \sum_{j=1}\Psi_{qj}Q_{jk}\right) \tag{10-48}$$

式中　S_{qd}——作用准永久组合的效应设计值。

10.5　结构整体稳固性设计

10.5.1　影响结构整体稳固性的偶然作用类型

结构整体稳固性设计是针对偶然作用的，偶然作用包括爆炸、撞击、火灾、极度腐蚀、设计施工错误和疏忽等。在偶然荷载的影响下，结构整体稳固性的设计应该单独考虑，在进行结构整体稳固性设计时，应区分与结构整体稳固性有关的偶然作用的类型。例如爆炸、撞击等是以荷载的形式直接作用于结构的，而火灾和极度腐蚀是以降低结构的承载力为特征的，虽然同是偶然作用，但作用的方式不同，设计中采用的措施和方法也不同。

当几个偶然作用同时出现或相继出现时，应考虑这些偶然作用的联合影响和后续影响。例如撞击对结构的作用是以点或面接触的形式传递的，作用方向明确；而爆炸是以瞬间爆发气体压力的形式作用于结构的，而且压力是任意方向，气浪过后是短时间的负压。有时不同形式的偶然作用会同时或相继出现，如爆炸引起的局部结构损坏体又在爆炸力的作用下作用于结构的其他部分，气浪和损坏体的撞击几乎是同时产生的；上部楼层阳台在爆炸作用下垮塌跌落，对下部楼层的阳台造成撞击作用则是相继作用，这些作用都比单个作用的破坏力大，需考虑其联合影响，但不一定是时间上最大值的叠加，视情况考虑时间差。

一般情况下，将影响结构整体稳固性的偶然作用类型划分为下列四种形式：

① 由自然或一般人类活动引起的危险；

② 蓄意破坏和恐怖袭击等故意的或人为制造的危险；

③ 错误和疏忽；

④ 其他引起结构连续倒塌的作用。

其中，第①类偶然作用包括两种情况，一种情况是具有一定客观性质的自然作用，决定于自然环境，与人的关系不大；另一种情况是人类活动引起的危险，如煤气爆炸、粉尘爆炸、直升机降落等产生的作用与人的操作有关，主观上不希望发生而客观上不一定能得到控制，在一定程度上也具有客观的属性。第②类偶然作用指的是故意进行的破坏和人为制造的恐怖袭击。第③类偶然作用是人活动过程中的一种表现，与第②类偶然作用不同，非人故意所为，与人的知识结构、工作能力、责任心甚至生理和心理等因素有关，其不利影响可以通过加强学习、明确责任分工、细心检查等措施降低。

10.5.2 结构整体稳固性设计原则

如同结构抗震设计中结构选址要避开不利地段一样，避免偶然事件的发生或减轻偶然作用的影响是保证结构整体稳固性最简单、最经济和最有效的方法。因此，结构设计前应分析结构各种潜在的危险源，选址时应尽量避让。对于结构附近可能有危险源或结构使用中存在危险源的情况，设计中应考虑采取相应的防控措施，避免或控制偶然事件的发生，或减轻偶然作用的强度。例如，对于有泥石流或可能会发生滑坡的地区，结构的建造要避开不稳定山坡或堆积物一定距离；对存放危险品的地方，要根据相关规定将结构建造在安全距离之外。如果不能完全避开危险源或避开距离不符合要求，要采取避免偶然荷载直接作用于结构及减轻结构连续倒塌的措施。例如，对可能发生泥石流或滑坡的山坡设置障碍物或进行加固处理，对可能遭受撞击的结构采取防护措施等。

对结构进行概念设计，选取对整体稳固性有利的结构形式，并采取有效的构造措施。概念设计是指不进行详细计算，而通过定性分析和判断选择受力明确、荷载传递路径清晰的结构形式及采取抗连续倒塌的措施，需要针对结构所处环境、可能遭受的偶然作用、结构用途和结构形式等从多方面考虑。如果结构概念设计得当，将会得到事半功倍的效果；如果结构设计方案存在缺陷，即使构件的承载力再高也难以保证结构整体具有较高的稳固性，经济上也不一定合理，效果更是事倍功半。

结构应具有较高的冗余度和多条明确的荷载传递路径，一条荷载传递路径失效后，应具有将荷载传递到其他路径的能力，对于偶然荷载作用下结构的抗连续倒塌设计更是如此。与一般永久荷载和可变荷载作用下的情况（即持久设计状况和短暂设计状况）不同，由于偶然作用量值很大，作用时间短，当偶然事件发生时，结构完全不发生损坏往往是不现实的，即使设计上能够做到也是不经济的，特别是偶然事件的发生一般属于小概率事件，按完全抵抗偶然作用进行设计是没有必要的，所以合理的设计原则是允许结构在一定范围内发生程度上不会引起连续倒塌的破坏。一方面可接受的局部破坏使偶然作用的能量得到释放，另一方面，结构的其他部分得到保护，经过对破坏的局部区域进行修复，使结构整体恢复到初始状态或接近初始状态。关键是结构局部破坏后能够保持整体稳定，不致因发生局部破坏而发生整体倒塌，在这种情况下，保证结构局部破坏后的荷载具有可靠的替代传递路径非常重要，即需要考虑局部破坏区域的荷载传递到未破坏的区域，以及未破坏的区域能否承担重分布后的荷载。

结构、结构构件或连接应具有保持结构整体稳定需要的变形能力和延性性能。偶然作用的特点是虽然量值很大，但持续时间非常短，这样只要结构、结构构件及连接具有良好的变形能力和延性，能够通过改变荷载传递路径实现局部破坏部分承担的荷载向剩余结构转移，从而使整体结构度过短暂的偶然作用时期而不倒塌。

结构设计应明确关键构件和非关键构件，关键构件是对保持结构整体稳固性起支撑作用的构件，如果这些构件发生破坏，结构整体性就不能得到保证，如结构的柱、转换梁、墙等；非关键构件是对保持结构整体稳定性起作用不大的构件，如一般的梁等。设计中需关注关键构件抵抗偶然作用的能力并对关键构件进行保护，其应能承受规定的偶然荷载或在关键构件上采取适当的保护措施。

关键构件能够承受规定的偶然作用并采取了防护措施就意味着结构基本满足了整体稳固性要求。因为偶然作用的随机性很大，超过设计规定值的可能性依然存在，超过保护措施提供的保护能力的可能性也很大，对于允许发生局部破坏的结构，局部破坏应控制在不引起结构整体倒塌的程度和范围内。

10.5.3　结构整体稳固性设计方法

结构整体稳固性设计应包括概念设计、构造处理和计算分析，并可采用下列方法：

（1）控制事件法：属于从源头上降低结构连续倒塌风险的设计方法，例如对于住宅，通过安装天然气泄漏报警器使泄漏的天然气浓度达到临界浓度之前得到控制，避免爆炸事件的发生；对于有粉尘的工业厂房，通过设计良好的通风系统降低粉尘浓度，避免燃爆事件的发生。

（2）抵抗特定荷载法：通过设计使结构或结构构件具有抵抗偶然荷载的能力。

（3）替代路径法：通过设计使结构在发生局部破坏后，能够将局部破坏区域的荷载转移到其他完好区域，如当爆炸或撞击使结构底层失去一根柱后，其支撑的梁所承担的重力荷载将部分转移到邻近的柱和梁。

（4）减轻后果法：通过合理的设计使结构在偶然作用下虽然不能避免发生局部破坏，但局部破坏的范围得到控制从而避免结构整体发生连续倒塌。例如对于住宅或饭店，天然气是影响结构整体稳固性的危险源之一，如果采用框架结构设计时将厨房布置在靠近外墙的位置，则发生天然气爆炸事件后，高压气体能够迅速通过窗口或推开外墙得到释放，主体结构受影响较小；反之，如果厨房布置在靠近房屋中心的位置，当爆炸事件发生后高压气体要从里向外宣泄，内墙、外墙都会发生破坏，还可能影响主体结构承载。另外，从降低燃气爆炸后果的角度考虑，采用大窗口的墙比小窗口的墙更有利，高压气体容易通过窗口释放而使墙体得到保护。

10.5.4　其他保持结构整体稳固性的方法

上述结构整体稳固性设计方法是广义概念上的设计方法，只要对保持结构整体稳固性有效，都可以采用，几种方法也可同时采用，设计中还可以根据结构的具体情况采用其他的方法，要充分调动设计人员的主观能动性。

当进行结构整体稳固性设计时，如采用抵抗特定荷载法，应验算偶然作用使结构关键构件失效后，受损的结构仍具有保持整体稳固性的能力。当考虑材料性能的线性和非线性、结构几何性能的线性和非线性时，结构整体稳固性可采用线性静力方法、非线性静力方法和非线性动力方法进行计算。若采用线性静力方法和非线性静力方法进行计算时，应考虑动力效应的影响。结构材料性能可按动态性能考虑，针对不同的情况材料性能可采用设计值、标准值或平均值。

结构整体稳固性可以按照建筑《统一标准》规定的安全等级对结构进行整体稳固性设计。安全等级为三级的结构，可只进行概念设计和构造处理；安全等级为二级的结构，除应进行概念设计和构造处理外，可采用线性静力方法进行计算；安全等级为一级的结构，除应进行概念设计和构造处理外，宜采用非线性静力方法或非线性动力方法进行计算，也可采用线性静力方法进行计算。

10.5.5 结构安全管理与评估

除通过设计使结构具备规定的整体稳固性外，在结构使用中进行风险和安全管理也非常重要，如避免在建筑物内存放易燃、易爆物品，提高用户的风险意识，安装易燃、易爆气体泄漏监测装置等，建筑物业主、用户和有关管理部门对此都负有责任。在结构使用过程中应进行安全管理，能够控制和避免各种偶然事件的发生或减轻偶然事件对结构整体稳固性的影响。其中，结构的维修、加固不应削弱已有的荷载传递路径，例如，在设计使用年限内，可能需要对结构进行维修或加固。维修或加固一般是针对提高持久设计状况承载力的，但如果将加固支撑设置在易于遭受撞击的位置，当支撑遭受撞击失去作用后，反而会使结构被支撑构件承受突然下沉产生的冲击力。结构用途变更应对结构的整体稳固性重新进行评估，一方面结构改变用途后其风险源的位置可能与原用途的结构不同，另一方面改变结构体系的加固方式可能会改变结构局部破坏后的荷载传递路径，使结构不再具有当初设计时的整体稳固性。

结构整体稳固性评估可根据不同的目的在结构设计、建造和不同的使用阶段进行，其应包括偶然事件评估和结构抗连续倒塌能力评估。偶然事件评估应包括可能发生偶然事件的类型、偶然事件可能发生的位置及偶然作用可能的强度或等级，当有条件时应采用概率方法进行评估。结构抗连续倒塌能力评估可根据假想的结构连续倒塌情景进行，包括针对所考虑偶然事件结构发生局部破坏的可能性、破坏的形式、破坏的范围及造成的人员伤亡、经济损失和社会影响。

根据结构不同阶段的整体稳固性评估结果，应对结构采取相应的抗连续倒塌措施。

思考与练习题

10-1 如何理解工程结构可靠性设计中的"可持续发展"？其包含哪些内容？

10-2 结构的安全等级是怎样划分的？

10-3 影响结构的目标可靠指标的因素有哪些？

10-4 如何理解荷载组合的直接设计表达式？

10-5 公路桥涵设计中哪些作用属于永久作用？哪些属于可变作用？偶然作用有哪些？

10-6 如何理解整体稳固性？其设计的原则是什么？

10-7 影响结构整体稳固性的偶然作用类型有哪些？

10-8 已知某钢拉杆，承受轴向拉力 N 服从正态分布，$\mu_N = 160\text{kN}$，$\delta_N = 0.04$；截面抗力 R 服从正态分布，$\kappa_R = 1.4$，$\delta_R = 0.08$。钢材屈服强度标准值 $f_{yk} = 300\text{N/mm}^2$，目标可靠指标 $\beta = 3.2$。不计截面尺寸变异对计算精度的影响，试求该拉杆所需的截面面积。

10-9 已知钢筋混凝土轴心受压短柱，恒荷载产生的效应 S_G 为正态分布，$\mu_{S_G} = 1200\text{kN}$，$\delta_{S_G} = 0.08$；活荷载产生的效应 S_L 为极值 I 型分布，$\mu_{S_L} = 900\text{kN}$，$\delta_{S_L} = 0.25$；截面抗力 R 为对数正态分布，$\delta_R = 0.15$。极限状态方程为

$$Z = g(R, S_G, S_L) = R - S_G - S_L = 0$$

试求目标可靠指标 $\beta = 3.7$ 时的截面抗力平均值 μ_R。

10-10 写出建筑恒荷载、楼面活荷载、风荷载作用效应组合的实用设计表达式。

附录

课程设计：框架结构荷载计算与效应组合三级项目

一、工程简介

工程对象为三层办公楼，采用钢筋混凝土框架结构，横向 2 跨，纵向 6 跨。室内外高差为 0.6m，底层层高为 3.6m，2、3 层层高为 3m。屋面为上人屋面，女儿墙高度为1.2m。基础顶面和室外地坪的高度差为 0.5m（即基础顶面的标高为－1.100m）。附图 1、附图 2 分别为项目标准层平面示意图和剖面示意图。

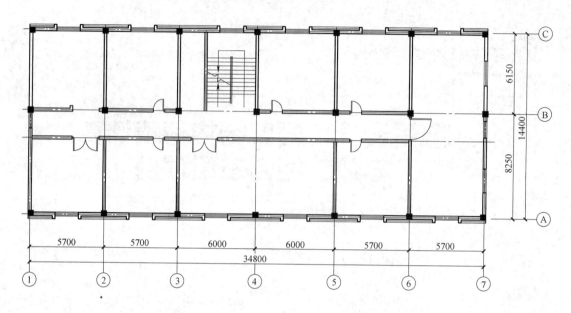

附图 1　标准层平面示意图（单位：mm）

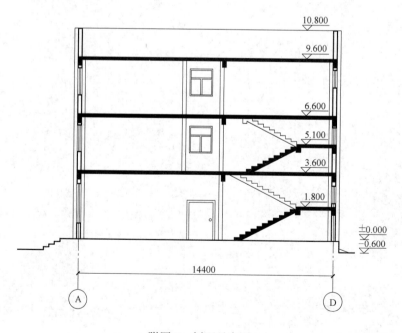

附图 2　剖面示意图

二、工程做法与风荷载计算参数

框架主梁截面尺寸为 $b \times h$，柱尺寸为 $a \times a$，b、h 和 a 取值见梁柱尺寸分配表（附表1）。次梁截面尺寸为 200mm×400mm。结构平面布置如附图3所示。

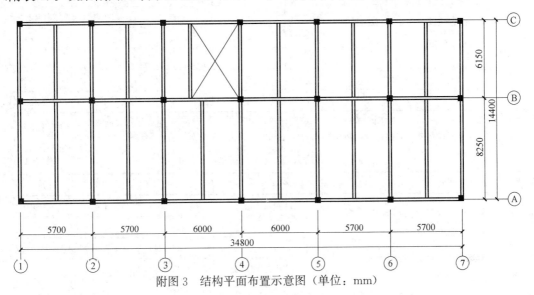

附图3 结构平面布置示意图（单位：mm）

楼面采用现浇钢筋混凝土板，板厚 120mm，30mm 厚水泥砂浆找平层，20mm 厚大理石面层，纸筋灰板底抹灰。墙自重按照 5.4kN/m^2 计算。

屋面采用现浇钢筋混凝土板，板厚 120mm，平均 90mm 厚水泥焦渣找坡层，20mm 厚水泥砂浆找平层，100mm 厚膨胀蛭石保温层，防水卷材2层，水泥砂浆板底抹灰。女儿墙自重按照 5.4kN/m^2 计算。

基本风压和地面粗糙度类别见风荷载计算参数分配表（附表2）。

三、计算内容要求

本项目需要计算的内容包括：

（1）计算5轴框架承受的恒载、活载和风荷载，绘制荷载示意图；

（2）利用结构力学求解器或其他工程分析软件，计算5轴框架在恒载、活载、风荷载作用下的弯矩图、剪力图和轴力图；

（3）根据学生计算任务分配表（附表3）和设计截面位置示意图（附图4），进行两个截面的内力效应组合，计算各截面的弯矩、剪力和轴力设计值。

梁柱尺寸分配表　　　　　　　　　　　　　　　　　　　　　　　　附表1

梁高 h（mm）	400	450	500	400	450	500
	200	1	2	3	4	5	6
	200	7	8	9	10	11	12
梁宽 b	200	13	14	15	16	17	18
（mm）	250	19	20	21	22	23	24
	250	25	26	27	28	29	30
	250	31	32	33	34	35	36
柱宽 a（mm）	350	350	400	400	450	450

注：本表为一个班（以36位同学为例）的梁柱尺寸分配，每位同学根据自己在班级中的序号分配参数。以10号同学为例，对应的梁高 h 为 400mm，梁宽 b 为 200mm，柱宽 a 为 400mm。

风荷载计算参数分配表 附表 2

基本风压(kN/m²)	0.50	0.60	0.70	0.80	0.55	0.75
地区粗糙度类别 A	1	2	3	4	5	6
B	7	8	9	10	11	12
C	13	14	15	16	17	18
D	19	20	21	22	23	24
A	25	26	27	28	29	30
B	31	32	33	34	35	36

注：本表为一个班（以 36 位同学为例）的风荷载计算参数分配，每位同学根据自己在班级中的序号分配参数。以 10 号同学为例，对应的基本风压为 0.8kN/m²，地区粗糙度类别为 B 类。

截面计算任务分配表 附表 3

截面位置一(柱底)	1	2	3	1	2	3
计算截面二(梁端) 4	1	2	3	4	5	6
4	7	8	9	10	11	12
5	13	14	15	16	17	18
5	19	20	21	22	23	24
6	25	26	27	28	29	30
6	31	32	33	34	35	36

注：本表为一个班（以 36 位同学为例）的截面计算任务分配，每位同学根据自己在班级中的序号分配参数。以 10 号同学为例，对应的截面计算位置一为 1 截面，对应的截面计算位置二为 4 截面。

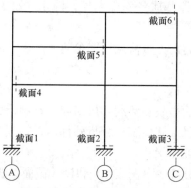

附图 4 设计截面位置示意图

四、提交文档要求

本项目需要学生提交计算书 1 份，包含要求的计算内容。同时准备 PPT 演示文档 1 份，用于答辩演示。

计算书应表达清晰，字迹清楚，计算内容完整正确，严禁相互抄袭；PPT 应美观清晰，字体大小适中，汇报时间为 10 分钟。

参 考 文 献

[1] 教育部高等学校教学指导委员会 . 普通高等学校本科专业类教学质量国家标准 [M]. 北京：高等教育出版社，2018.

[2] 高等学校土木工程学科专业指导委员会 . 高等学校土木工程本科指导性专业规范 [M]. 北京：中国建筑工业出版社，2011.

[3] 中华人民共和国住房和城乡建设部，中华人民共和国国家质量监督检验检疫总局 . 工程结构可靠性设计统一标准 GB 50153—2008 [S]. 北京：中国建筑工业出版社，2008.

[4] 中华人民共和国住房和城乡建设部，国家市场监督管理总局 . 建筑结构可靠性设计统一标准 GB 50068—2018 [S]. 北京：中国建筑工业出版社，2018.

[5] 中华人民共和国住房和城乡建设部，中华人民共和国国家质量监督检验检疫总局 . 建筑结构荷载规范 GB 50009—2012 [S]. 北京：中国建筑工业出版社，2012.

[6] 中华人民共和国交通运输部 . 公路工程结构可靠性设计统一标准 JTG 2120—2020 [S]. 北京：人民交通出版社股份有限公司，2020.

[7] 中华人民共和国住房和城乡建设部，中华人民共和国国家质量监督检验检疫总局 . 建筑抗震设计规范 GB 50011—2010（2016 年版）[S]. 北京：中国建筑工业出版社，2016.

[8] 中华人民共和国交通运输部 . 公路桥涵设计通用规范 JTG D60—2015 [S]. 北京：人民交通出版社股份有限公司，2015.

[9] 中华人民共和国交通运输部 . 公路桥梁抗震设计规范 JTG/T 2231-01—2020 [S]. 北京：人民交通出版社股份有限公司，2020.

[10] 中华人民共和国交通运输部 . 公路桥梁抗风设计规范 JTG/T 3360-01—2018 [S]. 北京：人民交通出版社股份有限公司，2018.

[11] 中华人民共和国住房和城乡建设部 . 城市桥梁设计规范 CJJ 11—2011（2019 年版）[S]. 北京：中国建筑工业出版社，2019.

[12] 李国强，黄宏伟，吴迅，刘沈如，孙飞飞 . 工程结构荷载与可靠度设计原理 [M]. 4 版 . 北京：中国建筑工业出版社，2016.

[13] 柳炳康 . 荷载与结构设计方法 [M]. 3 版 . 武汉：武汉理工大学出版社，2018.

[14] 赵国藩，金伟良，贡金鑫 . 结构可靠度理论 [M]. 北京：中国建筑工业出版社，2000.

[15] 沙志国，陈基发 . 建筑结构荷载设计手册 [M]. 3 版 . 北京：中国建筑工业出版社，2017.

[16] 房贞政，陈宝春，上官萍 . 桥梁工程 [M]. 3 版 . 北京：中国建筑工业出版社，2019.

[17] 李爱群，丁幼亮，高振世 . 工程结构抗震设计 [M]. 3 版 . 北京：中国建筑工业出版社，2018.